改造后代

遇见来自生物工程的生命

[美] 迈克尔·贝斯（Michael Bess）——著

钮跃增 贾姗——译

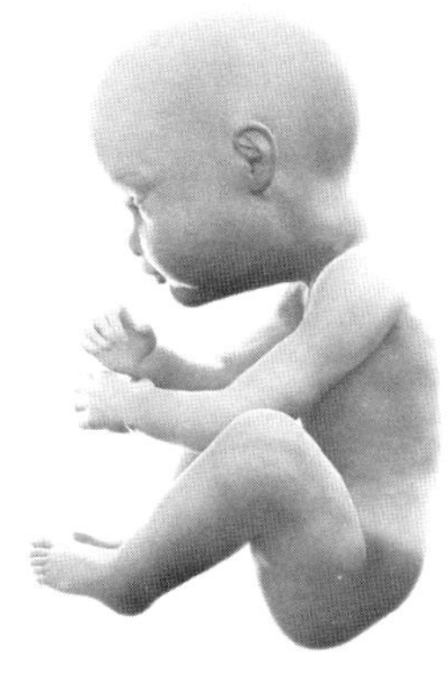

OUR GRANDCHILDREN REDESIGNED

Life in the Bioengineered Society of the Near Future

中国人民大学出版社

· 北 京 ·

致温德尔·贝里和他的西克莫无花果树，

马蒂·格里芬和马林-索诺马海岸线

以及

我 1963 年的沃尔沃汽车（我称之为小斯多堪扎-明扎），

它让我明白了机器不只是机器

在属于我自己的那片天地，那里的土地
塑造了我，让我铭记在心，那里长着一棵老树，
一株巨大的悬铃木，它能神奇地抚平自己的创伤。
它身上缚着栅栏，嵌着钉子，
被劈被砍，被闪电灼烧。
没有一年曾枝繁叶茂，
且毫发无损。它身上有一个空洞，
那是它的死穴，尽管如此，它还是惨白地溢出了
黑暗的唇边，并向外流出。
它所有伤痕之上覆着严丝合缝的白色树皮，
上面承载着被治愈的过往发出的阵阵咆哮。
它蜿蜒曲折，在漫长的生长过程中，
达到了一种奇异的极致。
所有的意外都被它揉进了自己的使命，
成为它黑暗命运的抱负与荣光。
这是事实，是壮美，妙不可言，毋庸置疑。
四海之内再无他物与之相似。
我把它视作楷模，一种处世方式，
与它相同，又更为伟大，我将受其约束。
我看到它伫立在自己的天地之间，以天地安身立命，
天地也因它存在，那是它的天赋，它的缔造者。

——温德尔·拜瑞（Wendell Berry），

《悬铃木》（*The Sycamore*，1988）

目 录

第三部分　身　　份

第四部分　抉　　择

欢迎来到未来

2049 年秋天一个午后的思考

他们叫我阿米什* 先生。如今他们就是这样叫像我这样的人的。我只能微微一笑，耸一耸肩。我的儿子、我的孙子孙女——他们并无刻薄之意。他们把手臂搭在我的肩膀上，轻轻地搂住我，我可以感受到他们的爱意。阿米什爷爷，我好像成了了解过去的一个窗口。

自从玛莎 19 年前去世后，我不再使用各种花哨的药丸、移植和表观遗传增强技术。我保留了已经接受的生物增强技术，但却对它们置之不理，不再升级，不再改进。我已经受够了。

他们很难理解这一点。他们与我争论，我的儿子甚至恳求我："你会感觉好些的，爸，你知道的。"

可如果我并不想感觉好些呢?

---

* 阿米什人是分布于美国和加拿大等地的基督教再洗礼派门诺会信徒，以拒绝使用现代科技闻名。此处暗指"我"跟不上时代发展。——译者注

我的眼睛扫过客厅，瞥见了我的孙子肯尼，他正在和妹妹格温多琳玩三维象棋。肯尼 10 岁，格温多琳 8 岁。他们面对面坐在靠近窗户的地板上，闭着双眼，戴着耳机。窗外是一棵老枫树，沐浴在午后阳光里的橙色和黄色的枫叶，在秋风的吹拂下飘落在地面上。

过去我很擅长下国际象棋——那种老掉牙的二维象棋。但肯尼 6 岁的时候就已经把我打败了。现在他们玩的都是三维象棋，行棋、吃子、开场都是上下同步的，比过去复杂很多倍。两个人正在一比高下。格温多琳甚至比肯尼下得还好。

可能会让你很好奇。这是因为我们让他们在早上吃神经药物和维生素，做作业的时候戴上刺激大脑皮层的耳机，还通过表观遗传增强技术调整他们的记忆力和敏锐度。接着，我的儿子惊讶地发现他的女儿在卧室里一边哭、一边读《纽约时报》。你怎么跟一个 8 岁的孩子解释种族大屠杀呢？问题是，她能很好地理解文章内容。是人性让她感到困惑。

当我跟皮特提起这些的时候，他只是盯着我，好像我一无所知似的，“你想让我怎么办呢，爸？停止这一切？让所有人在原地打转？”

当然，不是只有我有这种感受。在这一切开始前出生的所有人，有时很难适应这一切。

我没想到这一切来得这么快、这么早。我是 1979 年出生的，我见证了互联网的诞生，看着它渗透到我们的文化中。我明白技术在加速发展，至少我觉得我明白。见鬼，我甚至还投资了，靠表观遗传学的股票赚了一大笔钱。

生活中的很多方面是令人惊异的——各种发明在我们周围出现，就像电影里的一个快进镜头；花园里的花一下子全都开放了。这些发明从很多方面改善了我们的生活。今年 12 月我就 70 岁了，可我觉得我只有 45 岁。确实好多了。

但是其他方面……要是我真的说实话……

未来几十年——可能比大部分人想的要早得多——下一波技术大变革就会席卷我们的生活。在迅猛程度上，它的影响将类似于计算机、手机和互联网。但这一次，改变的不是我们的工具，而是我们自己——我们的身体和我们的心理。这次变革的影响力将比过去的工业大革命更为深远。它不仅将改变我们谋生、交流和彼此互动的方式，而且也将让我们直接、精准地控制自己的身体和心理状态。人们可以逐渐地自我改造，改造自己的身体，增强自己的认知，再造自己的性格和个性。我们将一年又一年地经历这一过程，始终惊叹人类变得多么可塑。

要是问一问这一变革的发起者——那些在生物技术的前沿不知疲倦地工作的科学家、医生和工程师，他们中的大多数都不会承认自己曾预料到这一切。他们坚持认为，他们的目标并不是完全改变人类，而是尽最大的努力去救死扶伤。一旦你后退一步，从大局着眼，推断他们杰出的工作所造成的累积性影响，就会得出一个不同的结论。无论是否有意为之，他们都为人类提供了可以彻底改造自己的工具。如今我们已经可以使用这些尚不成熟的工具，要不了几十年，它们就会盛行起来。等到我们的子孙成年时，这一波技术变革就已经渗透到我们的文明中。

结果将是喜忧参半的。有些新的生物增强能力将蔚为壮观（体验起来也是如此）。人们将活得更长、更健康、更有意义；人们将通过可直接互动的无缝网络彼此相连；人们将能够调节自己的情绪和心理过程；人们将通过全新的方式与机器互动；增强后的头脑也将产生复杂和精细得令人惊讶的知识和见识。

同时，这些技术也将带来难以应付的挑战。假如只有富人能使用最强大的生物增强技术，这将扩大已经十分严重的贫富差距。对最尖端的增强产品的争夺将异常激烈，因为个人在职业和社会中的成功将受到威胁。随着这些技术的发展，它们将不断抬高“正常”表现的标准，迫使人们为了跟上变化而陷入不断的升级和进步。人们将倾向于对自己特定的“增强属性”产生强烈的认同感，集聚成为新的社会和文化群体，世界因而产生新的偏见、敌对和直接冲突。有些生物增强技术将实现对情感和情绪的精细控制，有可能把人类变成情绪化的木偶。如果超越了自身属性一定的极限，个人就将获得异常强大的能力，也将不再被明确地认为是人类。

在人类历史上，直到最近，主要的技术分水岭才逐渐出现，它们将绵延几百年甚至更长时间。举例来说，从石器时代到金属时代，从游牧式的狩猎采集到定居式的农业生产，从人类和动物能源到机械动力，在这些例子中，人类和社会体制都有时间去适应——逐渐有了新的价值观、标准和习惯来适应已经改变了的物质条件。但眼下这次划时代的转变并非如此。这一次，根本性的创新出现得相对突然——只用了 40 到 50 年，最多一个世纪。本书的核心论点是：当代社会并未做好准备来迎接未来即将发生的巨变，而这样的巨变已经在加速发生，这是十分危险的。

更具体地说，我的论点有以下三层意思。

（1）它几乎必然会发生。先进的增强技术将变成现实，即便它们最初会受到相当数量的少数人的反对。这些技术之所以会出现，不是因为这是一个超出人类控制范围的客观的决定性的过程，而是因为人们会主动选择它们。实践证明，这些技术中有很多对大多数的公民而言是极具诱惑力的，一旦宣布这些技术是安全的，当它们出现在市场上时，他们就会迫不及待地去购买。

（2）机遇与风险并存。大部分生物增强技术不仅有显著的益处，也会带来巨大的风险。有些益处本质上是极好的，可以带来神奇的新能力和新力量。但有些风险也是极大的，会远远超过一切益处，从而证明禁止或延迟某些类型的改造是合理的。

（3）它的影响将是根本性的。增强技术——即使是明显最合理、最良性的技术——将动摇人类社会秩序的重要方面，以及我们关于人类“是什么”的理解。影响我们人生的很多价值观念和概念——家庭关系、人生阶段、作为凡人和有限生物的自我意识以及人与人之间的界限——必须重新审视，甚至可能需要重构。

你的有色眼镜是什么颜色

放眼未来，最棘手的一个问题是，必须在悲观和乐观之间小心翼翼。如果将重点放在人类历史长河中悲观的一面——战争、压迫、背叛、贪婪、仇恨上，毫无疑问将歪曲你对未来的想象。相反，如果将视线放在社会过去令人鼓舞的一面——合作、发明、解放、相互谅解上，将产生一幅完全不同的未来图景。

在本书中，我选择了两者之间的一条路，因为我相信人类历史——就像增强技术一样——本质上是一把双刃剑。历史太过复杂（和有趣），很难一刀切地做出判断，如“60%是坏的，40%是好的”，或者“70%是好的，30%是坏的”。好和坏，时时处处都是形影不离的。

我不是从一个科技史学者（这是我的全职工作）的角度来思考这个问题的，而是以一个有一儿一女、担心儿女未来会生活在一个什么样的世界中的中年父亲的身份。当然，对于未知的未来，为人父母的的确有很多东西需要担忧，但真正令我不安的是一个让人头痛的想法：如果总体上一切进展得其实都还不错，我们的社会以某种方式成功避免了那些困扰人类的明显的威胁，如流行病、经济衰退、气候变化、大规模恐怖袭击或者战争，情况会怎么样呢？接下来又怎样呢？

我的观点是，即便从这种乐观的角度去设想，医药工程——关于治疗、建造和发明的艺术——这个相对令人惊奇的领域还是会给我们带来严峻的挑战。这些领域一般被视为人类活动中相对良性的一面，但近年来却变得过于强大和复杂，给我们带来了艰难的选择和不少难题。该什么时候拆去维持我们患病家人的生命的设备（当他们的自我已不再完整）？我们要怎样去对待一个生了三胞胎的 66 岁的老太太呢？将动植物的基因植入人类胚胎中是错误的吗？

如果这样的抉择今天就已经难倒我们、让我们产生了意见分歧，试想一下，今后 40 到 50 年，当生物技术应用已经在人类中盛行的时候，这些抉择将会给我们带来多大的困扰啊！增强我们属性和能力的主要技术将蔓延到人类的全部体验中，可它们真的能改善我们的生活质量吗？当大量的人——不是成百上千的人，而是数百万人——开始使用这些技术的时候，全球的社会秩序会变成什么样呢？这些技术有可能会渐渐破坏或扰乱我们最珍惜的某些东西吗？或者，从整体来看，它们是否会产生积极的影响，为人类更大的繁荣发展带来无限的机遇呢？

本书共分为四个部分。在第一部分“改造人类”中，我阐述了自己设想中短期未来将采用的策略。虽然我们都没有预言未来的水晶球，但我提出，21 世纪中期的方方面面并非都是不确定的或者不可预测的，所以对未来社会形式的某些规范的推测最终是有益的。接着，我研究了目前最先进的生物增强技术，重点关注三个领域，即药物、生物电子学和遗传学，通过这些技术，在未来几十年很有可能实现意义最深远的人类改造。这一部分主要侧重于专家自己是如何预言各自领域未来可能的创新轨迹的。

在第二部分“公平”中，我探讨了生物增强技术对集体和社会的影响。第三部分“身份”则侧重于探讨生物增强技术对我们个人的潜在影响。我避免对“增强事业”一概而论，避免像摩尼教* 那样单一地称赞或贬低。相反，我对每种增强技术进行了具体分析。综合起来，这几章是有意互为补充的，就像七巧板，让读者更生动地看到

* 又作明教、牟尼教，相传为公元 3 世纪中叶波斯人摩尼所创立。——译者注

21世纪中期的世界可能是什么样的，以及生活在这样的世界中会有什么感觉。

在最后一部分“抉择”中，我对人类增强事业所带来的伦理问题进行了概述。我对比了彻底的增强与适度、有限的干预，提出了一系列关于“文明改造”的基本问题：在用生物技术改变人类身体这条路上，我们想走多远？我们应该接受哪种改造？我们应该拒绝哪些改造？在决定这些设备和技术如何走进我们生活这件事上，我们究竟有多大的发言权？

为了让讨论更具体，我特意在某些章节中插入了一些简短的虚构情境。在这些情境中，我描述了人类增强后的未来世界可能是什么样的，就像我在本文的开篇中所做的那样。诚然，我们没有办法知道这些虚构的情境中哪些方面最后可能会实现。但是，只要我们记住这些情境纯属推测——规范的猜测，它们就能生动地说明我们的子孙后代未来可能会遇到什么样的挑战。

由于本书涉及很多尖端科技，我特意创建了一个同步网站，我会定期更新这些领域不断发展的前沿动态以及相应的社会和道德影响。在这个网站上，我也会上传两份本书完整的参考书目，第一份是按主题安排的，另一份则是按字母顺序排列的。另外还会有一些附录，我会在其中更深入地探讨因为篇幅问题而从本书正文中删去的某些观点或问题。我还会开设一个“对话页”，以回应本书读者所提出的批评、观察和新想法。这个网站的网址是：www. ourgandchildrenredesigned. org。

第一部分

改造人类

第一章　畅想未来：杰森一家与奇点之间

远在它真正发生之前，未来已经融入并改变我们的现在。

——赖内·马利亚·里尔克（Rainer Maria Rilke），《致一位青年诗人的信》（*Letters to a Young Poet*）[①]

为什么有的预言成了真（其他预言却大错特错）

任何与近期和中期未来（从今天到即将到来的几十年之间）有关的书都有充分理由会招致一些怀疑，这是因为我们人类有着十分复杂的预言史。[②]一些思想家似乎已经以不可思议的准确度预见到了即将发生的事物的概况：19 世纪 30 年代亚历克西斯·德·托克维尔（Alexis de Tocqueville）的著名预言就是其中之一，他预言美俄（苏）之间的争斗有朝一日会成为全球首要的事务。托克维尔的预言花了 130 年的时间才最终成真，但如果从 20 世纪 60 年代的角度来看，他的预言简直就像神谕一般。然而，大多数其他预测实际上都算不上是实现了。这样的例子数不胜数，其中你可能听过20世纪30年代英国物理学的领军人物欧内斯特·卢瑟福（Ernest Rutherford）男爵的例子，他斩钉截铁地否定了利用原子威力的可能性，称其“不过就是一丝月光*”③。然而短短12年后，就是这“一丝月光”把日本的两座城市几乎从地球上彻底抹去。

于是，我们一开始就面临一个重要的问题：整个过程都是在浪费时间吗？就因为我们对未来的认识都不可避免地具有不确定性和不完美性，我们就应该放弃，不再为弄明白下世纪中期即将发生什么而努力吗？未来就那么遥远，远到任何对它的预测都完全没有用吗？

回答这个问题的关键在于，事实上，并不是未来的“所有”方面都无法确定。两百年后，重力还会影响我们的生活吗？这是一定的。两百年后，会有一个叫马西娅的人成为美国总统吗？谁都说不准。区别在于，在重力的问题上，我们说的是一种“结构性”的因素，即这种因果过程如果真的要变，变化的速度只会非常缓慢。而在谁能入主白宫的问题上，我们说的是一种“时机性”的因素，即这种因果过程将会由发生时间更短、范围更窄、地点更近的事件决定。

换句话说，为了更好地达成某种目的，历史被看成了一种分层的现象，受不同的时间范围支配：某些因果过程最终完成所需的时间要比其他因果过程长得多。④因此，在预测未来的时候，重要的是要保

---

* 原文使用“moonshine”一词，除“月光”外还有“胡言”“蠢话”的意思。——译者注

证预测的时间范围与你所描述的因果过程始终相匹配。要想预言马西娅是否会成为总统，如果时间范围从超过一年到至多五年，你就不能预测。要想预言重力的影响，你可以放心地把你的预言设定到几个世纪（没错，几千年）之后的未来，要有信心它背后的因果过程不会在此期间发生任何根本性的变化。

因此，当我们尝试着展望21世纪中期的世界会是什么样的时候，我们可以胸有成竹地对某些时间范围在50年或以上的结构性特征进行预测，而相应的，当我们预测另一些发生时间较短（即20—50年）的结构性特征的时候，我们的信心就不要那么足了。我们应该彻底避免试着去预测在1—20年的时间范围内形成的时机性因素。

如果我们把下一个世纪中的事件和因果过程大体分成以下几类，我们能得出哪几种例子呢？

（1）长期结构性特征（50年或50年以上）

● 物质和材料限制，例如温室气体排放与全球变暖之间的关系。

● 社会学模式，例如经济社会等级的划分。

● 深层文化模式，例如社会身份群体的划分（如宗教、种族和民族等）。

● 循序渐进的经济过程，例如全球化。

● 人类行为中的心理倾向，例如倾向于把家庭放在第一位。

● 国际事务中与特定国家的相对重要程度对应的地缘政治模式。

（2）短期结构性特征（20—50年）

● 特殊政府机构或经济机构的寿命，例如美国国家环境保护局（EPA）、美国国家航空航天局（NASA）、美国运输安全局（TSA）、泛美航空公司、星巴克和微软。

● 经济模式，例如特殊行业或生产部门的主导地位（如劳动密集型农业、服务经济和信息经济的衰落）。

● 社会和经济转变，例如 20 世纪 60 年代的反主流文化运动的影响和民权运动给非裔美国人的生活带来的改变。

● 政治模式，例如自由主义或保守主义在公共事务中的主导地位（富兰克林·德拉诺·罗斯福留下的政治遗产和罗纳德·里根时代等）。

（3）时机性特征（1—20 年）

● 天才带来的影响（有好有坏），例如拿破仑·波拿巴、阿道夫·希特勒和米哈伊尔·戈尔巴乔夫。

● 短期的经济模式和政治模式，例如经济的衰退和复苏，或特定领导人政府推行的政策。

● 物质世界中发生概率小却重要的事件，例如地震或流行病。

● 比较突然的科学或技术突破，例如原子弹的发明、抗生素的研发、DNA 的发现和互联网的出现。我们知道这种短期重大突破几乎是一定会发生的，但我们无法提前明确它们是什么、对未来会有什么样的影响。

● 能以不可预知但影响深远的方式改变历史进程的重大政治事件，例如战争。

在这三个特征中，第一个值得说明的特点就是，时机性过程的影响不一定是表面的。虽然绝大多数时机性事件确实只会对周围世界造成相对具有地域局限性的影响，但也有一些事件最后给整个历史进程带来了重大的变化。“具有时机性”并不一定意味着“作用时间短”和“影响作用小”。

这对我们这些预测者来说无疑是一个噩耗。我们假设时间范围在20年以上的结构性过程最难预测，可事实证明某些时机性过程又是历史变革中极有力的决定因素，这就在我们所有的中期预测中插入了一张重要的百搭牌（无法确定牌值的变牌）。我看不到任何能改变这一基本事实的方法，这应引导我们在尝试预测时间范围超过20年的事情时要相应地保守一些。

而这时，三个特征的另一个方面就开始发挥作用了。与人类社会和经济文化制度相比，信息技术的变化总是更迅速、更理性且更难以预测。[⑤]例如，互联网的兴起在不到20年的时间内就成了一个重大的历史现象，但像种族歧视、阶级斗争、性别歧视和类似的社会文化因素等现象的演变总是慢得多。其意义非常清楚：相对于具体的技术成果，我们对人类社会行为普遍模式的预测可能更准确。我们在展望下一个世纪时，不应该试着过于精确地预测哪种技术能存在几十年。如果我们坚持这样做，最终的结果可能就是成为另一个卢瑟福。

我们应该做的，是把重点放在琳琅满目的技术可能会给我们的社会、经济和文化带来什么样的影响上。我们无法确切地知道2040年或2050年的机器会是什么样的，但我们确实可以更好地感受到那个时代的人会对特定种类的机器性能做何反应。因此，我们在预测未来一百年可能会存在什么技术的时候，应该特意将可能出现的情况设计得尤为宽泛，用极为丰富的可能性来弥补我们在预测技术变革的精确细节时所固有的弱点。然后，我们应该对每一种可能的技术类型会带来什么样的社会影响进行评估，这也是我将在接下来的章节中所采取的步骤。

“《杰森一家》谬误”

1962 年，一档新的电视节目走进了美国千家万户。这档节目模仿了当时极受欢迎的《摩登原始人》（The Flintstones），讲述了 2062 年那一年，杰森一家的日常生活和中产阶级的种种不幸。这档节目的出品商汉纳-芭芭拉制片公司（Hanna-Barbera Productions）明显费尽心思地想要展现出等待着我们的那个世界的最为平淡的一面。他们似乎是在告诉我们，整整一个世纪过去之后，任何重要的东西都绝对不会发生一丝一毫的改变。父亲还是慈爱的一家之长，笨手笨脚地应对着初为人父的挑战；职业太太依旧梳着精致的发型；而孩子们还是有着惹人喜爱的叛逆性格（在可控范围内）。在汉纳-芭芭拉制片公司看来，未来与以往不同的标志就是新事物的到来：房屋、商店和办公楼都坐落在直耸云霄的柱子上；汽车满天飞；孩子们坐在气压管输送的泡泡舱里，嗖的一下就到了学校：当然，机器人随处可见，各种各样无足轻重的任务都由它们来负责，而它们一出故障就可能引发一阵爆笑。

这档热播的电视节目完美地抓住了当代人在展望未来的时候一再出现的错误观念：人们总是会想象“我们的技术会发生剧烈的甚至是翻天覆地的变化，但我们人类基本上还是会保持原样”。这就是我说的“《杰森一家》谬误”。如果有人去调查那些对未来影响最大的科幻幻想——那些电影和书突破了科幻迷的思维定式，塑造了他们对更广阔的社会的想象力——他会一次又一次地遇到这个现象。[⑥]

例如，在《星球大战》（Star War）系列电影和电视剧《星际迷航》（Star Trek）中，我们绝对会遇到很多外星生物和智能机器人。[⑦]但所有这些奇怪的东西都能与普通人类和平共处，那些普通人和今天的人类毫无二致。还有一些像《银翼杀手》（Blade Runner）、《人工智能》（AI）和《机器管家》（Bicentennial Man）这样的热门科幻电影，探索了机器人和人工智能的崛起，里面那些先进的机器已经达到了人类的意识水平，但还是一样能够和人类共存，而这些电影中的人类依然严格保持着未经改造和污染的状态。

在《无敌金刚》（The Six Million Dollar Man）、《无敌女金刚》（The Bionic Woman）、《绿巨人》（Hulk）、《G 型神探》（Inspector Gadget）、《异形：复活》（Alien：Resurrection）、《蜘蛛侠》（Spider-Man）、《钢铁侠》（Iron Man）和《永无止境》（Limitless）等电影中，我们的确能看到经过深度生物工程改造的人类，但总是在一个相同的前提下：不论改造是意外发生的还是有意计划的，它们总是仅限于某个人，而绝对不会发生在周围的人身上。这些影片并没有启发观影者去深入地思考一个人类普遍走上这条路的世界。

在这股潮流之中，阿道司·赫胥黎（Aldous Huxley）1932 年的作品《美丽新世界》（*Brave New World*）脱颖而出，成为最重要的一个特例。在赫胥黎构想的世界中，经过生物工程改造的人类被分成了三六九等，他们在药物的诱惑之下任人摆布。而他描绘的这一图景已经深深地渗透进了当代文化之中。然而，真正令《美丽新世界》如此突出的地方在于，在已经成为一种文化标签的系列科幻作品之中，像这样的作品仅此一部。自这部作品出版已经过去了 80 多年，作为唯一一部系统地想象出一个经过生物工程改造的人类世界的作品，它仍旧稳坐鳌头。[8]

有人也许会对此表示反对，认为 1997 年的电影《千钧一发》(Gattaca) 也符合这一定位。可这部电影同样掉进了它自己的“《杰森一家》谬误”。该电影描述了一个（除了做 DNA 测试之外）无法区分经过基因改造的人类和未经改造的人类的世界。影片讲述的是一个未经改造的人的故事，他全靠意志力战胜了他的基因“宿命”，超越了社会地位比他优越的改造人类。毋庸置疑，这是一部反乌托邦作品，但这部反乌托邦作品还是拒绝去面对它背后的前提，即基因科学的系统应用的确可能会创造出一个脑力和体力都远远优越于普通人类的族群。由此看来，这部电影传达出的信息似乎是，就算基因工程真的得到广泛应用，也不是什么大问题，“老式”的普通人类还是更胜一筹。

我们是怎么看待这个现象的呢？答案就在这些大众喜爱的电影和书籍计划实现的经济效益之中，它们的目的是要迷惑我们，而不是吓坏我们。利用技术改造所有的人类并不符合大众的娱乐口味，而只会搅得人心惶惶，让人无法深思。如果最后不得已一定要遇上这个问题，也必须配上铜墙铁壁一般的前提：即使在最极端的未来，普通人类也依然存在，而且还能继续保持今天的样子。

像这样的抚慰人心的未来图景只有一个问题，那就是它可能不会成真！我们在被引领着走向一种社会趋势，这一社会趋势最显著的新特征很有可能就是借助日益强劲的手段，系统化地改造人类的身体和心智。如今这一进程已经在进行之中了，并且在接下来的几十年中似乎也不大可能放慢速度。“《杰森一家》谬误”的普遍存在意味着，在当代社会里有很多人都抱着这种否定的心态活着，他们对实际上更可能发生的事情并没有做好心理准备。

奇 点

有一个作家绝对“没有”屈服于“《杰森一家》谬误”，他就是发明家、商人雷·库兹韦尔（Ray Kurzweil）。在他过去25年创作的一系列作品中，他展现了自己对未来的愿景，他不仅预言未来将会发生翻天覆地的变化，还热情地对此敞开怀抱。[9]在库兹韦尔看来，即将发生的转变不过是一件稍显突然的事，就像跨过一道门槛一样——他称之为“奇点”（singularity）[10]。

“奇点”的概念来自黑洞物理学，宇航员有时会用这个词来形容时空中的“奇异”之物——在宇宙中，物理学的基本法则在它们所处的位置上统统派不上用场。这个比喻十分贴切，因为如果像库兹韦尔这样的人证实了其预测的正确性，我们就真的正在迈向一个历史“视界”（黑洞的边界），越过这个视界之后，一切推断都会变得毫无意义。

库兹韦尔认为，越过这个界限之后，在遗传学、纳米技术和信息学的综合影响之下，将会孕育出一种经过彻底转变的人类。人类将利用强大的遗传学和纳米技术工具改造自己的身体和心智；进行人脑逆向工程，用得到的知识设计出比人脑功能强大得多的新型人工智能；还将赋予这些超级智能机器躯干，使它们的功能比任何单纯生物体所能企及的更强大、更多样。这样一来，人类就可以在真正意义上孕育出自己的“后续物种”——我们自己的技术后代，其无限的潜能将带它们走进宇宙，最终完成使命，而这个使命将比我们今天能完全理解的任何一个都更加伟大。那将会是一个“物种蜕变”的时刻——一种近似于化茧成蝶的集体转变。[11]

库兹韦尔并不是唯一支持上述观点的人。他的观点（在不同程度上）得到了一种宽松的文化和哲学思潮的支持者的认同，这一思潮被称为“超人类主义”。超人类主义者成立了一个名为“超人类”（或“H^+”）的组织来宣扬他们的观点，尽管这个组织目前只有大约六千名成员，但是其影响发展极为迅速。[12]在过去的十年间，已有不少哲学家、经济学家、技术专家、记者和科学家以这样或那样的方式将这种观点体现在了他们的诸多文章和书籍之中。[13]稍后，我将重新回到超人类主义者的理念上，但在这里，我想要重点介绍一下库兹韦尔的作品，他无疑是这股未来技术狂潮最有影响力的推崇者。

库兹韦尔的观点完全建立在一个前提之上，即历史的变化，特别是技术的演变正在疯狂地加速，而且加速“速率”本身也正随着时间的推移呈指数增长。库兹韦尔在他的著作《奇点临近》（*The Singularity Is Near*）一书中，将这个现象称为“加速回归定律”，并提供了大量令人瞩目的图表加以佐证。[14]但库兹韦尔并没有把自己禁锢在当前的技术进程之中，他还把自己的“加速回归定律”拓展到了更广阔、更超自然的范畴。他主张，生命的历程由六大进化纪元组成，这六大纪元环环相扣，后者建立在前者的基础之上，且每一个新纪元开启的速度都比前一个快得多。首先是物理和化学过程的基本元素的形成；然后是生物生命的出现；接着是高级神经元结构的发展，比如人脑；紧接着是现代信息技术的兴起。库兹韦尔从这些趋势出发，对中期未来进行了推断，他认为接下来将会是"技术和人工智能的出现"，最后，人类即将创造出来的超级智能生物将会占领外太空。[15]

在我看来，库兹韦尔对历史进程的理解和他由此得出的预测模式存在着严重的漏洞。但是，弄清楚他的观点之中的优势和不足，有助于我们在思考技术的未来时形成更精细的思考方式。因此，库兹韦尔的设想存在以下三个关键错误。[16]

第一，历史要比库兹韦尔认为的更动荡起伏、更断断续续。库兹韦尔的错误在于，他把自己的加速变化模式应用在了历史进程上，就好像时间的推进是一种平稳、统一且线性的现象。但历史并非如此，其纷繁混杂的因果进程的推进并不均衡：有的健步如飞，一往无前；有的步履蹒跚，时好时坏；还有的顿足不前，甚至不进反退——所有这一切都是同时发生的。

库兹韦尔似乎把19、20世纪的主要进步都概念化了，好像它们就是发展大行军路上的一个个台阶，几十年来，这些由变化组成的台阶排列得越来越密集。按照这个模式，20世纪70年代的技术台阶，应该普遍要比20世纪40年代的台阶更加紧密。显然，事实并非如此。以核物理学为例，20世纪40年代核物理学的发展就比20世纪70年代迅速且剧烈得多。因此，库兹韦尔的"加速"概念有一定的误导性，他将这种不加区分的普遍概念应用到了历史变化的各个方面之中。

第二，历史要比库兹韦尔认为的更加杂乱，相互之间的联系更强，更加互相牵扯。库兹韦尔把重头戏放在了技术变化的融合之上，似乎不同领域的发展相辅相成，进一步促进了创新的发展。但美中不足的是，他没有把这个因素的另一方面考虑进去：许多历史的因果进程根本就没有相互加强，而是相互破坏、拖累，甚至相互抵消。科技作家鲍勃·赛登施蒂克（Bob Seidensticker）引用了航空技术的例子来说明这一点。[17]自1903年莱特兄弟发明飞机开始，飞机经历了50多年振奋人心的发展历程，快速地演变出了能实现以更高速度穿越更远距离的设计。如果在1960年时，有人用一张图表把这些创新列出来，并对飞机的未来发展趋势进行预测，他可能会合情合理地总结出：到2000年之前，超声速甚至是超高声速飞机都不算什么新鲜事物。但如今这并没有发生。尽管现在超声速旅行的科学和工程水平已经完全就位，但社会做出了不同的选择。它并没有选择“最快、最高”，而是追求“以最实惠的价格，运载最多数量的乘客”。因此，一直呈上升状态的飞机性能走势在20世纪60年代骤然平稳下来，并在接下来的50多年中一直保持着相对平稳的状态。

现实与库兹韦尔在图表和预想中描述的样子大相径庭。这个世界中强有力的社会经济因素——20世纪70年代的石油危机、大众飞机旅行的出现和消费者挑剔的品位，共同导致了某种特定的技术走上一条意料之外的道路。

第三，技术的进步并不是不可避免的。在库兹韦尔的模式中，机器设备的演变主要受两个因素推动：一个是消费者对“更多、更好、更快”源源不断的要求；另一个是科技工作者的聪明才智，他们为满足这些要求呕心沥血。这两种力量加起来是如此强大，使得技术水平的发展几乎势不可挡。任何阻挠都是白费功夫。

然而，在大多数技术史学者看来，技术变化并非如此，他们并没有把它看作历史上的一股不可抵挡的潮流，势如破竹、所向披靡。在他们眼中，技术和人类的选择一直都是互相作用的，它们随着时间的推移互相影响。[18]没有哪种设备会独立存在于社会文化环境之外，它们的构思、设计、制造和使用都离不开社会文化环境。不管是锤子、计算机、机器人还是核磁共振机，它们每一个都是范围更广的功能系统的一部分，其功能无一例外都是由社会决定的。

由此可知，人类选择造成的影响要比库兹韦尔认为的大得多。就拿协和式超声速飞机为例，在民主社会里，要让绝大多数理性的人为了他人的利益而拒绝某种进展是绝对不可能的：“更多”并不总是更好的，而且最成熟的技术是不会自然而然且不可避免地战胜比它更为保守的技术。因此，我们需要带着善意的怀疑眼光来看待库兹韦尔令人眼花缭乱的图表和预测。在我们的技术未来中，没有什么是不可避免的。

因此，基于以上所有原因，库兹韦尔认为奇点正在以破竹之势逼近的观点也许是不准确的，但这并不意味着他对未来的推测毫无意义。相反，他和他的超人类主义者同伴非常深入地明确了一件事。通过经验观察，他们发现，改造之后的科技对人类本身的影响越来越大。他们还总结出，这种趋势会引发两个越来越迫切的问题，那就是“我们是谁”和“我们会变成什么”。这两个问题都是对当前人类的自我定位的理性评判。

人类社会已经逐渐建立起了一张专门为促进科技快速革新而设计的、复杂且稳固的制度网络。1850 年，全美劳动力中仅有 0.03% 的人在科学、工程和技术领域工作。到了 1950 年，该数字增长到 36 倍，达到了劳动力的 1.1%。之后，这个数字持续增长，截止到 2001 年，达到了 4.2%。[19]低估或夸大这一发展的重要性都是严重的错误。还没有哪种文明在加速科技水平发展上投入过如此多的人力和财力。

如今在制药领域，我们希望激活化学物质的某一部分，就可以操控该部分，并对其分子与我们的细胞进程之间的相互作用进行微调。我们的生物电子假肢不再像眼镜那样在我们的感觉器官外部加上一层：如今的假肢可以深入我们的神经系统内部，我们改变了它的基本工作原理。今天的基因干预能够一步到位，借助精细的基因组图直接定位 DNA 的具体位置，按照我们的意愿调整它们的功能。所有这些技术都有一个共同的关键特征：它们展现了技术的直接性，有了这些技术，今天的人类可以操纵自然过程中最深处的工作。

虽然生物技术的创新并不是一帆风顺，不会突飞猛进，也不会势不可挡，但它们终会带来某种剧变。库兹韦尔和超人类主义者完全有理由因为这些创新而感到兴奋。转变可能会一个接一个地发生，但其发展并不均衡，可能到了 21 世纪中期还要再等几十年才会实现，而我们的子孙后代将会直接经历这一转变。

注　　释

①Rainer Maria Rilke，*Letters to a Young Poet*：*Letter* ＃8，trans. M. D. Herter Norton（New York：Norton，1934），64－65.

②有关预测和未来学的在线参考书目，参见本书同步网站http://www.ourgrandchildrenredesigned.org。

③Ernest Rutherford，quoted in Gertrud Weiss Szilard and Spencer Weart，*Leo Szilard*：*His Version of the Facts*（Cambridge，MA：MIT Press，1978），17.

④此处的灵感来自：Fernand Braudel，*The Mediterranean and the Mediterranean World in the Age of Philip Ⅱ*，trans. Sian Reynolds（1949 French ed.；New York：Harper & Row，1972）。

⑤有关科技预测的探讨，详见本书同步网站的在线参考书目中科技研究部分Seidensticker，Brockman，Friedman等人的书。

⑥文学研究者Jay Clayton发现，“二战”以来出版的科幻小说中，有很大一部分尝试探讨了“后人类”世界的可能性，在这样的世界中，人类经过了各种改造。这些小说中大部分将这种场景视为一件相对而言的好事。此处，我的论断仅限于那些大获成功并受读者欢迎的小说和电影。参见：Jay Clayton，“The Ridicule of Time：Science Fiction，Bioethics，and the Posthuman，”*American Literary History*（March 2013）：1－27。

⑦当然，严格来说，《星球大战》系列故事在未来根本不会发生，而只是“很久之前在一个非常非常遥远的星系”发生的故事，只是在对人

类的未来进行科幻推测的基础上，描绘了一个技术世界。George Lucas, *Star Wars*（Twentieth Century Fox，1997－2005）。

⑧可以肯定的是，很多优秀的科幻书籍都探讨了生物增强人，但它们在当代文化中并未产生广泛的影响（至少不像《星际迷航》或《美丽新世界》那样）。其中最有趣的例子是 David Marusek，*Counting Heads*（New York：Tor，2005）和雨果奖、星云奖获奖小说 Nancy Kress，*Beggars in Spain*（New York：Avon，1993）。参见 Clayton，"The Ridicule of Time"。

⑨ Ray Kurzweil，*The Age of Intelligent Machines*（Cambridge，MA：MIT Press，1990）；*The Age of Spiritual Machines*：*When Computers Exceed Human Intelligence*（New York：Penguin，1999）；*The Singularity Is Near*：*When Humans Transcend Biology*（New York：Viking，2005）；*How to Create a Mind*：*The Secret of Human Thought Revealed*（New York：Viking，2012）.

⑩这个术语本身最先由圣迭哥州立大学数学家弗诺·文奇（Vernor Vinge）在 1993 年提出（它代表着一个独特的历史转折点）。在俄亥俄州航空学院的演讲中，文奇称："30 年内，我们将具备制造超人类的技术手段。不久之后，人类的时代将被终结。"演讲全文参见 http：//www-rohan. sdsu. edu/faculty/vinge/misc/singularity. html。

⑪参见：Bill Joy，"Why the Future Doesn't Need Us，" *Wired*，April 2000；and Kurzweil，*The Singularity Is Near*。

⑫参见"超人类"网站，http：//humanityplus. org/philosophy/philosophy-2/。

⑬参考本书同步网站的在线参考书目中有关增强和“后人类”的部分。

⑭Kurzweil，*The Singularity Is Near*，第1-2章。

⑮同上，第15章。这一框架带领我们走进了一个完全不同的时间尺度，让我们想起了格奥尔格·威廉·弗里德里希·黑格尔（G. W. F. Hegal）、亨利·柏格森（Henri Bergson）和皮埃尔·泰亚尔·德·夏尔丹（Pierre Teilhard de Chardin）等思想家的远见卓识：宇宙的最高规律体现在人类历史中，广泛地体现着所有物理现象和非物质现象的统一，这一过程从时间的起点一直持续到遥远的未来。

⑯库兹韦尔关于这一点的进一步探讨参见本书同步网站的附件L。

⑰ Bob Seidensticker，*Futurehype：The Myths of Technology Change*（San Francisco：Berrett-Koehler，2006），68-69.

⑱有关科学研究的在线参考书目，参考本书同步网站中Nye；Latour；Bijker，Hughes，and Pinch；Smith and Marx；Jasanoff的书。

⑲最近的研究——美国国家自然科学基金2001年的一项研究发现，当年美国共有5 580 200名科学家、工程师和技师，占劳动人口总数（1.3亿）的4.2%。具体分为：524 800名管理者，2 157 300名科学家，1 256 400名工程师，1 641 700名技师。相比之下，美国相应领域的历史就业数据大致如下（根据职业定义略做调整），其中圆括号内为劳动人口总数，方括号内为科学家、工程师和技师占劳动人口总数的百分比：

1850年：1 700人（5 277 000人）[0.03%]

1900年：40 300人（27 554 100人）[0.14%]

1940年：308 200人（47 584 200人）[0.64%]

1950 年：705 800 人（63 870 600 人）［1.1%］

1980 年：1 899 700 人（97 378 400 人）［1.9%］

2001 年：5 580 200 人（130 000 000 人）［4.2%］

数据来源：国家自然科学基金科学资源部：《美国科学家、工程师及技师统计数据（2001 年）》，NSF05 - 313（Arlington，VA：2005）；美国劳工部劳工统计局：《职业就业统计数据》“表 2：行业与职业群体就业数据”，www. bls. gov/oes；Matthew Sobek，“New Statistics on the U. S. Labor Force，1850—1990，” *Historical Methods* 34（2001）：71 - 87，Table A1。

第二章 药　　物

噢，卖药的人没有骗我！药效来得很快。

——威廉·莎士比亚（William Shakespeare），《罗密欧与朱丽叶》（*Romeo and Juliet*）第四幕[①]

“人类生物增强”是一个宽泛的概念，它既包括对人类生物化学特征的微调（“我含了一颗锌糖丸，免疫系统强多了”），也包括整体改造（“我最近增强了一系列功能，有红外线视力、用意念上谷歌，还有160年的健康寿命”）。它可以指修改现有特征（“医生微调了一下我的海马体之后，我的记忆力好多了”），也可以指增加人类从未拥有过的新能力（“皮肤叶绿素基因改造让我可以通过光合作用吸收太阳能”）。我在本书中采用了下面这个宽泛的定义：改造某个人的基本生物特征，增强他从未想过有可能会拥有的能力。[②]

人类增强主要有三大类——药物增强、生物电子增强和基因增强，它们作用在我们身上的时间长短不同。在未来的各种可能性之中，重大的基因干预发生的可能性极高——也许会出现在 20 年后，也可能是更久之后——这是因为支持基因干预的科学方兴未艾，尚无定数。生物电子增强与即将来临的未来相辅相成，相伴而生：今天我们已经拥有了功能性设备，例如为残障人士设计的脑机界面，它预言了在未来的 10 到 20 年中，神经科学和信息学的结合领域将会出现重大突破。

相比而言，药物增强已经占据了我们当代世界的绝大部分，而且已经很长时间了。还记得 1966 年我从收音机里听到了滚石乐队（Rolling Stones）的新歌《妈妈的小帮手》（Mother's Little Helper）。当时我只有 11 岁，但我还是听懂了歌里的意思：妈妈并没有真的生病，但一片小小的黄色药片就能帮她度过紧张忙碌的一天。滚石乐队颇具讽刺意味的歌词用最委婉的方式说明了，到 20 世纪 60 年代，药物增强已成了一种普遍现象。

我将在本章中简要描述在过去的一个多世纪中人类社会对这种化学制品的使用历程，着重介绍以人类增强为目标，而不是以药物治疗为目标的化学制品的使用（尽管在实际操作中二者之间的界限经常模糊不清）。在完成对过去和现在的探讨后，我将转而预测未来几十年会发生的化学增强。

吞药片的一百年

事实上，所有 20 世纪中与药物使用有关的统计数据都呈现连续、大幅度的增长。从可供选择的药品种类，人均服药量，药物依赖者的数量，研究、制药和广告耗资，以及对药物干预的文化关注度等方面来看，20 世纪都可以说是一个爆炸式增长的时期。[3] 此外，随着时间的推移，药物本身的效果也越来越好，能越来越精准地实现它的目标，同时产生的副作用也越来越少。[4]

这时，一个关键现象——“医疗化”出现了，它指的是越来越多的药物被应用于相对常见的状况，例如嗜睡、注意力不集中或忧郁这些一度被看作性格缺陷的状况。[5] 比如说，如果你特别害羞，你可以去看心理医生，医生可能会诊断出你得了“社交恐惧症”。然后，你将拿到一张开着苯乙肼等药物的处方，这类药可以确保你的害羞像阳光下的冰一样消融不见。[6] 曾经被认为是一个人的个性中颇具挑战性的一面，靠自我约束和咬紧牙关就能克服的情况，如今变成了可诊断的病症，并且可以针对病症开出药效很强的药物。[7] 药一吞，病就没。

通过服药来微调身体和心理状况已经不再像从前一样被看作社会的耻辱了。学者约翰·奥贝曼（John Hoberman）提出，最近几十年来出现了一种“保健药物”文化，这是一种道德环境，在这种环境里，人们开始感到自己有权按照理想之中的潜能重新改造自己的关键属性。这一趋势不仅仅体现在类固醇或激素等增强药物上，也明显地体现在急剧增加的整形手术、饮食减肥、塑形器械、性功能增强药物和抗衰老药物之中，并已经成为当今社会的普遍现象。[8] 如今许多这类做法都被公认为是完全合理、合法的自我完善和自我实现的途径。[9]

增强药物可以被划分为四大类，划分的标准在于药物改变的主要是身体、认知或情绪特征，还是衰老这一更加普遍的现象。

身体特征

1998年9月21日，一名叫安·兰德斯（Ann Landers）的报纸专栏作家把一封她从加州的一个中老年女性组织收到的信发表了出来。信中提到了一款刚刚问世的药物“万艾可”。这些女性称自己是索诺玛（Sonoma）* 的“资深太太”，她们在组织内部做了一个民意调查，并公示了调查结果：其中有3人表示自己享受性生活，并欢迎丈夫服用这种药；8人提出了相反意见，不希望丈夫服用；另外4人则更加明确、具体地表示，她们一辈子都是在出于责任而“忍受”性生活，但现在她们只想从此以后都过清净的日子。她们在信的末尾得出了这样的一个结论：“万艾可的发明者一定是个男人。”[10]

这说明，实际上是没有单纯的身体增强的：通过解读弗洛伊德可知，勃起绝不仅仅是勃起。人类是文化生物，情感与含义渗透进了我们身体生命的方方面面，我们情不自禁地就会受其影响。因此，在“资深太太”们眼中，“万艾可”代表的意义与它在男性群众眼中代表的意义有着千差万别：这些女性中的大多数都相信在生命阶段的某个特定的“自然”过渡期，这种药就会令人望而却步，逼她们重新考虑她们身份中那些她们一度认为坚不可摧的方面。[11] 所有这一切都在一片蓝色小药片里。

在过去的几十年中，这类药物的数量和种类一直在急剧增加。在

---

* 地名，位于美国加利福尼亚州，著名葡萄酒产区。——译者注

美容类药品中，我们可以找到塑形药（合成类固醇）、增高药（人类生长激素）、瘦身药（罗氏鲜、诺美婷、沛丽婷和芬特明）、生发药（保法止）和除皱药（“基因食品”）。[12]在功能增强类药品中，我们可以找到运动能力增强药（红细胞生成素、人类生长激素和雄烯二酮）、提神药（安非他命及其衍生药物）、激素替代药（雄性激素、睾酮）和增强性能力的药物（万艾可、西力士和艾力达）。

怀疑论者可能会认为，其实这都不是什么新鲜事。追溯到有史可循的时期，我们可以找到证据证明在过去的文明中人们会借助茶、咖啡、烟草和古柯之类的刺激物来提神，还会服用其他草药茶和补品来提升（至少试着去提升）各方面的身体素质。而今天的自我改善途径与以往的不同之处在于它们的效果。保法止与过去几个世纪中的各种蛇油不同，它确实能够促进人体长出新发。安非他命也与昔日运动员使用的药膏和汤药不同，它能够引发巨大的血液化学变化：活跃的红细胞激增会导致血液增稠，浓稠的血液实际上会威胁运动员的生命。万艾可也正是因为其极为显著的药效，才招致了“资深太太”们的怒火。

毫无疑问，随之引发的就是一个社会文化剧变的新阶段。例如在竞技体育界，没有一个负责任的赛事评论员会认为这种情况还不是危急时刻。世界级的运动员被迫退役，名誉扫地；竞技者为达目标不择手段；监管机构与非法制药商之间的斗争如火如荼，都拼尽全力想要胜过对方一筹——而这场斗争放眼望去看不到终点。[13]困惑与怀疑的乌云笼罩在整个竞技体育界之上，不论是观众还是运动员都被迫要面对一个棘手的哲学问题：体育到底追求的是什么？是比赛成绩、团队协作，还是自我约束？是培养与生俱来的天赋，还是追求胜利的底线？没有人能给出一个简单的答案。但清楚的是，这些药物已经撼动了竞技场上的道德原则，而那是人类最古老、最钟爱的社交场所。

认知特征

“人脑万艾可”“补脑药”“神经营养剂”这样的宣传语比比皆是。人们很难抵御近年来在增强认知能力、学习能力和记忆能力方面让人头脑一热的兴奋感。[14]

（1）1990 年，神经科学家埃里克·坎德尔（Eric Kandel）发现了一种名为环磷酸腺苷反应元件结合蛋白（CREB）的脑化学物质，该物质是记忆形成过程中的关键因素。[15]

（2）1994 年，神经科学家蒂姆·塔利（Tim Tully）和杰里·因（Jerry Yin）调整了一种果蝇的 CREB 的作用方式。在学习新习性时，CREB 增强后的果蝇要比未经变化的同类快 10 倍。随后，其他研究者又在老鼠身上得到了同样的结果。

（3）1999 年，普林斯顿大学神经科学家钱卓（Joe Tsien）通过基因改造，创造出了一种多出一对 NR_2B 基因的老鼠，该基因能够协调大脑突触受体的活动。在记忆力和学习能力测试中，NR_2B 增强的老鼠要比未经改造的老鼠的表现优异 5 倍之多。

（4）2000 年之后，不少新制药公司竞相把这些发现应用在人类身上。（坎德尔创办的）记忆药业（Memory Pharmaceuticals）和（塔利创办的）赫利孔山医疗公司（Helicon Therapeutics）都在进行与

CREB相关的药物临床试验。另一家科尔泰克斯药业（Cortex Pharmaceuticals）正在开发一种名为安帕金（Ampakines）的人脑化学药物，想要通过另一种神经通路实现类似的效果。[16]

起初，增强人类记忆的想法听起来似乎是一种妙极了的进步。这能让我更快速地学习外语、更准确地回想起听过的人名和地名，而且不用骂骂咧咧、大惊小怪就能找到我的车钥匙。可是忘记呢？当我们把记忆功能当作人类日常生活的实际组成部分来研究，我们就会发现能够选择性地“丢掉”信息和保留信息是同等重要的。如果失去了遗忘的能力，我们很快就会发现自己在琐碎的细节、感觉、情感和图像的汪洋里越陷越深。因此，当研究者追求人类记忆功能的提升时，实际上他们要做的事情远比仅仅增强容纳能力更复杂——就好像他们正在翻倍扩大电脑硬盘的容量。他们需要增强容纳能力、搜索与检索功能、根据事情重要程度进行紧急分类的功能以及删除功能，所有这些相互联系的功能综合起来，才是“记忆”一词的真实含义。[17]显然，这个要求比它刚出现的时候要离谱得多。

然而，初代“补脑药”已经吸引了那些想修改他们认知水平的人。[18]所有这些化学制品最初的研发目标都不是要成为增强药物，发明它们是想为有基本功能缺陷的人提供帮助，例如患有嗜睡症、极度躁动和无法集中注意力的人。然而，这些药物在许多没有此类缺陷的人身上起到的促进认知能力的效果尤其显著。

这类药物之中最常用的就是兴奋性药物利他林（盐酸哌甲酯）和阿得拉（右旋安非他命），它们是注意缺陷多动障碍症（ADHD）患者的常用处方药。自20世纪60年代起，就有人开始服用利他林，而阿得拉是在1996年进入市场的，这两种药的副作用相对较小，但长期服用可能会使人形成依赖性。还有一款与之相关的兴奋性药物名为“不夜神”（莫达非尼），这款药出现于1990年，在治疗嗜睡症和其他睡眠障碍中疗效非常显著。

健康人服用上述药物会出现两种截然不同的结果。有些人发现，这些化学制品除了使他们保持警醒、保持注意力长时间集中之外，基本没有其他功效。[19]另一些人则出现了完全不同的反应。在研究中，剑桥大学电脑工程博士比约恩·斯滕格（Björn Stenger）服用了一剂莫达非尼。他观察到，一小时之内，他的注意力和记忆力明显都变得更敏锐了。然后，他进行了一系列超高等级的大脑敏捷度测试。结束后，他表示：“如果（我的）智商能算得上10分，那这个药就让它涨到了15分。还真挺有趣的。”[20]2008年，另一个人在《美国高等教育纪事报》（*Chronicle of Higher Education*）的网站上填了一个调查问卷，明确表示服用阿得拉改变了他的事业，“我说的可不是我可以不睡觉以便工作更长时间（尽管确实有这个功效）。我想说的是，我可以承担两倍的工作量、工作速度翻倍、写作效率更高、做事更好、注意力更集中，还能设计出更好、更有创意的策略”[21]。换句话说，到这时，这些增强药物影响的已经是更高级的认知能力，例如学习能力、记忆力和洞察力。

这些化学制品药效的科学测试结果也迥然不同。沃尔特里德陆军研究所（Walter Reed Army Institute of Research）2003年的一项研究发现，在缺乏睡眠的情况下，莫达非尼对人体功能的作用与大剂量的咖啡因大致相同。[22]而剑桥大学于2001年展开的一系列实验得出的结论却与之大相径庭：实验对象在服用了200毫克莫达非尼之后，从一项任务到下一项任务的过渡更加平稳，而且更敏捷地调整了他们的策略……总而言之，实验对象做事更加机智了，承担多重任务的能力也变得更强了。[23]

鉴于这些相互冲突的结论，明智的做法就是，在更进一步的研究出现之前，先不要对认知增强产品做任何评判。但是，"观望"很明显并不是当今社会大多数人的选择：很多人争相通过任何可能的渠道获取这些药品。过去几十年来，美国的非法用药和无商标用药比例突飞猛涨。与大众的预测有所出入的是：2011年的一项调查发现，在一些校园中有超过30%的学生一直在相当频繁地服用认知增强药物。[24]

情感特征

1996年夏天，心理学家强纳森·海德特（Jonathan Haidt）在自己身上做了一个小实验：他服用了帕罗西汀——一种可改变情绪的药物，类似于百忧解*。他没有得抑郁症，也没有其他精神衰弱的症状，只是想看看这类药物到底有什么可大惊小怪的：

> 就像魔法一样。这么多年来，我想要在自己身上实现的一系列改变——放松、释然、不再纠结于我犯过的错误而是接受它们，一夜之间全都发生了。然而，帕罗西汀给我带来了一种具有

* 学名为氟西汀，一种抗抑郁药。——译者注

> 毁灭性的副作用：我变得很难想起事情和名字，就算是我很熟悉的也很难……我决定，作为一名教授，我更需要的是我的记忆力而不是我的心理状态，所以我不再服用帕罗西汀了。五周之后，我的记忆力恢复了，一起回来的还有我的烦恼。留下的，只是一段戴着玫瑰色眼镜、用一双新的眼睛看世界的亲身经历。[25]

海德特的生活一直都过得不错，但是他想看看比“不错”更好意味着什么。他的故事生动形象地提出了借助药物增强人体功能的核心问题——真实性的问题。哪一个才是真的我？如果海德特没有受到记忆力减退的副作用，而是坚持用药（因为他毫不掩饰地肯定自己一定会那样做的），那么，哪一个才是更真实的他：是那个焦虑不安、尽力克服对任期的担忧的自己，还是那位兴高采烈、尽情享受早年职业生涯的年轻教授？借助化学制品获得的轻松心态真的从本质上就是弄虚作假、令人鄙夷不屑的吗？

生物学家利昂·卡斯（Leon Kass）认为，答案绝对是肯定的，“我们确实想要在日常生活中表现得更好——但不是为了实现它就变成化学家眼中的生物，或者把自己变成仿生的工具，被设计成能以非人类的方式取胜或达到目的的样子……我们想要快乐——不是借助药物让我们获得快乐的感觉，却没有了真情、真感和成就这些对人类真正的繁荣至关重要的东西”[26]。

卡斯心中所想的画面似乎就是赫胥黎的《美丽新世界》，那里的人借助药物“苏麻”来抚慰自己，他们的单调乏味和微不足道使我们对他们的生命感到反感。[27]在赫胥黎的反乌托邦之中，人们宣称自己在主观上是满足的，但在他们的生活中没有实现这种满足的空间。他们的爱与情都是肤浅的，他们的想法和冲动要借助条件才能表达出来，他们的工作按部就班、中规中矩、毫无挑战可言。正是这种深刻的疏离使得卡斯有理由将其看作不真实的存在的典型。

但有一个小问题：赫胥黎的反乌托邦是有意为之的极端描述。那么，为什么我们要相信“所有”控制情绪的化学干扰制品都必定会带领我们走向一条通往“美丽新世界”的路？在海德特的帕罗西汀实验之中，暗含着各种各样的答案。如果在某些情况下，这些药物最终可以让一个健康人的生活变得比之前更加有意义，会怎么样？如果它们能让人们拥有更长久、更投入的关系，更优质、更有挑战性的工作，还能够享受更有想象力、更令人满意的娱乐活动，又会怎么样？如果这些化学制品可以让我们获得一种更好的可以掌控毁灭性心理模式的方式，会怎么样？而之前我们千方百计想要让这种心理模式重回正轨，但都无济于事。稍后，我会回到这个问题上。

抗衰老药物

任何一个我这个年纪的人都知道，衰老是最无法改善的。所有的特征，不论是身体特征、认知特征还是情感特征，都在受到冲击。如果我们不仅可以大幅延长我们的自然寿命，还可以延长我们的“健康寿命”（体力和脑力都在最佳状态的年纪），会怎样呢？

在过去的 20 年中，老年病学家和其他生物学研究者在解读衰老现象方面取得了长足的进步，同时他们也承认尚有许多基本的问题没有得到解答。[28]人类的衰老一共呈两种模式——“磨损”学说和“程序性衰老”学说。尽管二者的方式截然不同，大多数研究者还是相信它们都在带领我们走向衰老的过程中起到了关键作用。

甚至早在我们出生之前，人类机体就开始经受生物学家所说的各种各样的“损伤”——削弱我们细胞功能的压力和伤害。[29]在大多数情况下，在我们到 25 岁或刚 30 岁之前，人类机体都能非常成功地控制住这些损耗过程。缺陷会被修复，毒素会被中和，故障也会被排除。不可思议的是，之后人体的修复机制就开始动摇了，损伤种下的恶果开始生根发芽。不同的人会以不同的速度出现衰老，但它迟早会影响我们所有人，最终带来致命的后果。

这是为什么？是什么样的进化优势让我们到了一定年龄就会像弹簧钟一样慢下来？答案是显而易见的：进化没有安排我们衰老，而是让我们在有繁殖能力之前保持健康。[30]等我们到了可以生育的年纪，再保持上一两年，进化就完全不在意我们身上会发生什么了。等我们过了 25 岁，所有能使我们的有机体保持健康和复原能力的选择性压力就会逐渐减弱。

人体是怎样在生命周期中的特定节点就不再自我修复，放任各种各样的系统开始衰退的？这时，我们就遇到了衰老的第二种模式——程序式衰老理论。该理论有两大要素。[31]

（1）端粒。人类的每一条染色体的末端都存在着相同的重复序列的核苷酸——TTAGGG。这一组由六个基因字母组成的排列会重复约 1 500 次，并组成染色体顶端的“帽子”，也就是所谓的端粒。细胞每分裂一次，端粒就会失去一整组 TTAGGG——端粒的逐渐缩短就像是细胞的倒数机制。经历过特定数量的细胞分裂周期后（端粒也会相应地缩短），细胞就会突然停止分裂。细胞并不会立刻死亡，而是进入衰老状态，不再自我复制。这时的细胞就达到了海夫利克极限［得名于生物学家伦纳德·海夫利克（Leonard Hayflick）[32]，是他于1965年首次描述了这一现象］。科学家认为，我们的身体中有60万亿细胞，在整个有机体的老化过程中，持续发生在大多数细胞上的端粒倒数起到了重要的作用。

（2）基因触发。人体的部分正常发育与一种名为“细胞凋亡”的现象有关，该现象也被称为“程序性细胞死亡”。当一个细胞的功能开始出现异常，或者当这个细胞的存在不再被需要的时候，它就成了促使细胞停止工作并死亡的遗传信使的目标。

与这两种细胞程序机制有关的实验已经取得了振奋人心的成果。1998年，美国杰龙生物医药公司（Geron Corporation）将一种叫作端粒酶的端粒修复酶插入了健康的人体细胞，然后让细胞经历正常的分裂过程。令他们喜出望外的是，这些经过端粒酶增强的细胞轻松地突破了海夫利克极限，还能继续充满活力地分裂和繁殖，仿佛它们所有的寿命限制都蒸发了一样。[33]

另一个具有里程碑意义的系列实验与对小型蛔虫的DNA操控有关，这种虫又名线虫或“秀丽隐杆线虫”。其中一个实验敲除了一个daf-2基因，结果这些线虫的寿命比它们未经改造的同胞增加了一倍。另一个以胰岛素调控基因age-I为重点的实验得出，线虫不仅会活得更长，还会对外部压力表现出更强的抗性。得克萨斯大学的生物学家史蒂文·奥斯塔德（Steven Austad）道出了许多科学家遇到这种结果时的敬畏感："蠕虫的基因组中有将近1亿个核苷酸。改变任何一个，也就是说遗传字母表中1亿个字母中的任何一个，它的寿命就会翻倍。改变其中的两个字母，或者改变一个基因中的一个字母和另一个基因中的一个字母，它的寿命就会翻三倍。"[34]

在过去的15年中，类似的基因干预已经在延长酵母细胞、果蝇和老鼠的寿命上取得了显著的成果。[35]但在人身上行得通吗？今天的大幅调整人类健康寿命已经不再意味着调整一两年寿命，而是两倍、三倍地延长人的健康寿命，而这一观念现在还是充满争议。以海夫利克为代表的一些人依旧认为，就算再研究几十年，这种想法也不过还是科学幻想罢了。[36]另一些人的观点则与之截然相反，他们支持加州大学尔湾分校的生物学家迈克尔·罗斯（Michael Rose）提出的观念，他表示："在25年之内，我们就能看到第一代能大大延缓人类衰老进程的产品诞生。这不过是技术发展的长期过程的开始，人的寿命将会在这个过程中被大幅度地延长。技术则是人类寿命唯一的实际限制。"[37]

令人震惊的并不是在这个问题上正在进行的争议如此之多，而是今天有如此之多的科学家正在热火朝天地参与这个争论。30多年前，绝大多数生物学家还都坚信人类的寿命与大多数其他物种的寿命一样，都处在一种特定的、最终无法修改的范围内。现在这种确定性被粉碎了，大幅度延长寿命的可能性完全取决于当代生物研究的进程，现在全世界有数十所实验室正在对此开展各方面的研究。如今，这个问题被公认为是一个令人心驰神往的设想，值得慎重考虑和探索。[38]

到21世纪中叶我们会走到哪一步

虽然试图对未来一百年进行任何细节的预测会稍显鲁莽，但似乎我们也有理由期待我研究过的上述四个领域能为化学增强人类能力创造更多的机会。实现这一可能需要具备三个条件：第一，我们要极为深入地了解人类的生理机能和大脑功能；第二，我们要更加清晰地掌握每一个身体机能和心理能力如何与特定的生物化学进程相互关联；第三，我们还要不断增强用瞄准分子层面的化学制品精准干预和调节其背后进程的能力。“知识更精深，工具更尖端”是过去半个世纪里一个雷打不动的趋势，我们没有理由认为这一趋势将在接下来几十年中出现任何偏移。

相较以往，我们的身体特征将会接受更直接、更强力的改造，而且其副作用也可能比今天更少。塑形美容将会大量滋生，我们不仅可以选择外表，甚至还有可能可以多次修改外表。功能增强可以让我们超越任何生物学和运气带给今天的人类的限制。只要我们想，我们就会变得更强、更快，当然，还有“更硬”。竞技体育界将不得不适应这些变化：它们可能甚至要进化成一个二层系统，为经过增强的人和没有改变过的人设置不同的体育项目。

对人类认知能力的调整也将蔓延至大学校园之外，成为许多人日常生活的一部分，不论他们认可与否。然而，绝大部分的人可能都会对此表示欢迎，认为用化学手段提高脑力水平是完全正常的、可接受的。注意力、学习能力、记忆力和洞察力——每一种认知能力可能都需要以不同的方式、通过不同的化学手段进行增强。有可能全球的认知增强手段也都会得到发展，从而使增强人脑功能更为普遍。

大概到21世纪中期，我们也许会有能力以前所未有的准确度对我们的情感和感知能力进行微调。随着神经科学和认知心理学对人脑的功能组成有了越来越成熟的系统的了解，这种知识将会被转化成新的方法，可以调整大脑的状态和决定情绪的荷尔蒙的功能。[39]情感调节药物的药效也很可能会比今天更好——既能增强情感经历的生动和细致程度，也能按照我们的意愿让它们黯淡下去。

我们还是会衰老，但可能会出现能大幅度延缓衰退进程并弱化其影响的新产品供我们选择。人口的平均自然寿命和平均健康寿命将继续延长。我们的体力和脑力特征的某些方面甚至可以进行某种形式的系统化重建。空想家的梦想则会变得更加激进，他们希望把人类的健康寿命延长至三倍，或者索性让人类永不衰老，而我们很有可能直到21世纪下半叶也无法实现这个梦想。但现在就下定论为时尚早——这仍然是人类未来一张重要的百搭牌。

注　释

①William Shakespeare, *Romeo and Juliet* (CreateSpace, 2014), act V, scene 3, 129.

②学者关于此术语定义的争论，参见本书同步网站的附件A。

③这一趋势持续了整个世纪，但从20世纪80年代以来变得更加显著。1980年，美国的私人药物研发投资达到15亿美元。1985年，达到

68 亿美元。1995 年以来，研发支出每年至少增加 10 亿美元（某些年份的增长高达数十亿美元）。2005 年，投资支出达到 310 亿美元。1980 年，美国的药物研发支出占私营企业总支出的 4.85%。截至 2006 年，该比例接近 15%。1970 年，药品总销售额为 66 亿美元，1980 年为 223 亿美元，1990 年为 583 亿美元，2000 年为 1 610 亿美元，2006 年为 2 458 亿美元。在这 36 年中，有 22 年每年的销售额增长率超过 10%，有 31 年每年的销售额增长率超过 5%。1970 年至 2006 年，美国国内市场平均每年占药品总销售额的 65.44%。1960 年以来，美国国家卫生研究院的经费预算（用于资助药物研发）占联邦政府总研发支出的比例稳步增长。1960 年，国家卫生研究院的经费预算只占联邦政府总研发支出的 4%；2007 年，其预算比例超过了 29%。Mark P. Mathieu，ed.，“R&D Spending by Research - Based Pharmaceutical Companies，1980—2006，” *Bio/Pharmaceutical R&D Statistical Sourcebook* 2007/2008，Parexel International Corporation（2008），I；Mark Boroush and John E. Jankowski，eds.，“National Patterns of R&D Resources，2009 Data Update，NSF 12 - 321；Research and Development（R&D）Expenditures by Performing Sector，” US National Science Foundation；NIH Almanac-Appropriations，http://www. nih. gov/about/almanac/appropriations/inde. htm。

④比如镇静剂。20 世纪上半叶，医生要给病人开镇静药，只能依靠巴比妥类药物，这类药物镇静作用很强，但容易使病人进入半昏迷状态。20 世纪 40 年代，氨甲丙二酯（眠尔通）的出现带来了重大突破。这种新型合成药物的镇静作用更微妙，很快成了最畅销的镇静药，每年为生产商带来 4 000 多万美元的收入。但是，眠尔通有一个不好的副作用——容

易成瘾。因此，一种新型的镇静药物——苯二氮出现了，其最有名的药品是安定。尽管该药物也具有成瘾性，但它的镇静作用更加微妙，其缺陷远没有前代镇静药物那么明显。因此，截至 20 世纪 80 年代早期，它已经成为美国最常用的镇静药，销量超过 20 亿剂。有关药物增强的在线参考书目，参考本书同步网站中Elliott，Hoberman，Stein，Tone 的书。

⑤Peter Conrad，*The Medicalization of Society：On the Transformation of Human Conditions into Treatable Disorders*（Baltimore：Johns Hopkins University Press，2007）.

⑥Carl Elliott，*Better Than Well：American Medicine Meets the American Dream*（New York：Norton，2003），54－59.

⑦制药公司优秀的推销策略参见：Charles Barber，*Comfortably Numb：How Psychiatry Is Medicating a Nation*（New York：Pantheon，2008），第 2、3 章。

⑧John Hoberman，*Testosterone Dreams：Rejuvenation，Aphrodisia，Doping*（Oakland：University of California Press，2005），第 1－3 章；Micki McGee，*Self-Help，Inc.：Makeover Culture in American Life*（New York：Oxford University Press，2005）；Lennard Davis，*Enforcing Normalcy：Disability，Deafness，and the Body*（London：Verso，1995）。

⑨有关这一点的统计数据不言而喻。20 世纪 90 年代，美国的各种整形手术增加了 40 倍（Elliott，*Better Than Well*：189）。1997 年至 2011 年，该数字又翻了一番（"15th Annual Cosmetic Surgery National Data Bank Statistics，" American Society for Aesthetic Plastic Surgery，http://

www. surgery. org/sites/default/files/ASAPS - 2011 - Stats. pdf)。2002 年，美国医师注射了 1 600 多万针肉毒毒素（保妥适）。参见：Ramez Naam，*More Than Human：Embracing the Promise of Biological Enhancement*（New York：Broadway，2005），28。1999 年，美国制药行业的广告和营销支出达 139 亿美元，其中罗氏公司花了 7 600 万美元来推销它的减肥药赛尼可（Elliott，*Better Than Well*：102，119）。美国抗衰老医学科学院成立于 1992 年，截至 2009 年，其成员已包括 2 万余名医师和医疗从业者。参见：the American Academy for Anti-Aging Medicine，http://www. worldhealth. net/pages/about。21 世纪早期，伟哥为其生产商辉瑞公司带来的销售收入为每年 10 亿美元。Meika Loe，*The Rise of Viagra：How the Little Blue Pill Changed Sex in America*（New York：New York University Press，2004），8。2004 年，美国人在保健品上的支出高达 150 亿美元。"Dietary Supplements：A Framework for Evaluating Safety，" Institute of Medicine of the National Academies，2004，http：//www. iom. edu/CMS/3788/4605/19578. aspx。

⑩Loe，*The Rise of Viagra*：95 - 96.

⑪同上，第 6 章。

⑫Andy Coghlan，"First Anti-Wrinkle Pill Shows Signs of Success，" *New Scientist*，September 21，2012，http：//www. newscientist. com/article/mg21128314. 300 - first-antiwrinkle-pill-shows-signs-of-succfess. html。有关美容的在线参考书目，参考本书同步网站中 Blum，Gilman，Etcoff 的书。

⑬有关美容的在线参考书目，参考本书同步网站中 Jendrick，Assael，Miah 的书。

⑭参见：Naam，*More Than Human*，第 2 章；Julian Savulescu，Ruud ter Meulen，and Guy Kahane，eds.，*Enhancing Human Capabilities*（Hoboken，NJ：Wiley-Blackwell，2011），第 5—9 章；以及本书同步网站中 Harris，Buchanan 和 Parens 有关增强和“后人类”的参考书目。对此持怀疑态度的书目，参考 Steven Rose，*The Future of the Brain：The Promise and Perils of Tomorrow's Neuroscience*（New York：Oxford University Press，2005），同时参考：Roy Jones et al.，“Cognition Enhancers，” Foresight Brain Science Project，British Government Office of Science and Technology，2008；Gabriel Horn，“Brain Science，Addiction，and Drugs，” British Academy of Medical Sciences，May 2008；Ross Anderson，“Why Cognitive Enhancement Is in Your Future（and Your Past），” *Atlantic*，February 6，2012。

⑮记住它的全名需要非常强大的记忆力。

⑯Ellen Gibson，“A Boom in Memory-Enhancing Drugs?” *Businessweek*，December 18，2008；Melissa Healy，“Shaper Minds，” *Los Angeles Times*，December 20，2004。1990 年，生物科技公司募集了 9 亿美元私人投资，1995 年，这个数字达到 42 亿美元，1999 年达到 67 亿美元，2000 年达到 314 亿美元。1980 年至 2000 年，该行业总计募集了 2 490 亿美元风投资金。“U. S. Venture Capital Disbursement，by Industry Category：1980－2000，” *Science and Engineering Indicators* 2002，National Science Foundation。

⑰Michael Gazzaniga，*Human：The Science Behind What Makes Us*

Unique（New York：Harper Collins，2008）；Neil Levy，*Neuroethics：Challenges for the 21st Century*（New York：Cambridge University Press，2007），第 4、5 章。

⑱“认知增强”究竟是什么意思呢？这里，我们有必要区分人类心智活动中四个相互补充（和相互重叠）的方面：注意力，能在一定时间内审视或操纵认知对象的能力；学习能力，吸收新信息、新概念和新经验的能力；记忆力，分类、储存和检索经验或已学内容的能力；洞察力、创造力和创新能力，建立新联系、以新方式看待事物以及将现有的知识要素合成新整体的能力。

⑲Andrew Jacobs，“The Adderall Advantage，” *New York Times*，July 31，2005.

⑳Healy，“Sharper Minds.”

㉑Benedict Carey，“Brain Enhancement Is Wrong，Right?” *New York Times*，March 9，2008.

㉒Stephen Hall，“The Quest for a Smart Pill，” *Scientific American*，September 2003，7.

㉓Healy，“Sharper Minds.”

㉔Aaron Cooper，“College Students Take ADHD Drugs for Better Grades，” CNN. com，September 1，2011；Judy Battista，“Drug of Focus Is at Center of Suspensions，” *New York Times*，December 1，2012。发表于 2005 年的另一项研究发现：“1992 年至 2003 年，承认滥用处方药的青少年人数增加了两倍，而滥用处方药的一般人数增加了一倍。” Andrew Jacobs，“The Adderall Advantage，” *New York Times*，July 31，2005。

2003年，莫达非尼为其生产商瑟法隆公司带来了2亿多美元的销售收入，这个数字引起了人们的担忧，因为这说明莫达非尼的客户群远远多于患有发作性嗜睡病和相关睡眠障碍的病人总数。另外，莫达非尼的数据远不及阿得拉和利他林的销售数据：2007年为47亿美元，且处方率不断上升。Ellen Gibson，"A Boom in Memory-Enhancing Drugs?" *Businessweek*，December 18，2008。

㉕ Jonathan Haidt，*The Happiness Hypothesis*：*Finding Modern Truth in Ancient Wisdom*（New York：Basic，2006），39－40.

㉖Leon Kass，*Beyond Therapy*：*Biotechnology and the Pursuit of Happiness*（New York：Regan，2003），xvii.

㉗Aldous Huxley，*Brave New World*（New York：Harper，1932）.

㉘参考本书同步网站中 Stipp，Church，Medina，Rattan，Post and Binstock，Hall ，De Grey，Arrison，Zey 有关美容、延长寿命和身体增强的在线书目。

㉙有关这些"磨损"机制的详细讨论，参见本书同步网站的附件C。

㉚Leonard Hayflick，"Modulating Aging，Longevity Determination，and the Diseases of Old Age，" in *Modulating Aging and Longevity*，ed. Suresh Rattan（Dordrecht，Holland：Kluwer，2003），第1章。

㉛John Medina，*The Clock of Ages*：*Why We Age*，*How We Age*，*Winding Back the Clock*（New York：Cambridge University Press，1996），第14章。

㉜伦纳德·海夫利克的生平简介参见：Stephen Hall，*Merchants of Immortality*：*Chasing the Dream of Human Life Extension*（New York：

Houghton Mifflin，2003）。

㉝Andrea Bodnar et al.，“Extension of Life-Span by Introduction of Telomerase into Normal Human Cells，” *Science* 279，no. 5349（January 16，1998）：349.

㉞Steven Austad，quoted in Naam，*More Than Human*，84.

㉟Piper Hunt et al.，“Extension of Lifespan in *C. elegans* by Naphthoquinones That Act Through Stress Hormesis Mechanisms，” *PLoS One* 6，no. 7（July 13，2011）；Heidi Ledford，“Sirtuin Protein Linked to Longevity in Mammals：Male Mice Overproducing the Protein Sirtuin 6 Have an Extended Lifespan，” *Nature*，February 22，2012；Steven Post and Robert Binstock，eds.，*The Fountain of Youth：Cultural，Scientific，and Ethical Perspectives on a Biomedical Goal*（New York：Oxford University Press，2004），第 7—11 章；Naam，*More Than Human*，第 4 章；Medina，*The Clock of Ages*，第 14 章。

㊱Hayflick，“Modulating Aging，”第 1 章。

㊲Rose，quoted in Medina，*The Clock of Ages*，312。同时参考 Michael Rose，“The Metabiology of Life Extension，” in *The Fountain of Youth*，第 7 章。

㊳有关彻底延长寿命的调查研究以及美容、延长寿命和身体增强的在线参考书目，参见本书同步网站的附件 C。

㊴有关科学家对人类大脑功能架构的了解，参见本书同步网站的附件 B。

第三章　生物电子学

我再也不是我了。我成了一间五金店！

——G型神探［马修·布罗德里克（Matthew Broderick）饰］，《G型神探》（1999）[①]

如今，全世界的实验室都在进行生物电子学研究，研究对象直接对准长久以来都与科幻挂钩的领域。例如，我们上 YouTube 一搜，就能搜到 2012 年有一个女人仅仅通过意念就能操纵一只机器臂。[②]她的名字叫凯茜·哈钦森（Cathy Hutchinson）。1997 年，一次严重的中风让她脖子以下的身体全部瘫痪。布朗大学的神经科学家约翰·多诺霍（John Donoghue）将她与一台先进的脑机界面进行了连接。植入在她的运动皮层下的传感器能够感知其脑部活动，并通过电线向电脑发出信号，由电脑解码后再输送至位于她桌子对面的独立机器臂。凯茜集中注意力皱了一下眉，机器臂就滑了下来，向桌上的一个金属瓶伸出它的仿真手，手指轻轻握住瓶身，然后缓慢又平稳地越过桌子伸向凯茜，把瓶子递给她。瓶子里插着一根塑料吸管。她歪了歪头，让瓶子离她更近一点，然后抿住吸管，吸了一口。周围的研究人员都屏住呼吸目不转睛地看着她。她松开吸管，机器臂又滑回了桌子，把瓶子摆在原处，然后松开了手。凯茜转头看向摄影机，露出了一个大大的微笑。房间里面瞬间掌声雷动。这是她 15 年来第一次靠自己喝上东西。

看过这个视频之后——“用意念操控机器”这件过去仅仅是科幻效果的事正在成为现实——我们很难不为之所动。随后，我们才会开始进行逻辑分析。如果科学家能直接接触人脑，使它能够操纵机械装置，那么人类还可以仅用意念操控哪些机器？还要过多久，你我就可以用意念控制一辆车、一副机械外骨骼、一个人形机器人或者一架飞行在空中的无人机？

接下来的逻辑步骤是：既然我们可以读取思维控制行动的内部信号，那么我们就不能读取用来实现沟通的其他种类的信号吗（也许不能）？你我是否可以借助电脑接口，用线路连接彼此，实现互联，从而直接分享我们的想法、记忆或感觉？从大脑到大脑？[3]

科学家自己第一个站出来警告我们不要直接跳到这种结论。他们告诉我们：不要！不要！不要！我们不是在创造超人的能力，只是想帮助经历了致残事故或患病的人恢复他们已丧失的功能。他们坚持说自己才刚刚起步，还有很多要学习的地方，很多超乎寻常的问题要解决。但后来有人又在 YouTube 上看了一遍那个视频，他情不自禁地回想：看看这些科学家解决了什么问题。

生物电子学：今天的尖端技术

我对“生物电子学”的定义涵盖了其所有的应用，包括所有为实现新的功能直接与人脑或感觉中枢连接的电气设备、假肢或信息设备。[④]这样的设备目前正在研制之中，它们的目标尤为宽泛：促进感官、控制机器、增强记忆力和认知能力，以及监控甚至操控大脑的内在状态。

恢复感官

延斯·瑙曼（Jens Naumann）是一名 39 岁的加拿大农夫，他在 17 岁和 20 岁的两次事故中分别丧失了两只眼睛的视力，完全失明了近 20 年。2002 年，他志愿在大脑中植入了当时世界上最先进的视觉假体，其制作者是一位名为威廉姆·多贝尔（William Dobelle）的研究员。[⑤]多贝尔要求瑙曼戴上一副特制的眼镜，眼镜上嵌置着一台小型摄像机[⑥]，有一组线路将摄像机的视频信号输送至髋部的电脑，电脑再将信号实时转换成电脉冲；再由另一组线路将电脉冲输送上去，穿过瑙曼颅骨上的洞口，直至安装在他大脑后部视觉皮质表层上的电极阵列——上面有 64 个电极将精校之后的微电冲输送至决定视力的皮质神经元。

系统激活当天，瑙曼在多贝尔和一位记者的陪同下走出了实验室，去了附近的一个停车场。有人递给他一把蓝色“野马”敞篷车的钥匙。他坐进驾驶员的座位，然后转动了钥匙。多贝尔的一个助手用摄像机记录下瑙曼把车缓缓开走的画面。

你可以上网从这段节选自美国有线电视新闻网（CNN）的视频里看到他。[⑦]一个盲人在开车。他坐在车里，身体紧张地前倾着，左右来回张望。那辆车的时速大约是每小时 5 英里[*]。他开着车靠近了停车场的尽头，然后平稳地向左转了一个弯，在车道里停了一会儿就扎进了一个空位。然后，他把车停下，又反方向把车开出来，他从车窗探出头来，盯着车后，黑色的眼镜就像护目镜一样从他的脸上伸出来。

如今，全世界有超过 12 所实验室都在朝着和多贝尔一样的目标热火朝天地做着研究，探索各种各样的技术和方法。[⑧]有的实验室正在努力改进多贝尔的植入式电极阵列的想法[⑨]，比如犹他州的视觉神经假肢项目。还有的实验室则另辟蹊径，假设把植入装置直接植入受损的眼睛内，让眼睛与大脑视觉系统的其余部分自然连接，再进行信号处理的效果也许会更好。[⑩]

操控机器

哈钦森和瑙曼试用的这一类大脑植入装置有个巨大的问题，那就是它们都属于“侵入式技术”的范畴：这类技术需要经过复杂、烦琐且昂贵的外科手术，且手术的过程会对身体造成严重的创伤。此外，植入的电极往往会在一段时间后失效，它们会被身体的免疫反应所吞噬，而且失效之后需要再次通过手术将其移除。因此，有不少研究人员一直致力于提高外穿型非侵入式设备的效果，比如脑电极帽和头戴

---

* 1 英里＝1.609 3 公里。——译者注

式耳机——事实证明此类设备的效果简直惊人。

你可以再上一次 YouTube，输入“Berlin brain computer interface”（“柏林脑机界面”）。[11]时间是在 2006 年，一名青年男子坐在电脑前，头上戴着一副看起来像浴帽一样的设备，设备上有几十个向外伸着的小电极。我们能看到他周围有人走来走去——他是德国一场大型脑机界面会议的展览志愿者。几分钟前，这个年轻人坐了下来，一名展位讲解员帮他绑好了“帽子”，并向他解释了要做什么：要想象“抬起”你的右手、“放下”你的左手。用几分钟时间校准了电脑之后，从脑电极帽中获取的脑电图（EEG）信号就可以与屏幕上预期的动作互相关联了。[12]

那个年轻男子头戴脑电极帽，一动不动地坐在那里，他聚精会神地盯着屏幕，然后开始打乒乓球——仅用意念控制屏幕上的球拍。起初，他打得特别不好，但没过几分钟，他的水平就越来越高，到后来，他操作球拍就像用手操作鼠标或键盘一样顺畅。等这个年轻人厌倦了这个游戏，他只需要把“帽子”摘下来，清理掉头发上的导流胶，然后就可以继续过完他这一天剩下的时间。无须手术，无须植入，无须紧张。

时间轴又滚回到现在，你可以买一个类似的脑机界面装置在家里玩。现在的设备可不是一顶看起来傻乎乎的脑电极帽，也不需要任何导流胶。你只需要戴上一副时髦的头戴式耳机就万事俱备了，这个设备叫脑立方（MindWave），花 129 美元就能买到。[13]这副头戴式耳机是通过脑电波传感器（EGG）来测评你的注意力的波动程度，并利用这些信息让你实现使用电脑、手机等信息设备交流的基本操作。

过去的20年来，各种各样的非侵入式系统爆炸式发展。[14]有些脑电极帽和头戴式耳机能够测量脑血流量的微小变化；有的可以调节磁场；还有的设备可以监测脑电波和电活动。有的设备主要监测大脑外层附近的复杂活动，另一些设备则试图听到深入表面的声音。与此同时，研究人员携手共进，争相精炼、梳理传感器收集的数据流中有用信息的数学排序算法。[15]

恢复记忆和认知

西奥多·伯杰（Theodore Berger）是一位生物医学工程师，他轻描淡写地承认："这个目标开始好像是有点耸人听闻。"[16]可能也确实如此。20年来，他一直与来自世界各地的研究人员一起从事神经科学、认知心理学、分子生物学、数学、生物医学工程、计算机科学、电子工程和材料科学的研究，试图构造他口中的"人脑替代部件"。（这可不只是随口一说，也是2005年伯杰与数十位上述领域的杰出人物合编的一本书的标题。[17]）伯杰和他的同事正在努力研制人类海马体的神经假体，这个位于人脑深处的海马状的小器官在把短期经历转化成长期记忆中发挥着关键作用。

海马体出现问题时可能会与阿兹海默症和某种特定的大脑损伤有关，患者对"我是谁"这样的基本认知通常会出现非常严重的问题。患者会变得无法形成陈述性记忆，这种记忆告诉我们随着时间的推移，周围的世界会是什么状态。如果科学家能找到一种用神经假体修复海马体故障的方法，将会对数以千计的生命产生难以估量的影响。

2006年，伯杰和一群同事做了一个实验，这个实验在新兴的神经假体领域具有里程碑式的意义。[18]他们研发了一种微型芯片，能在实验鼠的海马体组织的缺口或病变处重建电气处理过程。截止到2011年，伯杰已经和同事一起在活鼠身上成功地测试了这个装置，证明海马体假体能够用于选择性地激活或消除老鼠形成的长期记忆。伯杰说道：“开关一开，老鼠就能记住；开关一关，老鼠就会忘掉。”[19]该装置不仅能用来替换受损的海马体组织，还能增强正常运转的海马体的功能。伯杰表示：“这是神经假体第一次具备实时诊断和操纵编码过程的能力，使得认知和记忆过程得到存储甚至增强。”[20]伯杰认为，在2026年左右就很有可能出现海马体假体的第一次人体试验。[21]

监控思想内容

1999年，加州大学伯克利分校的一个神经科学家团队仅通过读取猫大脑神经元的脑电活动，就重现了猫看到的图像。他们把电极放进了猫大脑的视觉电路中，给猫看了树枝、人脸等自然场景的图片，同时检索它的神经元活动。电极传来的信息流被解码后，得到的结果非常成功：虽然图像模糊不清，但仍然可以辨别出再现的图像就是最初展示给猫看的图像。[22]

2008年，同样的事件又发生在了人类身上，这一次使用的是无创功能性磁共振成像（fMRI）技术。[23]日本东京国际电气通信基础技术研究所计算神经科学实验室的研究团队把人类作为实验对象，请实验者进入核磁共振成像（MRI）仪，并向其展示了重复的几组单词“neuron”的字母图像。MRI仪的主要研究对象是实验对象的视觉皮层，它会测量皮层电气活动的变化，然后把数据传送至计算机，计算机再将其转换成视频观测仪上的10×10像素阵列。

实验结果令人震撼。我们能看到八排黑白的图像，每一个图像都是由模糊不清的像素化点阵组成，可以大概看出“n-e-u-r-o-n”的字母轮廓。成像仪底部的电脑上也出现了一列最终的数据，计算着所有其他读数的平均值：这里弹出的“neuron”更清晰。看到它的时候，我就知道，即使没人事先告诉我它是什么，我也能毫不费力地看懂这个词。而我现在看的是用机器直接从一个人的意识中提取的图像。

改变心态和情绪

战后生物学领域最著名的实验之一发生在20世纪50年代中期，当时一位名叫詹姆斯·奥尔兹（James Olds）的神经科学家逐步标记出了老鼠大脑的“快感中枢”[24]。奥尔兹将一个永久电极植入老鼠的大脑，并安置了一个杠杆机关，老鼠一按压机关，就会触发一股轻微的电脉冲。这种动物天生就有在有需求的时候产生电流刺激自己大脑的能力。当奥尔兹将电极瞄准其中脑的特定区域时，老鼠就开始一次又一次疯狂地按压杠杆，好像它们以此为生一样。他还发现，相比其他所有的活动或刺激，老鼠更喜欢自己来刺激这些快感中枢。它们会忽略附近的食物和水，即使是在距离上一次给它们喂食间隔24个小时之后。这些小动物站在杠杆前不停地按压，直到它们最后筋疲力尽地倒下去。

老鼠真的感受到快感了吗？接下来进行的人体试验证明确实如此。在20世纪50年代晚期，两名挪威的研究人员称他们把电极放进了患者大脑中与愉悦感相关的特定区域中，然后让患者用一个按钮装置自行刺激这一区域，“个别实验对象真的把自己刺激到了抽搐”[25]。几年之后，到了20世纪60年代，杜兰大学的神经科学家罗伯特·希思（Robert Heath）开始在他自己的患者身上采用类似的方法，那位患者患有重度抑郁症而且无法治愈。[26]他在实验对象“B-19”大脑深处的很多区域植入了电极。希思说：“这名患者可以随心所欲地自行触碰按钮，按钮能够激活左前部导线和右中部隔膜导线……整个过程中，‘B-19’把自己刺激到了一种行为和内心都经历着翻天覆地的兴奋和快乐的程度，最后我们不得不把他的电极断开，尽管他本人强烈抗议。”[27]

到了20世纪70年代，希思又继续发明了一种类似便携式起搏器的大脑刺激装置，并在一些患者的皮下植入了这一装置，下面是其中一名患者的记录：

> 第一个植入这种（便携式）设备的人是一名年轻男子，他会突然发狂，暴怒不止，所以必须被绑在床上。医疗人员在他的颅骨上钻了一个小洞，把一个小电极装进了他的大脑里，然后启动电极激活了位于隔膜区和部分杏仁体中的快乐中心（这样做也是为了抑制愤怒中心）、杏仁体的另一部分、海马体、丘脑和被盖。这个装置每隔10分钟会发出一阵持续5分钟的轻微脉冲电流，运行得非常稳定。植入完成之后，他们给这个男子松了绑，把他从床上放下来，最后准许他回了家。刚开始的一段时间，一切都风平浪静，后来突然有一天，这名男子又开始暴怒，他横冲直

撞，弄伤了邻居，还试图杀了他的父母，差点死在警察的枪下。于是，他又被带回机构接受X光检查，结果是因为连接电池和（脑刺激）起搏器的电线因磨损而断裂了。希思重新把电线接上，那个年轻人就又平静了下来，回家去了。[28]

有人也许会认为，这种卓越的人脑植入成果一定已经为重大的研究铺平了道路，电子医疗制造商也会随之开展热火朝天的运动，为更广阔的市场开发可植入装置。其实不然。到了20世纪70年代，这个领域就进入了一个相对消沉的时期，直到21世纪早期，类似的成果也没有再次出现。其原因可能有两方面。一方面，神经科学家对大脑功能的了解程度在20世纪七八十年代仍停留在初级水平，所以大多数科学家和医生都单纯地认为大脑植入过于危险。在这种情况下，希思是一个冒进者，他愿意冒这个其他医生都避之不及的险。

同时，另一方面，医疗研究的政治和道德环境正在发生剧烈的变化。在明确实验和医疗干预的过程中，对动物的权利以及人类实验对象的待遇、尊严和知情同意权方面的生物道德考虑，逐渐开始占据越来越重要的比重。政府的监管变得更加严格，高校也为确保他们的研究人员遵守日益全面的道德准则成立了审查委员会。[29]脑科学研究人员绕过了希思做过的各种实验，将注意力更多地集中在了动物研究，对人类对象的谨慎研究，以及支撑大脑功能的基础神经科学、分子生物学、遗传学和认知心理学上面。[30]

直接调控人脑活动

与此同时，研究人员可以借助四种治疗技术渗透进人脑，用愈发精准的方式调控人脑的电化学活性。20 世纪 80 年代，法国的医生初次发明了一种名为深度大脑刺激（DBS）的技术，用来治疗严重的帕金森综合征。[31]顾名思义，这种技术需要把永久电极植入大脑皮层下的各个区域。电极上连接着一个类似起搏器的植入装置，它按照预设的时间输送电流。经过证明，DBS 在治疗多种疾病方面都有出人意料的效果，除了帕金森综合征之外，还能治疗图雷特综合征、重度抑郁症、神经失调和无法治愈的疼痛。[32]

第二种正在发展中的技术是经颅磁刺激（TMS）技术，需要使用在额前立起的电磁感应圈，瞄准位于大脑深处特定区域的高度集中电磁场。我们知道，这种电磁场产生的效果与植入电极造成的直接刺激相似，但是它本质上是非侵入性的，这是一个相当大的优势。[33]该技术如今仍在实验之中，研究人员认为，未来几十年它在人脑干预领域的作用可能会越来越重要。[34]

说到这里，第三个颇有前景的领域就是光遗传技术——一种使用光信号来调节人体大脑中单个神经元放电的尖端科技。神经元一般是不受光的影响的，但如果我们可以通过诱导使其具有感光性，就可以借助光纤微线把光脉冲照射到神经元上，以毫秒为单位控制神经元的放电频率。[35]该领域的领军人物之一、麻省理工学院的爱德华·博伊登（Edward Boyden）认为，如果科学家能够找到一种方式，通过有针对性的基因治疗，使人体大脑组织的特定部分具有感光性（且不会造成副作用），那么有朝一日光遗传设备就能演变出非同寻常的工具，来治疗神经疾病或直接调节各种各样的神经功能。[36]

最后一种同样重要的技术是一种还不错的老技术，只需把电极连接到太阳穴上，然后开始震击即可。自19世纪中叶以来，科学家（和庸医）一直在患者身上尝试这种方法，但据统计，截至目前，几乎没有可靠的结果。[37]另外有一种名为经颅直流电刺激（tDCS）的方法正在研究之中，它也是提高人类认知能力的主要方法之一。[38]测试对象坐在计算机操作台前，需要完成掌握一系列复杂的空间识别新技能的任务。电极阵列会在30分钟内将2毫安的直流电输送到其太阳穴和前额下方的皮层区。一名参与测试的志愿者表示："有轻微刺痛感或灼伤感。"[39]在tDCS的刺激下，测试者的学习效率大幅度提高，有时可以把完全掌握一门新技能所需的时间缩短50%以上，这令研究人员大吃一惊。《科学美国人》（*Scientific American*）杂志的一位记者表示："研究人员有望通过电流激活大脑皮层中的神经回路，找到一种无害且不需要使用药物的方法，使学习速度加倍。"[40]

21世纪中叶我们会走到哪一步

我们先来说一说未来几十年可能会影响生物电子学发展轨迹的四项普遍原则。

（1）越来越强大，越来越无缝。我们对大脑、感觉中枢和神经系统的理解将继续加深。医疗技术将变得更加复杂——从更好的手术方法到各种更加无缝集成的植入式设备。我们在增强连接生物组织和人造设备的能力方面将取得卓越的成果。计算机会越来越小，功能会越来越强大，软件将更具有互动性，改造之后更能激发和配合人类的创造力。机器人将会更灵活、更独立、用途更广、更为普遍。各种类型的假肢将会增强触感和感知能力。总而言之，总体趋势就是日益强大的机器将与人类使用者配合得更加默契。

（2）非侵入式设备将成为主流。长期来看，非侵入式设备的市场将比侵入式植入装置的市场大得多，尤其是非侵入式设备已经开始在电脑游戏和虚拟现实程序中得到了普遍应用（如今已经形成一个价值百万美元的产业）。一旦实现——也许在2025年之前，早期的应用甚至会出现得更早——大量资金可能会流向脑电极帽技术和其他非侵入式技术。[41]大量涌入的金钱和关注反过来也可能会带来更强大、更有效的设备的发明，这些设备的本质我们目前还无法想象。

（3）治疗不可避免地为增强打开了大门。经过我们的调查，所有生物电子设备都为人类的增强提供了切实的可能性。为什么？因为但凡是修复故障人体的技术，都离不开能让我们把人类的能力提升到更高水平的技术。到那时，生物电子设备不仅可以恢复残疾人或病人丧失的功能，也可以在经过彻底改造之后用于增强健康人的功能，赋予他们人类从未拥有过的全新力量。随着时间的推移，为治疗而设计的电子生物设备可能只会占据相对较小的市场空间，而以娱乐或增强为导向的产品将成为优势产品。[42]

（4）切忌过度宣传。有的记者总是夸大其词，把某种重要但尚有局限的技术进步吹捧成一种吸引人们关注科幻的极大噱头。例如，2009年本田公司的研究人员成功地让他们的阿西莫（ASIMO）机器人对技术员通过生物电子脑电极帽传输的四个预编程命令做出响应的时候，《商业周刊》（*Businessweek*）为此发表的报道标题为“本田读心机器人”[43]。

这种愚蠢的炒作很容易被戳穿，让人轻声一笑然后视而不见。而另一种情况更加危险。当我们谈到使用电子生物设备来增强更高的认知和情感功能时，这种情况尤为普遍。比如说，我们用“记忆促进芯片”来指代伯杰的海马体假体，那么这个术语在某种意义上是完全合理的。该芯片复制了人脑某一区域的神经活动，且该区域是把短期记忆处理为长期记忆的中心。可是，对大多数人来说，“增强记忆”代表着某些不同的隐含意义。它意味着能够一次性读完百科全书，三天之后还能丝毫不差地总结出第335页上面的条目，或者能原封不动地重新体验一次1972年6月11日我和女朋友在加州马林县一起野餐时吃的那块鲑鱼慕斯的味道。毫无疑问，这是一种误解。不但目前发展中的技术离实现这种程度还差得远，而且未来是否会出现任何一种能带来这种能力的技术也尚不确定。因此，在讨论生物电子设备的未来的时候，我们应该抱着一定的怀疑和谦虚精神。用神经科学家菲利普·肯尼迪（Philip Kennedy）的话说：“我们一点头绪都没有。”[44]

那么，2040年或2050年的生物电子设备实际上会是什么样的呢？

感官能力

我们的五感有可能会以令人吃惊的新方式与机器实现互联。就拿听觉增强系统来说，我们可以想象使用耳蜗声音增强器听到猫和狗听到的声音，或蜜蜂和蛾子听到的声音，直接进入它们的声音宇宙，去看看是怎么一回事。触觉增强技术可以通过触感式触觉设备延伸我们的身体，让我们能够操纵外太空或其他大陆的物体，好像一伸手就能

“感觉”到它们。[45]

更令人兴奋的是全新“种类”的感官的融合，我们在今天还很难想象这样的事。不妨看一下下面这个实验，它来自《连线》（*Wired*）杂志近期的一篇文章。

> 2004年的秋天，连续（奇怪的）六周，乌多·韦希特尔（Udo Wächter）的方向感都毫无偏差。韦希特尔是德国奥斯纳布吕克大学（University of Osnabrück）的一名技师，他每天早上洗完澡后都会戴上一条米色的宽腰带，腰带底部垫着13个震动垫——与使手机发出震动的偏心轮马达装置相同，外部则是一个电源和一支能够探测地球磁场的传感器，哪一个震动垫指向北面，哪一个就会发出嗡鸣。永远都是这样……
>
> 吕克大学的认知科学家彼得·柯尼希（Peter König）是这条“空间感知腰带”的发明者，他给腰带配上音之后，随着佩戴时间的延长，腰带的效果就更好了。柯尼希说他戴着腰带的时候会“不由自主地留意家和办公室的方向。我在咖啡店排队的时候会情不自禁地想我住在那边”。有一次，他去了远在一百英里以外的汉堡，他发现自己还是能感觉到家乡的方向。韦希特尔在梦中都能感受到腰上的震动，跟他醒着的时候一样。[46]

有一种动物天生具备感应地球磁场的能力，那就是赤蠵龟。即使是小仔龟也可以精准地感知磁场的方向和强度，这简直不可思议。每年，它们都要进行八千英里的跨洋迁徙，就是利用这种能力在迁徙中辨别方向。[47]韦希特尔和柯尼希佩戴的腰带（一种相当简单的非侵入性技术）使他们时不时地对他们所在的感知空间进行部分重新定位。甚至连他们的梦也开始指向北方。味觉、触觉、视觉、听觉、嗅觉，再加上“方向感”，他们成功地给自己的感官增加了一个新的“磁场”维度，从而能够分享海龟所拥有的感官空间。21 世纪中期的生物电子学可能会让我们通过类似甚至更强大的方式拓宽我们的感官领域。

控制机器

我们曾用打孔卡、磁带和打字机键盘开启了计算机时代。然后到了 1984 年（!），苹果公司推出了带有鼠标和图形用户界面的麦金塔电脑（Macintosh），这极大地改变了人类和计算机的互动方式。如今，研究人员正在研发如下技术：能使我们与使用口语的机器直接交流（“咋样啊？Siri?”）的界面；让我们能与之互动的具有高度表达能力的“面部”的机器人设备，这类设备能够表现复杂的表情，比如好奇、满意和惊喜。[48]

还有什么形式的互动会超越丰富的口头语言呢？也许会出现一种计算机生成的、可以实现交流的虚拟环境——一个可以随心所欲地通过脑电极帽接口的双向通信通道操纵物体和符号的环境。有了这样的设备，我就可以不再像今天一样坐在监视器前面对着机器，而是暂时身处在一个“三维空间”里。这种互动式空间可能会让我拥有想象视觉形象或情境的能力，然后机器会立即接收我的想象并投影出来，让我身处其中。这样的话，这种设备会在比今天更广泛的范围内与我的思想和感觉相连，让我在与它互动时有更大的自由度。[49]

增强认知

神经假体能让我们变得更聪明吗？能让我们直接沟通吗？从大脑

到大脑？在电影《黑客帝国》（The Matrix）中，我们看到了这样一种诱人的技术。女主角崔妮蒂迫切需要驾驶直升机的能力，于是她用手机给同伴打了个电话，那个人在电脑上点了几下鼠标，就把一个经验丰富的飞行员的知识直接传输到了她的大脑中。崔妮蒂的瞳孔晃动了几秒钟，然后她看着她的朋友尼奥说："走吧。"[50]在这里，传输的信息与认知心理学家口中的程序性知识——也就是"如何"做——有关，比如骑车或制作真正意义上的奶酪蛋奶酥。换句话说，崔妮蒂下载的绝对不仅仅是某个 M-109 直升机所有者的用户手册。她很着急，现在就需要把那该死的东西飞起来。她必须在 3 到 4 秒钟之内获得需长期积累的经验知识，也就是有些人在飞行学校上很多长期课程之后才会逐渐习得的经验——掌握反身动作、技术信息、理论知识和基本理解，特别是掌握操作一台复杂机器所需的经验。

训练有素的飞行员的大脑里一定有这种知识，因此，从理论上来说，有朝一日我们可能会找出并记录支撑这一系列复杂的操作能力的神经模式。解读和调试另一个人的大脑（和身体）的神经模式无疑是一项同样令人生畏的挑战。稍后，我将更详细地讨论这些可能性。

"《终结者》谬误"："《杰森一家》谬误"的姊妹概念

广受欢迎的《终结者》（Terminator）系列电影的故事情节遵循了科幻史上最庄严的一个隐喻——智能机器崛起，超能机器人暴走。[51]这种表现手法成就了一个引人入胜的故事，特别是在现在这个迅速机械化的时代。从 1927 年弗里茨·朗（Fritz Lang）的表现主义杰作《大都会》(Metropolis) 开始，到现代电影，例如《2001 太空漫游》(2001：A Space Odyssey)、《我，机器人》(I，Robot) 和《变形金刚》(Transformers)，这种情节的变化也赋予了诸多电影和小说生命。[52]但这种中期未来的形象可能会造成一种误导，即认为机器不会成为我们的敌人，在我们与机器人之间的明显战争之中与我们对抗。它们不会凌驾于我们之上，而是会成为我们的一部分。我们不仅会慢慢地邀请它们走进我们的工作和个人生活（这一点已经在相当大的程度上实现了)，还会请它们进入我们的身体和思想。简而言之，这是一种人类与机器逐渐融合的趋势。作为个体，我们正在（毫不夸张地）将它们“融入”我们的身份之中。这样来看，机器永远无法“掌权”，因为到那时它们已经与我们的一部分合二为一了。我们自告奋勇，充满渴望。

起初，这样听起来会有点吓人，但是人们适应新技术的历史经验表明，未来几十年，很多人可能实际上并不会对此感到害怕。这里有一个关键的概念，也就是认知心理学家所说的“透明度”——人类具有不由自主地重绘自己身体图像边界的神奇能力，将各种外部设备整合进他们的行为和想法的自然运作中。例如，当我开着车在镇子里逛的时候，我没有必要对自己说“好吧，这是红灯，所以我要抬起右脚，放在刹车上，慢慢施加压力，等着车放慢速度，当车完全停止移动的时候，再停止施压”，我只是知道我正在开车，然后想“红灯了，停”。随着时间的推移，机器接口已经融入了我自己的身体形象，所以操作这样的设备就像我只是想了想要动一下四肢一样。

我对汽车“透明度”的经历很有限。事实上，我可以轻易地把自己和机器区分开来。到达目的地之后，我会下车去做自己的事情。我在这里，车在那里。但当机器成为我身体机能的一部分时，又会发生什么呢？就像延斯·瑙曼和他的假眼那样？当设备始终与我在一起的时候，当它让我获得的能力成了我心中对“我是谁”这种认知的基本要素的时候，“透明度”的影响会有多深（想一想你没了手机或者家里停电了会是什么感觉）？一旦我们的生活就处在物质和虚拟的空间中，而机器的共同活动在这些空间中无处不在，那么我们就有理由期待对它们的认可程度将会大幅提升。我们将越来越多地生活在一个机器或人类的感知和任务重叠的连续体中。

这一切并不会在一夜之间发生，创新会随时间逐渐积累，这种过渡也会在创新的不平衡发展之中慢慢进行。我们的社会可能（虽然无法确定）会相对平稳地适应这些变化，也许正是我们自己一路走来一步一步地做出了这些选择。同时，我们也不应该抱有任何幻想。到21世纪中后期，一场革命性的转变将会到来。新式的感官、强大的假肢、精密的机器人、由意念控制的无人机、随我们的动作而动的交互式知识空间和全新的人际交流模式，这些仅仅是生物电子技术之下我们能预见到的、最有可能出现的自我延伸。

注　释

①David Kellogg，*Inspector Gadget*，DVD（Disney，1999，2003）.

②Alison Abbott，“Mind-Controlled Robot Arms Show Promise，” *Nature*，May 2012，http：//www.nature.com/news/mind-controlled-robot-arms-show-promise-1. 10652。视频参见："Paralyzed woman moves robot with her mind," Nature Video Channel（2012），http：//www. youtube. com/watch? v=ogBX18maUiM&feature=player_embedded。

③参考本书同步网站中 Katz，Nicolelis，Benford 和 Malartre，Chorost，Clark，Smith 和 Morra 有关生物电子设备的在线书目。

④与本领域的其他作者相比，我对这个术语的使用更轻率、更宽泛。参考本书同步网站中 Pethig and Smith，Walker 等有关生物电子设备的在线书目。

⑤Steven Kotler，"Vision Quest," *Wired*，September 2002.

⑥William Dobelle，"Artificial Vision for the Blind by Connecting a Television Camera to the Visual Cortex," *American Society for Artificial Internal Organs* [*ASAIO*] *Journal* 46，no. 1（February 2000）：3－9；同上。

⑦"Bionic Eye," CNN，June 2002。该视频不可以直接在线搜索下载，但可以从布朗大学人工视网膜项目的网站上下载。打开左侧任务栏，点击"皮层植入物"，再点击"多贝尔植入物"。

⑧目前研究如何恢复视力的重点实验室有波士顿视网膜植入项目（http：//www. bostonretinalimplant. org）和第二视力（http：//2－sight. eu/en/home-en）。斯坦福大学詹姆斯·卢丁（James Loudin）博士和德国图宾根大学埃伯哈特·茨伦纳（Eberhart Zrenner）博士也在进行有关无线植入物的研究，参见：http：//www. nature. com/news/restoring-sight-with-wireless-implants-1. 10627。登录布朗大学人工视网膜项目官网（http：//biomed. brown. edu/Courses/BI108/2006－108websites/

group03retinalimplants/index. htm)，可查看全世界研究视觉假体的重点实验室概况（截至 2006 年）。还有一些研究依靠共感和大脑可塑性现象，旨在用一种感官的信号替代另一种感官的信号，其背后的设想很简单：戴上一副装有微型摄像头的眼镜，然后通过电脑处理视觉信号，将其转换为一系列电脉冲。如果将脉冲传送给耳朵上戴着的听觉装置，患者可以通过识别特定的声音特征，从而“看到”外部世界的表征；如果将同样的脉冲传送给舌头上的装置，大脑也可以学会解读这些编码信号，从而构成与视觉场景相对应的基本空间表征。当然，通过人们的耳朵或舌头来实现周围环境的可视化，并不能提供传统意义上的“视力”，但有些盲人已经成功利用这一实用的工具来更自主地应对现实世界，参考“用声音看世界”的网站（http：//www. seeingwithsound. com）。至于基于舌头的共感系统，参见：“Your Tongue Can Seem” ABC News，September 6，2006，http：//abcnews. go. com/Primetime/Story? id＝2401551&page＝1；Sunny Bains，“Mixed Feelings，” *Wired*，March 2007，http：//www. wired. com/wired/archieve/15. 04/esp_pr. html；James Geary，*The Body Electric*：*An Anatomy of the New Bionic Senses*（New Brunswick，NJ：Rutgers University Press，2002）。

⑨Richard Normann，“Sight Restoration for Individuals with Profound Blindness，” Center for Neural Interfaces，and John A. Moran Eye Center，University of Utah，http：//www. bioen. utah. edu/cni/projects/blindness. htm.

⑩“Meeting Focuses on Artificial Vision：‘The Eye and the Chip’ Held in Detroit，” *Retinal Physician*，August 2008；Jonathon Wells et al.，"Transient Optical Nerve Stimulation：Concepts and Methodology of Pulsed Infrared Laser Stimulation of the Peripheral Nerve *In Vivo*，" in *Neuroengineering*，ed. Daniel Dilorenzo and Joseph Bronzino（Boca Raton，FL：CRC Press，2008），chap. 21，1－19；Geary，*The Body Electric*.

⑪ Berlin Brain Computer Interface，http：//www. youtube. com/watch? v=qCSSBEXBCbY.

⑫Benjamin Blankertz et al.，"The Berlin Brain-Computer Interface：Accurate Performance from First-Session in BCI-Naive Subjects，" *IEEE Transactions on Biomedical Engineering* 55，no. 10（2008）：1－10；C. Gugar et al.，"How Many People Are Able to Operate an EEG-Based Brain-Computer Interface（BCI）?" *IEEE Transactions on Neural Systems and Rehabilitation Engineering* 11，no. 2（June 2003）：145－147.

⑬ Timothy Hay，"Mind-Controlled Videogames Become Reality，" *Wall Street Journal*，May 29，2012.

⑭Jonathan Wolpaw and Elizabeth Wolpaw，eds.，*Brain-Computer Interfaces：Principles and Practice*（New York：Oxford University Press，2012）；Theodore Berger et al.，*Brain-Computer Interfaces：An International Assessment of Research and Development Trends*（New York：Springer，2008）；Jan van Erp et al.，"Brain-Computer Interfaces for Non-Medical Applications：How to Move Forward，" *Computer*（IEEE Computer Society）45，no. 4（April 2012）：26－34，doi：10. 1109/MC. 2012. 107；Guido Dornhege et al.，eds.，*Toward Brain-Computer*

Interfacing（Cambridge，MA：MIT Press，2007）.

⑮在生物工程学相关文献中，关于解读大脑活动最好的方法，存在极大的争议：侵入型的还是非侵入型的？植入物还是帽状物？有些科学家认为，外置帽状界面本身存在限制，最终将为该技术进一步的改进带来不可逾越的障碍。他们坚持认为，真正高端的脑机交互需要更高级的颅骨内外的交流，从长期来看，这将有利于植入技术的发展。而帽状物的支持者认为，这一切都是痴人说梦。他们指出，近年来他们从大脑中提取的信息质量和数量都有了巨大的提高，将稀缺的资源投入本身充满危险的植入技术将是大错特错。而植入技术的拥趸则反驳道，进一步的研究将逐渐证明，侵入型的装置不仅更有效，而且更安全、更廉价、更可靠。这是一个长期的技术争论，其结果很难预测，但有一点可以肯定：未来几十年，两种装置都将继续向前发展。Wolpaw and Wolpaw，eds.，*Brain-Computer Interfaces*；Berger et al.，*Brain-Computer Interfaces*；Dornhege et al.，eds.，*Toward Brain-Computer Interfacing*。

侵入型和非侵入型大脑检测技术的另一个替代物是电子皮质摄影（ECoG）。这类装置是以侵入性方式植入颅骨内（大脑外部，感觉组织所在的位置）。它产生的信号比非侵入型的帽状物更好，而与深层植入装置相比，它破坏大脑免疫系统的风险更低，参见：Gerwin Schalk，“BCIs That Use Electrocorticographic Activity”，in *Brain-Computer Interfaces*，chap. 15；Pagan Kennedy，“The Cyborg in Us All”，*New York Times*，September 14，2011。

⑯Theodore Berger et al.，“Brain-Implantable Biomimetic Electronics as a Neural Prosthesis for Hippocampal Memory Function,” in *Toward*

Replacement Parts for the Brain: *Implantable Biomimetic Electronics as Neural Prostheses*, ed. Theodore Berger and Dennis Glanzman (Cambridge, MA: MIT Press, 2005), 270.

⑰Berger and Glanzman, eds., *Toward Replacement Parts for the Brain*.

⑱Min-Chi Hsiao et al., "VLSI Implementation of a Nonlinear Neuronal Model: A 'Neural Prosthesis' to Restore Hippocampal Trisynaptic Dynamics," *Proceedings of the 28th IEEE* (August 30 - September 3, 2006): 4396 - 4399; Theodore Berger et al., "Brain-Implantable Biomimetic Electronics for Restoration and Augmentation of Cognitive Function," IBM Almaden conference, PowerPoint, 2006, http: //www. neural-prosthesis. com/index-9. html.

⑲Theodore Berger, quoted in Eric Mankin, "Restoring Memory, Repairing Damaged Brains," USC News Service, June 17, 2011, http:// news. use. edu/ ♯ ! /article/29100/Restoring-Memory-Repairing-Damaged-Brains.

⑳Theodore Berger et al., "A Cortical Neural Prosthesis for Restoring and Enhancing Memory," *Journal of Neural Engineering* 8 (June 15, 2011), abstract.

㉑Stephen Handelman, "The Memory Hacker," *Popular Science*, April 2007, 96.

㉒Garrett Stanley et al., "Reconstruction of Natural Scenes from Ensemble Responses in the Lateral Geniculate Nucleus," *Journal of Neuro-*

science 19 (September 15，1999)：8036－8042.

㉓Yoichi Miyawaki et al.， "Visual Image Reconstruction from Human Brain Activity using a Combination of Multiscale Local Image Decoders," *Neuron* 60 (December 11，2008)：915－929.

㉔神经科学家不再使用“快感中枢”这个概念，因为通过几十年的干预和研究，他们已经明白：(1)“快感”是一个过于模糊的概念；(2) 根本没有单一的“快感中枢”，因为“快感”受大脑中广泛分布的很多区域的调控。如今，科学家用“奖赏中枢”这个词来指代这些区域。James Olds，"Self-stimulation of the Brain," *Science* 127. no. 3294 (February 14，1958)：315－324。

㉕Carl Sem-Jacobsen and Arne Torkildsen，"Depth Recording and Electrical Stimulation in the Human Brain," in *Electrical Studies on the Unanesthetized Brain*，ed. Estelle Ramey and Desmond O'Doherty (New York：Hoeber，1960)，275－90；Jim Robbins，*A Symphony in the Brain*：*The Evolution of the New Brain Wave Feedback* (New York：Grove，2008)，23.

㉖Robert Heath，"Electrical Self-Stimulation of the Brain in Man," *American Journal of Psychiatry* 120 (December 1963)：571－577.

㉗Charles Moan and Robert Heath，"Septal Stimulation for the Initiation of Heterosexual Behavior in a Homosexual Male," *Journal of Behavioral Therapy and Experimental Psychiatry* 3 (1972)：27。希思 (Heath) 在 B-19 身上进行了一项研究，按照今天的标准来看，这项研究不仅离奇，而且极不道德。B-19 是一名 24 岁的男同性恋，患抑郁症多

年。希思觉得自己可以一石二鸟——同时“治愈”B-19的同性恋和抑郁症。希思让B-19反复观看描绘异性性交的色情视频，同时对他大脑的“奖赏中枢”进行电刺激。几周后，希思发现，B-19的情绪和性情变得更加愉快、更愿意“配合”。这时，希思报道：“我们安排了一名21岁的妓女，和B-19在完全私密的一间实验室里相处了2个小时。”正如《行为治疗和实验精神病学杂志》（*Journal of Behavioral Therapy and Experimental Psychiatry*）的报道，结果正如希思所料：B-19一生中第一次能与女性性交，并且表示“非常喜欢她，希望不久的将来能再和她发生性行为”。该“治疗方案”很快就结束了，B-19也出院了。参见：Alan Baumeister，“The Tulane Electrical Brain Stimulation Program：A Historical Case Study in Medical Ethics，” *Journal of the History of the Neuroscience* 9，no. 3（2000）：262－278。

㉘Robbins，*A Symphony in the Brain*，25.

㉙Helga Kuhse and Peter Singer，eds.，*A Companion to Bioe-thics*（Malden，MA：Blackwell，2001）；Herbert Gottweis，*Governing Molecules：The Discursive Politics of Generic Engineering in Europe and the United States*（Cambridge，MA：MIT Press，1998）；*From Birth to Death and Bench to Clinic：The Hastings Center Bioethics Briefing Book for Journalists，Policymakers，and Campaigns*；由黑斯廷斯中心收藏的有关生物伦理学的在线书目，参见：http：//www. thehastingscenter. org/Publications/BriefingBook/Default. aspx。

㉚ Steven Marcus，ed.，*Neuroethics：Mapping the Field*（New York：Dana，2002）；Judy Ileds，ed.，*Neuroethics：Defining the Issues in Theory*, *Practice*, *and Policy* (New York: Oxford University Press, 2006).

㉛Kevin Chou, Susan Grube, and Parag Patil, *Deep Brain Stimulation*: *A New Life for People with Parkinson's*, *Dystonia*, *and Essential Tremor* (New York: Demos Health, 2011); Adam Keiper, "The Age of Neuroelectronics," *New Atlantis* (Winter 2006): 18 - 19. 该文也精彩地介绍了生物电子学。

㉜Chou, Grube, and Patil, *Deep Brain Stimulation*; Bruce Katz, *Neuroengineering the Future*: *Virtual Minds and the Creation of Immortality* (Sunbury, MA: Infinity Science Press, 2008), 240; Wael Asaad and Emad Eskandar, "Deep Brain Stimulation for Obsessive Compulsive Disorder," in *Neuroengineering*, ed. DiLorenzo and Bronzino, chap. 9, 4.

㉝经颅磁刺激在治疗抑郁症的应用中前景广阔。以色列的 Brainsway 公司目前正在推销这项技术的一个先驱版本。"Brainsway 的深部经颅磁刺激技术吸引了无数精神病医师和患者，因为它可以提供一种治疗抑郁症的手段，无须借助可能需要终身依赖的手术或药物。本月，美国和加拿大的监管部门批准对抗抑郁剂无反应或不耐受的患者使用这款产品。" David Wainer, "Brainsway Sees Partnership as FDA Backs Depression Device," *Bloomberg Businessweek*, January 21, 2013。

㉞最近的一项综合调查参见：Carlo Miniussi, Walter Paulus, and Paolo Rossini, eds., *Transcranial Brain Stimulation* (Boca Raton, FL: CRC, 2012); Mark George and Edmund Higgins, *Brain Stimulation Therapies for the Clinician* (Washington, DC: American Psychiatric

Publishing，2008）；Yiftach Roth and Abraham Zangen，“Transcranial Magnetic Stimulation of Deep Brain Regions，” in *Neuroengineering*，ed. DiLorenzo and Bronzino，chap. 22，1－23；Katz，*Neuroengineering the Future*，245－248。

㉟Thomas Knopfel and Edward Boyden，eds.，*Optogenetics*：*Tools for Controlling and Monitoring Neuronal Activity*（Amsterdam：Elsevier，2012）；Peter Hegemann and Stephan Sigrist，eds.，*Optogenetics*（Boston：Walter de Gruyter，2013）.

㊱David H. Freedman，“Brain Control，” *MIT Technology Review*，October 27，2010.

㊲这里，我并不是指电击疗法（EST）或者电惊厥疗法（ECT），自20世纪30年代起，有些精神病医师就开始利用这两种疗法治疗难治性抑郁症。一般情况下，EST和ECT使用的电流强度大约是经颅直流电刺激（tDCS）的四倍。但这两种治疗手段还未被用于认知增强。

㊳Miniussi et al.，eds.，*Transcranial Brain Stimulation*；Michael Nitsche et al.，“Transcranial Direct Current Stimulation：State of the Art 2008，” *Brain Stimulation* 1（2008）：206－223；R. Douglas Fields，“Amping UP Brain Function：Transcranial Stimulation Shows Promise in Speeding Up Learning，” *Scientific American*，November 25，2011；Ross Andersen，“Why Cognitive Enhancement IS in Your Future（and Your Past），” *Atlantic*，February 6，2012；Roi Kadosh et al.，“The Neuroethics of Non-Invasive Brain Stimulation，” *Current Biology* 22，no. 4（February 21，2012）.

㊴Fields，“Amping UP Brain Function.”

㊵同上。

㊶Gerwin Schalk，“Brain-Computer Symbiosis，” *Journal of Neural Engineering* 5（2008）：1－15.

㊷Timothy Hay，“Mind-Controlled Videogames Become Reality，” *Wall Street Journal*，May 29，2012.

㊸Ian Rowley，“From Honda，A Mind-Reading Robot，” *Businessweek*，March 31，2009，http：//www. businessweek. com/globalbiz/content/mar2009/gb20090331_865756/htm？chan＝top＋news_top＋news＋index＋－＋temp_global＋business.

㊹完整引文如下：“肯尼迪常被问道，他所做的这些是否会为机械战警的实现铺平道路。‘即便这是科幻小说的论调，我也不买账。’他说，‘人们以为我们或许能以某种方式刺激大脑、产生思想，但我们连思想是什么都还不知道。我们知道我们的思想和行动涉及神经活动，除此之外就一无所知了。’他只能满足于给残疾人一份宝贵的礼物——独立。” Brendan Koerner，“Philip Kennedy：Melding man and machine to free the paralyzed，” *US News and World Report*，January 3，2000，65。

㊺生物电子界面装置分为两类——开环型和闭环型。凯茜·哈钦森的机械臂假体是开环型，因为它的电信号是单向的，从她的大脑发送给机械臂。要把这种机器变成闭环型，就需要在指尖或其他地方装上传感器，沿着连接链往回发送信号，一直发送到神经系统和大脑。正常情况下，我们的感官就是以这种闭环形式运行的，不断地在大脑和感官之间传递信息，大脑利用这些信息来不断地进行调整，然后向指挥系统下达

指令。

㊻Sunny Bains，“Mixed Feelings,” *Wired*，March 2007，http://www.wired.com/wired/archive/15.04/esp_pr.html.

㊼Bijal P. Trivedi，“‘Magnetic Map’ Found to Guide Animal Migration,” *National Geographic News*，October 12，2001，http：//news.nationalgeographic.com/news/2001/10/1012_TVanimalnavigation.html.

㊽有关机器人技术和人工智能的书目，参见本书同步网站中 Breazeal，Levy，Wallach 和 Allen，Arkin，Kang 的在线参考书目。

㊾作为类比，可以讲一下我的 iPod 是如何改变我与音乐的关系的。这台设备里储存着我曾经喜欢过的每一首歌，我随时可以把它们调出来。结果，与几十年前相比，音乐对我的意义也发生了变化，它被无缝地嵌入了我的日常生活里：我突然想起一首歌，不到几秒钟，我就听到了这首歌，这就改变了我的心情，进而改变我的行为。音乐控制着我的记忆，加强我与生活中遥远的记忆的联系。我的既往经验显得更加生动，它的颜色变得更加鲜明。我感觉我的故事变得更加连贯、更加一致。当然，某种程度上，歌还是歌，我还是从前的那个我。但因为这个简单的便携式设备，我与音乐以及我自己的所有关系都发生了微妙而深刻的转变。我猜增强学习能力的帽状设备也会产生同样强大的影响。

㊿Andy and Larry Wachowski，*The Matrix*，DVD（Warner，1999）. 电影剧本参见：http：//www.scifisccripts.com/scripts/matrix_96_draft.txt。

(51)James Cameron，*The Terminator*，DVD（MGM，1984）. 电影剧本参见：http：//www.imsdb.com/scripts/Terminator.html。

(52)有关科幻小说的部分，参见在线参考书目中的相关书目和文章。

第四章　遗传学与表观遗传学

理论上，新的优生学的范围是无限的，因为我们将拥有创造目前想象不到的新基因和新特质的潜力……有史以来第一次，一种生物可以理解它的起源，并着手设计它的未来。

——罗伯特·辛希默尔（Robert Sinsheimer），分子生物学家，加州大学圣克鲁兹分校校长，1969[①]

我想在这里探讨一下基因干预史上的四次重大转变，首先当然要从孟德尔开始。

从孟德尔到克隆羊多莉

科学家用“基因型”（genotype）这个词来指某一生物全部DNA密码的总和，即该生物的全部遗传信息。与之相反的是“表型”（phenotype），指可观察到的生物体实际特征的总和。[②]一个基因是一个遗传单位，对应特定的DNA密码片段[③]，可以将它看作一个有限的指令集合，这些指令告诉机体如何发挥它所需的基本功能，形成不断生长的生物体的组织，或者维持成熟生物体的生命过程。

在格雷戈尔·孟德尔（Gregory Mendel）时代，改造动植物物种的实践都是漫无目的的：观察亲代生物某些可取的性状，使之杂交繁殖，然后观察这些可取的性状是否在后代中显著地表达。相比之下，如今的科学家可以直接将新基因加入动植物的DNA中，从而设计出特定的特征。例如，他们可以从水母的DNA中敲除绿色荧光基因，将它加入兔胚胎的DNA中，当兔子出生时，在特定波长的蓝光下，它就会发出绿光。[④]更有用的是，科学家可以从苏云金杆菌中提取一种基因，这种基因可以控制对某类昆虫来说有毒的化学物质的分泌。当这种基因被加入玉米、马铃薯、棉花等农作物的DNA中，就会导致这些植物的后代在其组织中分泌细菌毒素，从而使得这些农作物能够抵抗主要的虫害。2010年，美国63%的玉米都经过这种基因修饰。[⑤]

这种能力转变的重要性再怎么夸张都不过分。这就好比在一个漆黑的屋子里摸索前进和在一个光线充足的地方有目的地大步前进之间的区别。现代基因科学走的是缓慢的、反复试错的道路，是进化和物竞天择的道路，并且在把这条道路转变成一条近似制造业或艺术的定向进化道路。当然，人类的身体和头脑恰好就在这种部分改造或批量再造的新生能力的范围内。

表观遗传学：开启人类增强的新途径

过去50年里，随着分子生物学的崛起，我们能够更好地了解基因的活动。从这种新兴的角度来看，基因的作用远不只决定性状的遗传，它是指挥生物体从出生到死亡的基本生命功能的主体。[6]它能调控每个细胞内不断进行的生物化学活动；能与荷尔蒙相互作用，上调或下调控制主要器官系统的化学物质的分泌；能介导化学信号的级联，促使免疫系统对毒素或其他异物做出反应；能响应大脑的化学刺激，调节这个所有器官中最重要的器官的功能。换句话说，基因不仅仅是造就我们的主要因素，也是让我们时刻活着和保持健康的主要因素。[7]

我们越了解基因的功能，调控基因活化、失活和转录的中介因素的作用就变得越重要。事实证明，人体的20万基因中有很多在以复杂的组合不断地打开或者关闭，而这些组合的时间顺序则更为复杂。这一活动是双向的，因为基因调控细胞和生物体的活动，同时也被这些活动所调控。

研究基因活化和转录的这一新的科学领域被称为表观遗传学。[8]尽管有着不同的定义，但表观遗传学过程可以指任何改变基因信息表达而又不改变基因本身DNA序列的分子机制。DNA密码是相同的，但它的某些部分被有选择地失活，其他部分则被活化，最终产生截然不同的表型结果。生物学家内莎·凯里（Nessa Carey）是这样解释的：

我们以为，DNA 就像一个模板，就像工厂里的一个汽车零件模具。在工厂里，熔化的金属或塑料被成千次地倾倒进同一个模具里，除非这个过程出错，否则能生产出无数个一模一样的汽车零件。

但 DNA 并不像这样，它更像一个剧本。不妨以《罗密欧与朱丽叶》为例。1936 年的电影版本由乔治·丘克（George Cukor）执导，莱斯利·霍华德（Leslie Howard）和诺尔玛·席勒（Norma Shearer）主演，60 年后，另一个版本则由巴兹·鲁尔曼（Baz Luhrmann）执导，莱昂纳多·迪卡普里奥（Leonardo DiCaprio）和克莱尔·丹尼斯（Claire Danes）主演。两部作品都采用了莎士比亚的剧本，却完全不同。同样的起点，不同的结局。

细胞解读 DNA 中的基因编码时就是这样。同样的剧本可能会产生不同的作品。[9]

近年来，科学家已发现多种表观遗传机制，能够让机体细胞在不同的情况下对 DNA 脚本进行不同的解读，其中最常见的两种机制是 DNA 甲基化和组蛋白乙酰化。[10]这两种分子机制就像音量旋钮一样作用于特定的 DNA 片段：其中一种机制（甲基化）能够调低特定代码片段的表达效能，一直调到几乎“听不见”的程度；另一种机制（乙酰化）则能把基因表达调高到“大声呼喊”的水平（虽然我们常说基因可以打开或关闭，就像开关一样，但大部分情况下基因更像是刻度盘上的模拟旋钮，通过增量和度数来调节基因表达的效能）。生物学家认为，这种分子控制过程能诱导人体细胞分化成皮肤细胞、毛发细胞、神经细胞等，尽管这些细胞的细胞核内的DNA编码是完全一样的。每种细胞的核心脚本是相同的，但表观遗传机制解读脚本的方式决定了每种细胞具有什么素质和功能。

而且，在细胞分裂时，这种精准调控DNA表达的表观遗传模式能够遗传给子代细胞，从而确保皮肤细胞能用更多的皮肤细胞而非神经或肌肉细胞来进行自我替代。因此，科学家为我们增加了一个重要的新词语：正如DNA信息的总和被称为“基因组”一样，这种分子“脚本解读”指令的总和被称为“表观基因组”（epigenome）。基因组和表观基因组就像交响乐一样相互作用，构成了生物体的生物化学活动。[11]

这种新的遗传与表观遗传因果作用模式对人类增强有着重要影响。如果科学家搞清楚如何控制和改造这些表观遗传机制，他们就能掌握一种强大的新工具，从基因方面全面再造生物体，而无须对生物潜在的DNA进行任何细微的改变。表观遗传修饰更容易实现，它将带来更灵活的表型变化，后期还能进一步修改、升级，甚至还原。后面我将更详细地探讨这一点。

哪些性状容易受基因修饰的影响

行为遗传学家倾向于区分三个主要因素，这三个因素对我们的物理和心理性状有着重大的影响，即遗传组分、共同的家庭环境和非共同的家庭以外的环境（如学校、朋友、我们独特的经历）。这三个因素的平衡，即三者对不同性状的相对影响力大小，有着显著的不同。[12]比如，“我是一个男性”这个事实是由我的基因直接决定的——不管我在什么环境下长大，从生物学角度来说我都是一个男性。相反，“英语而非法语或汉语是我的母语”这个事实与我的基因毫无关系——它完全是由我成长的环境决定的。

在很多情况下，说特定性状的“决定基因”是具有误导性的，而大众媒体却常常这样做。智力基因、同性恋基因、害羞基因、犯罪基因等，对一个遗传学家来说，这些概念都是荒谬的。[13]这些复杂的人类性状来自许多个体基因和基因组长期的相互作用，来自这些基因同各种表观遗传调控因子和转录化学物质的相互作用，来自生物发育过程中基因、调控因子与各种细胞环境因素的相互作用，也来自生物整体与气候、社会经济、文化等大环境的相互作用。在这样多层的复杂性面前，说某一性状的“决定基因”就好比说贝多芬奏鸣曲的“平均声调”，未免简单到荒谬了。

产生误解最主要的原因在于混淆基因因果关系对个体的作用和它对某个人群性状显性率的决定作用。作为一个统计概念，当应用于大量人口时，基因对某一特定性状的量化贡献的确是有意义的。行为遗传学家试图测量不同性状在某一特定人群中的遗传可能性，即“某一性状总的表型变异中有多少可以单由基因变异解释”[14]。

一些个人特征，如幽默感和饮食喜好，不容易受基因的影响：在针对双胞胎和兄弟姐妹的研究中，研究者发现，被收养的兄弟姐妹（其家族 DNA 不同）常常表现出相似的饮食喜好和幽默感[15]，而分开成长的同卵双胞胎则有不同的饮食喜好和幽默感。因此，这些性状更多的是受家庭环境决定性影响，而非基因因素。政治态度和宗教信仰也是如此：这些与家庭环境中占主导地位的信仰有着很强的相关性，表明相较于个体DNA，家庭环境的文化影响对这些性状发挥着更大的决定作用。[16]

但对于认知能力和个性特点而言，情况则大不一样。行为遗传学家发现：约40%的个性性状变异，如温柔或害羞，是由基因因素直接决定的；约10%的变异与共同的家庭环境有关；约25%的变异受家庭以外的环境因素影响；剩余的25%是由于测量误差。[17]包括IQ在内的认知性状也深受基因因素的影响：遗传组成的影响占50%，共同的家庭环境占25%，非家庭环境占25%。[18]

这些发现有什么意义呢？这是否代表一种基因决定论呢？远非如此。例如，基因因素能解释人们40%的体重变异这一事实并不影响我自己的体重[19]，它只能说明是胖还是瘦很大程度上与一个残酷的事实有关：有些人（这些人是我既讨厌又羡慕的）像马一样能吃，但还能毫不费劲地保持苗条。对于我自己而言，我可以按照下面的方式运用行为遗传学的这一发现。观察到我的父母和祖父母都大腹便便之后，再考虑到40%的遗传可能性这一概率性因素，我得出一个可怕的结论：我很有可能成为受基因影响而体重超重的这部分人之一。我当然不能确定，把这些统计数据用在自己身上也不过是有根据的推测而已。尽管如此，这一结论还是促使我启动了定期锻炼和低脂饮食的计划。我对基因倾向的统计数据的理解不仅没有使我陷入宿命论的冷漠状态，反而让我自强不息。我自己应该怎么做，这个决定最终要由我自己来做。

这一结论同样适用于一些更加虚无的性状。根据行为遗传学的发现，先天和后天都对我们有着关键的影响。一部分参数是由我们的DNA遗传设定的，但最终的表型结果可能受我们后天经历（或选择）影响，促使我们向一个方向或另一个方向发展。以天才家庭的孩子为例，他们的DNA可能使他们具有非常高的IQ，但如果他们在一个贫困的智力环境下成长，就会大幅降低他们的智商。[20]即使是身高2.1米的篮球运动员的孩子，营养不良也会阻碍其发育。但是，环境因素的影响是有限的。若孩子父母的身高只有1.5米，喝再多的牛奶也不能让他长到2.1米。如果想让他长到那么高，就需要一些更强大的生物化学工具，例如，在青少年时期一直注射大量的人体生长激素——即便如此，他也不可能长成勒布朗·詹姆斯（LeBron James）*。

优生学

20世纪上半叶，“人种改良”计划在各国被广泛接受。尤其是美国，在实施“改良血统”的国家政策方面走在了世界前列。[21]优生学实践有两种形式。消极优生学指通过各种手段阻止“不良”人口生育（一点也不奇怪，所谓“优良的”性状反映了做优生决策之人特定的背景：北欧人、中产阶级、白人、男性等因素趋于占主导地位）。相反，积极优生学则指提升“优良”人口的生育率。

---

* 美国职业篮球运动员，绰号“小皇帝”，曾效力于NBA洛杉矶湖人队。——译者注

优生思想在20世纪三四十年代纳粹统治时期达到了巅峰——手段包括优生优育、被迫安乐死、死亡集中营等。[22] 1945年以后，由于全世界对纳粹罪行极为厌恶，优生思想遂从公共讨论中消失了。它同希特勒政权之间的联系生动地揭露了它所依据的残酷而不人道的前提。但潜在的优生冲动——改良人种的诱惑——远没有湮灭。这种思想蛰伏了数十年，逐渐又以一种截然不同的形式卷土重来。[23]

"新优生学"以对"旧优生学"的强烈谴责为起点。它的拥趸提出，没有任何政府有权决定哪些人类性状是优良的而哪些不是。按照这种观点，人种改良计划本身的问题不在于改良人类的身体和头脑，而在于由谁决定，这是一个自由和选择的问题。[24]如果我掌握了能改变或再造我的身体和心理素质的技术，那么我可以按照自己的意愿自由地选择接受或拒绝这些改变，只要这些改变不直接损害其他人。这便是优生学新的化身，一位学者恰当地称之为"自由优生学"[25]。自由优生学家认为，这种刻意的人种再造将通过一只"无形的手"来实现，而这只"手"是由公民自己根据其价值观、世界观和利益做出的种种决定构成的。

基因干预的现状

动植物基因工程

目前，只有一小部分的基因干预应用在人身上，绝大部分的重组实验是在植物和动物身上做的。[26]有些干预涉及体细胞改变，即只修饰生物某些组织中的基因信息，而这种改变在生物繁殖时不会遗传给后代。其他干预则涉及影响更大的生殖系改变，即修饰生物生殖细胞的 DNA（如哺乳动物的卵子和精子），这种干预引起的改变会不断遗传给生物的所有后代。

过去 20 年里，科学家不仅创造了能够抵抗各种虫害的农作物，还利用重组技术使动植物物种产生有用的化学物质。例如，经过改造，一种烟叶能够产生大量人葡糖脑苷脂酶（human glucocerebrosidase），这种酶对戈谢病病人的治疗至关重要。[27]如今，转基因山羊可以通过羊奶分泌能稀释血液的人体凝血酶Ⅲ，以这种方式生产蛋白质，成本只有传统细胞培养法的 1%。[28]这些基因修饰形式都引发了激烈的争议。[29]批评者提出了各种各样的担忧，从环境破坏到难以预料的健康影响。基因工程的拥护者则强调这一技术的显著潜力——从治愈疾病到消灭贫穷。[30]

克隆：科学与愚蠢

目前存在两种克隆。[31]第一种是分子克隆（也被称为 DNA 重组技术），自 20 世纪 70 年代以来已得到广泛应用。科学家可以通过这一技术分离和复制特定的 DNA 片段并进行排序、研究和操控。第二种克隆涉及精巧的、技术难度更大的体细胞核移植。科学家移除卵细胞的细胞核，然后在这种卵细胞中加入另一种生物的体细胞核。在植入的细胞核编码基因的指令下，杂合的细胞开始分裂和增殖，几天后，形成一个多细胞的囊胚或者早期胚胎。

此时，有两种可能：如果将囊胚植入代孕母体的子宫内，它可能发育成一个胚胎，最终生下一个与供体生物基因几乎相同的克隆体，克隆体的细胞核是由供体生物的体细胞提供的[32]，这一过程被称为生殖性克隆。1966年，克隆羊多莉作为利用成年体细胞成功克隆出的第一个哺乳动物出生。或者，科学家也可以不将囊胚植入代孕母体，而在实验室里进行细胞培养用于研究，这一过程被称为治疗性克隆，因为科学家利用这一技术不是为了创造一个成熟的生物体，而是创造具有广阔医学应用前景的人类干细胞。[33]

少有生物技术项目能像人类生殖性克隆这样掀起情绪上的狂飙突进运动*。[34]在《星球大战》电影中，我们看到大量难以区别的克隆兵在行军；在杂志封面上，我们看到一模一样的婴儿占满整个页面。唉，这样的兴奋大部分都源于简单的无知。社会中有很多人是无知的基因决定论者，他们一直认为：我的克隆体不仅长得像我，最终也会跟我有一样的品位、性情、天赋和缺点——甚至一样的思想。[35]无论科学家多么尽力地纠正人们这种错误的想法，它依然挥之不去，深深埋藏在文化中。

实际上，克隆宠物的主人已经发现，基因和环境的相互作用使得克隆体不可能与亲代生物有一样的表型。[36]克隆人最多就像分开长大的同卵双胞胎，和父体有着很多惊人的相似之处，也有很多惊人的不同之处。如果实事求是地描绘的话，《星球大战》中的克隆兵应该朝着四面八方前进，每个克隆兵都有自己独特的步伐。（附加说明：回

---

* 指18世纪七八十年代德国新兴资产阶级发动的一次文学解放运动，也是德国启蒙运动的第一次高潮。——译者注

顾一下德国和日本20世纪30年代的历史，你会发现，不需要克隆人也能看到狂热的士兵迈着整齐划一的步伐行军，所有个性的痕迹显然已从他们的灵魂中被抹去。社会和文化因素可能与基因因素一样强大，甚至更为强大，凌驾于使我们成为有人性、有批判性思维的个体的性状之上。）

距离这样的克隆人画面成为现实还有多远？[37]与其他物种的繁殖过程相比，科学家和医生更加了解人类的繁育过程，有些专家已经注意到，单纯从实际的角度来看，有的人在不远的未来就能克隆出人类。[38]这一预言遭到了全世界科学家、宗教领袖、政客和公民的非难。[39]截至2015年，已有56个国家通过立法禁止克隆人类。但美国目前还没通过相关立法，因为政坛上围绕治疗性克隆仍存在争论（这一技术可能带来巨大的医学效益，但它和生殖性克隆一样，也需要经过体细胞核移植）。[40]

到21世纪中叶可能有什么进展

相对而言，基因学是一个新兴的领域，在这一领域中，技术和基础科学每年（甚至每月）都在发生着翻天覆地的变化。然而，如果我们分析一下这一领域过去三四十年的发展轨迹，就会发现四个基本原则，而在未来数十年，它们依然可能是这一领域的主要特点。

原则一：可行性

对某些人类性状的基因调控不仅是可能的，而且是可行的。

在个别情况下，大部分基因干预必然就像掷骰子。因为基因和环境因素的相互作用是复杂的，父母几乎不可能像订购比萨馅料那样订购子女的性格。很多情况下，他们想要意大利辣香肠，但最终得到的却是凤尾鱼。

不过，父母或许可以影响特定性状的表达参数，增强某一性状强表达或弱表达的可能性。因此，你永远无法绝对保证你的孩子能长到1.9米或者IQ高达170，但你能通过遗传或表观遗传工具来增强让他变得更高或更聪明的可能性。这项干预至少需要以下五个要素。

（1）确定基因编码。确定决定该性状的基因或者（如果是更复杂的多个性状）参与影响性状表达参数的因果作用的基因组。

（2）确定基因编码和表型之间的因果级联。了解每个相关的DNA片段，如何调控它，以及它如何与其他DNA片段或各种表型基因和环境因素相互作用以产生性状。

（3）强大的重组技术。开发精准改变相关编码片段的能力，无论是直接改变还是通过调节编码表达的表观遗传因素来实现。

（4）规避不想要的副作用。确定改变特定编码片段可能造成的其他表型结果，寻找办法规避这些不想要的“二级结果”。

（5）改变因果级联中的环境因素。改变影响表型表达和性状发展的相关环境因素。

诚然，这五个要素加起来构成了简直离谱的要求。但在实践中，没有必要重构决定一个人性状的整个因果级联。对这一过程中某个关键点的简单干预，就足以引起重要的表型变化。1999年，普林斯顿大学神经科学家钱卓通过提高NR_2B基因的表达水平，创造了一种转基因小鼠，与未经基因修饰的小鼠相比，这些小鼠在各项学习能力和记忆力测试中表现明显更好。[41]钱卓并未完全理解这些小鼠的大脑是如何运行的（目前也没有人能完全理解）。他只是调整了基因，表型就发生了巨大的改变，而这些改变和他假设的完全一样——小鼠变得更聪明了。

2007年，得克萨斯大学研究员詹姆斯·比伯（James Bibb）的实验进一步证实了钱卓的发现。他发现了一种被称为Cdk5的基因，这种基因能通过干预NR_2B基因的表达逐渐降低动物的智力。当比伯创造出一种无Cdk5基因表达的转基因小鼠时，和钱卓的小鼠一样，这些小鼠的学习能力和记忆力也显著增强。[42]这一发现具有明确而广泛的意义。通过直接干预这一极度复杂的因果通路的某一点，即对大脑突触中的化学受体的基因进行干预，我们可以以可预测的方式显著地改变动物的认知，或者通过调高一种基因的表达，或者通过调低另一种基因的表达。

可以肯定的是，我们没有理由相信这项壮举近期会在人类身上发生：除了实际的挑战以外，它所涉及的伦理问题也是很深刻的。然而，钱卓和比伯这些科学家所实现的精准定向基因干预表明：我们最终能做的远远不止在人类构成的边缘徘徊，通过改变身高或头发颜色这样相对微小的性状，我们或许能达到更深的程度，改造某些之所以让我们成为人类的性状，如感情、认知和性格。因此，考虑到有越来越多的证据，似乎有理由相信，对人类性状的基因干预不再只是科学幻想——一种严肃的人们并不相信的空想。相反，公民和政策制定者应将其视为一种渐渐浮出地平面的真实的可能。

原则二：高需求

人们对性状选择和人类增强的基因技术的消费需求将是巨大的。

我们生活在一个充满竞争的文明中。[43]如果基因科学能为人们提供一种增加其（或其孩子）成功机会的安全的干预，很多人将会迫切地追求它。他们无疑将乐意做出巨大的牺牲，以使他们的家人获得这种干预。诚然，基因干预远比为你的孩子报名参加两个月的美国高考（SAT）预备课程要复杂。消费者在接受基因组或表型基因组干预之前，会想要看到非常可信的安全记录（下面我会探讨这个问题）。如果安全和效率有保证，对这类干预的需求将是巨大的。

原则三：开放式的灵活性

消费者会规避绝对不可逆的基因干预，而更倾向于能让他们未来的基因选择尽可能保持开放的改造。

尽管预测 21 世纪中叶的情况并不容易，但现在我会继续做一个预测。到 2050 年，没有人会将性格、天赋或认知能力等主要性状不可逆转地植入后代的生殖系中，尽管这样的改造到那时在技术上已经是可行的。[44]我可能在出生前部分地改造我的孩子，将性状植入他的基因组中，而这些性状会遗传给无数的后代，从而影响家族血统的长期进化，这个概念一直萦绕在社会对基因学未来的预测中，就像一个巨大的怪物。当足够多的家庭开始这么做的时候，正如上述画面所描述的，整个人种的基因概貌最终将发生重大的改变。[45]

永久的生殖系改造是不可能的，原因和大规模人类克隆是不可能的一样：我们或许有更好的选择。不妨考虑一下这样的情况：

你到一家电子产品店买电脑，售货员向你推荐了两款。A款配备最先进的软件，但永远不能改进或升级；B款装有类似的软件，软件功能也相同，但它的特点是，在电脑整个寿命期内，你可以经常更新软件。你会选择哪一款？

这个问题不费脑筋。人类基因修饰如果能吸引消费者，那么毫无疑问必须具有相似的功能。科学家不仅要找到办法确保基因设计套餐是安全、有效的，还要保证基因设计是可以随意升级、微调甚至关闭的，否则没有人会愿意购买，因为它很快就会被淘汰。谁愿意让自己的儿女、孙辈和曾孙辈接受不可改变的、几年后就会过时的基因修饰？

这正是表观遗传学的用武之地，因为它可以准确地为消费者提供他们想要的开放式的灵活性。科学家刚刚开始了解分子机制的复杂作用，表观遗传过程正是通过这些分子机制实现的，但随着科学家的认识不断深入，或许将会发现全新的遗传干预手段。科学家和医生可以间接地干预、改变调控DNA编码表达的表观遗传机制，而不是直接修饰人类细胞中的DNA编码。例如，如果他们发现某串DNA与胰腺癌的高易发性有关，他们或许会想办法将这部分编码甲基化，从而下调这部分基因序列的表达。相反，如果他们发现某个DNA片段有助于人类更高效地处理毒素，他们或许会将这个DNA片段进行组蛋白乙酰化，从而上调这一有益的基因因素的表达（当然，这些只是十分简单的例子，但也能解释表观遗传干预的原则）。某些癌症以及肥胖症、抑郁症、孤独症等疾病就可以治疗，甚至可以治愈。[46]同时，不可避免地，人类也将逐渐可以利用新的人体细胞基因增强手段。

这种间接方式的优势是显著的。与改变基因组相比，表观遗传修饰更容易实现，因为表观基因组本身就已经准备好应对变化的环境条件或突发事件。这样的改造可以在一个人一生的任何时间进行，本质上更加灵活。随着你更加了解这些改造的机理，你可以随时对它们进行改善。你可以逆转和撤销已经进行的改造，用新的改造替代它们。你可以随意微调、调整、增强或升级。

目前，表观遗传学仍是一门新兴的科学，我们很难肯定地预测这个工具的效率究竟如何，不论是治愈病人还是增强健康者的能力。但一旦证明它有效，它将彻底改变基因干预的本质。作为父母，你无须再面对这个可怕的决定——是否在孕期对孩子的基因组进行部分改造，相反，你可以等待时机，在孩子成长和发育的过程中，对他的表观基因组进行修饰。后者的风险相对较低，因为大部分改变是部分或完全可逆的。另外，成年人在一生中可以对其表观基因组进行新的、影响深远的改造。这项技术可以不断改造你的身体和头脑，是一项终身的计划——一项进行中的基因工程。

鉴于表观遗传学给医生和生物学家带来的强烈的兴奋感以及它从制药公司和政府资助的研究实验室所获得的丰富资源[47]，未来几十年，这一领域的科学创新将举世瞩目。

原则四：渐进性

新基因技术的采用将是一个逐渐的、零碎的、累积的过程，治疗性改造会首先实现。

科学家和消费者都希望对人类基因组和表观基因组的改造能缓慢

而谨慎地进行，避免彻底偏离现状。尽管总会有雷尔*似的疯子，试图通过克隆自己或给他们的后代添上尾巴来吸引眼球，但这些人只是基因学整体发展轨迹中非常少见的异常值。人类基因技术的主流应用更可能受安全、道德价值、监管限制、社会竞争压力和利润动机的影响，这些综合因素或许整体上会影响基因修饰的本质，放缓技术创新的步伐。鲁莽和粗暴的改造短期内不可能发生，仅仅因为对它们的需求或许很少，所以很少有生物科技公司愿意将大笔资金投入基因技术的开发、测试和营销中。

注　释

①Robert Sinsheimer，"The Prospect of Designed Genetic Change，" *Engineering and Science* 32，no. 7（April 1969）：11 - 12.

②William K. Purves et al.，*Life*：*The Science of Biology*，5th ed.（Sunderland，MA：Freeman/Sinauer，1998），chaps. 10 - 12.

③我在这里给出的定义只是一个"仓促的"近似值。Barry Barnes 和 John Dupré，在其优秀的著作中指出了定义基因究竟是什么所面临的许多困难［*Genomes*：*And What to Make of Them*（Chicago：University of Chicago Press，2008），51 - 57.］。Matt Ridley 给出了"基因"这个词

---

* 指克洛德·佛里伦·雷尔，他在 1973 年创立了雷尔运动组织，自称是外星人通过其母制造（克隆）出来的，外星人委托他为地球上的"使者"。雷尔运动组织宣称，地球生命是由外星生物创造的，这些外星生物于 2.5 万年前乘坐飞船来到地球，而人类只有通过克隆才能繁衍。——译者注

的七种不同的定义［*Nature via Nurture*：*Genes*，*Experience*，*and What Makes Us Human*（New York：Harper，2003），233－241.］。

④Christopher Dickey，"I Love My Glow Bunny，" *Wired*，April 2001.

⑤Dan Charles，"Genetically Modified Corn Helps Common Kind，Too，" National Public Radio，October 7，2010，http：//www.npr.org/templates/story.php? storyId＝130405227；Philip Reilly，*Abraham Lincoln's DNA and Other Adventures in Genetics*（Cold Spring Harbor，NY：Cold Spring Harbor Laboratory Press，2000），159－160；Graham Brookes and Peter Barfoot，*GM Crops*：*The First Ten Years*：*Global Socioeconomic and Environmental Impacts*（Dorchester，UK：PG Economics，2006）.

⑥Barnes and Dupré，*Genomes*；Eva Joblonka and Marion Lamb，*E-volution in Four Dimensions*：*Genetic*，*Epigenetic*，*Behavioral*，*and Symbolic Variation in the History of Life*（Cambridge，MA：MIT Press，2005）.

⑦Barnes and Dupré，*Genomes*，49－50.

⑧参考本书同步网站中 Carey，Francis，Barnes 和 Dupré，Jablonka 和 Lamb 有关遗传学的在线书目。

⑨Nessa Carey，*The Epigenetic Revolution*：*How Modern Biology Is Rewriting Our Understanding of Genetics*，*Disease*，*and Inheritance*（New York：Columbia University Press，2012），2.

⑩同上；Richard Francis，*Epigenetics*：*How Environment Shapes Our Genes*（New York：Norton，2011）。

⑪Michael Rutter，*Genes and Behavior*：*Nature-Nurture Interplay*

Explained（Malden，MA：Blackwell，2006），especially chaps. 9，10.

⑫Erik Parens，Audrey Chapman，and Nancy Press，eds.，*Wrestling with Behavioral Genetics*：*Science*，*Ethics*，*and Public Conversation*（Baltimore：Johns Hopkins University Press，2006）；Rutter，*Genes and Behavior*；Ridley，*Nature via Nurture*；and Judith Rich Harris，*No Two Alike*：*Human Nature and Human Individuality*（New York：Norton，2006）.

⑬专业文献已经一致强烈地摒弃了性状"决定基因"的概念。参考本书同步网站中Parens，Chapman，and Press；Rutter；Ridley；Pinker；Harris有关遗传学的在线书目。

⑭Kenneth Schaffner，"Behavior：Its Nature and Nurture，" in *Wrestling with Behavioral Genetics*，10－11.

⑮我们有必要澄清和另一个人具有"相似"基因的准确含义。自人类基因组工程启动之后，在大众传媒对遗传学的讨论中，经常会看到以下这些看似不可通约的论断：

"人类与黑猩猩有96%相似的DNA，与秀丽隐杆线虫有70%相似的DNA，与香蕉有50%相似的DNA。" Stefan Lovgren，"Chimps，Humans 96 Percent the Same，Gene Study Finds，" *National Geographic News*，August 31，2005，http：//news.nationalgeographic.com/news/2005/08/0831_050831_chimp_genes.html。

"从全世界任何地方随便选择两个人，他们的DNA有99.9%是相似的。" Neil Lamb，"The Human Genome Project：Looking Back，Looking Ahead，" HudsonAlpha Institute for Biotechnology，Spring 2008，http：//hudsonalpha.org/education/outreach/basics/hgp。

“同卵双胞胎的 DNA 100%相似，异卵双胞胎和普通兄弟姐妹的 DNA 50%相似，收养的兄弟姐妹没有相似的 DNA。”参见：Harris，No Two Alike，34－35，“遗传相似性指共同血缘相似基因的比例，同卵双胞胎为 1.00，异卵双胞胎和普通兄弟姐妹为 0.50，收养的兄弟姐妹为 0”。

困惑的读者或许会从这些论断中得出以下结论：从遗传学意义上讲，我与秀丽隐杆线虫的相似基因比我与同父异母（或同母异父）的兄弟姐妹的相似基因多。问题在于用词不准确。在与其他物种的对比中，研究人员指的是，将所有碱基对排列好进行对比时，总的基因组的相似性。从这个意义上来说，“相似”是指人类的很多 DNA 序列与其他物种是相似的，因为和其他物种一样，人体也是由细胞组成的，我们的很多遗传信息都是为了完成维持多细胞生物体生命的基本发育和生物化学任务。从另一种意义上来说，“相似”是指具体的等位基因，而父母与后代之间以及兄弟姐妹之间的等位基因是不同的。这种现象或许可以更准确地称为家族遗传变异；从这种意义上来说，两个普通的兄弟姐妹和基因有一半是相似的，因为他们都从父母那里获得了 23 对染色体。这就将亲生的兄弟姐妹和收养的兄弟姐妹区分开了，后者的 46 对染色体来自完全不同的父母。

⑯Ridley，*Nature via Nurture*，87－88，90.

⑰同上，83 页；Schaffner，“Behavior：Its Nature and Nurture，” in *Wrestling with Behavioral Genetics*，10－11；Harris，*No Two Alike*，chap. 2。

⑱Ridley，*Nature via Nurture*，87－94.

⑲同上，83 页。

⑳Eric Turkheimer et al. , “Socioeconomic Status Modified Heritability of IQ in Young Children,” *Psychological Science* 14，no. 6（2003）：623 - 625.

㉑参考本书同步网站中 Black，Kevles，Lombardo，Hawkins，Carlson 有关遗传学的在线书目。

㉒ Robert Proctor，*Racial Hygiene：Medicine Under the Nazis*（Cambridge，MA：Harvard University Press，1988）；Götz Aly，*Cleansing the Fatherland：Nazi Medicine and Racial Hygiene*（Baltimore：Johns Hopkins University Press，1994）.

㉓ Troy Duster，*Backdoor to Eugenics*（New York：Routledge，2003）；Nicholas Agar，*Liberal Eugenics：In Defence of Human Enhancement*（Malden，MA：Blackwell，2004）；Carlson，*The Unfit*，chap. 20；Black，*War Against the Weak*，chaps. 20 - 21；Daniel Kevles，*In the Name of Eugenics：Genetics and the Uses of Human Heredity*（Cambridge，MA：Harvard University Press，2004），chaps. 17 - 19.

㉔对这一立场最系统的阐述参见：Agar，*Liberal Eugenics*。同时参考本书同步网站中 Naam，Stock，Silver 有关增强和“后人类”的在线书目。

㉕Agar，*Liberal Eugenics*.

㉖Reilly，*Abraham Lincoln's DNA and Other Adventures in Genetics*.

㉗同上，166 - 167 页。

㉘同上，180 - 181 页。

㉙欧盟主办了一个有关基因改造生物的优秀网站，其网址为http://www.gmo-compass.org/eng/news/stories/。

㉚关于这些优劣对比的调查研究，参见本书同步网站附件D。关于当代基因治疗技术的调查研究，参见附件M。

㉛参考本书同步网站中Nicholl，Wilmut，Javitt，Pence，Harris有关遗传学的在线书目，同时参见人类基因组工程的网站，http://www.ornal.gov/sci/techresources/Human_Genome/elsi/cloning.sthml。

㉜克隆体的基因组不会与其供体生物完全相同。用于制造克隆体的体细胞可能会发生基因突变，从而导致它与供体生物的胚细胞不同。另外，去卵细胞核细胞质中的线粒体DNA与其供体生物体系保障细胞质中的线粒体DNA也是不同的。科学家认为，这两方面的基因差异将在决定克隆成败中发挥重要的作用。

㉝参考黑斯廷斯中心《生物伦理学简明手册》中有关克隆的条目，http://www.thehastingscenter.org/Publications/BriefingBook/Detail.aspx?id=2158。

㉞参考本书同步网站中Harris，Macintosh，McGee，Mehlman，Nussbaum and Sunstein，Pence，Wilmut有关遗传学的在线书目。

㉟Kerry Macintosh，*Human Cloning*：*Four Fallacies and Their Legal Consequences*（New York：Cambridge University Press，2012）；Troy Jollimore and Becky Cox White，“Multiplicity：A Study of Cloning and Personal Identity，” in *Bioethics at the Movies*，ed. Sandra Shapsay（Baltimore：Johns Hopkins University Press，2009），102－120.

㊱Eric Konigsberg，“Beloved Pets Everlasting?” *New York Times*，

January 1，2009.

㊲2001年，两名产科医生——塞韦里诺·安蒂诺里（Severino Antinori）和帕诺斯·扎沃斯（Panos Zavos）宣称他们成功将克隆的人类胚胎植入了女性体内，然而，由于他们不愿公开相关数据，科学家认为这些报道都是伪造的。Emma Young and Damian Carrington，"Cloning Pregnancy Claim Prompts Outrage，" *New Scientist*，April 5，2002，http：//www.newscientist.com/article/dn2133 - clonin-pregnancy-claim-prompts-outrage.html。次年，一个与崇拜不明飞行物的雷尔运动有关的组织——"克隆帮手"（Clonaid）宣称，他们克隆出了一个名为伊芙的健康女婴。又一次，由于没有可靠的证据，专家认为这份声明也不过是个噱头。Gina Kolata and Kenneth Chang，"For Clonaid，a Trail of Unproven Claims，" *New York Times*，January 1，2003。

㊳Ian Wilmut，*After Dolly：The Uses and Misuses of Human Cloning*（New York：Norton，2006），chap. 7；Glenn McGee，*The Perfect Baby：Parenthood in the New World of Cloning and Genetics*（Lanham，MD：Rowman & Littlefield，2000).

㊴参见遗传与社会中心收集、整理的有关生物技术的公众意见和立法问题，http：//www.geneticsandsociety.org/article.php? id=401；Leon Kass，*Human Cloning and Human Dignity：The Report of the President's Council on Bioethics*（New York：PublicAffairs，2002）。对比强烈反对的意见，参见：Kerry Macintosh，*Illegal Beings：Human Clones and the Law*（New York：Cambridge University Press，2005）。

㊵ "About US Federal Policies & Human Biotechnology，" Center for

Genetics and Society，http：//www. geneticsandsociety. org/article. php? list=type&type=44，同时参考黑斯廷斯中心《生物伦理学简明手册》中有关克隆的条目。

㊶Ya-Ping Tang et al.，"Genetic enhancement of learning and memory in mice，" *Nature* 401（September 2，1999）：63 - 69；Kristin Leutwyler，"Making Smart Mice，" *Scientific American*，September 7，1999，http：//www. scientificamerican. com/article. cfm? id=making-smart-mice.

㊷Ammar Hawasli et al.，"Cyclin-dependent kinase 5 governs learning and synaptic plasticity via control of NMDAR degradation，" *Nature Neuroscience* 10，no. 7（July 2007），880 - 886，http：//ibg. colorado. edu/pdf/hawasli_et_al_07. pdf；Julie Steenhuysen，"Turning off gene makes mice smarter，" Reuters，May 27，2007，http：//www. reuters. com/article/scienceNews/idUSN2546860920070527.

㊸不妨来看一下卡普兰考试预备公司的例子。该公司成立于1938年，其创始人是很有魄力的斯坦利·卡普兰（Standley Kaplan），他曾在纽约布鲁克林家中的地下室里辅导学生，帮助他们准备可怕的纽约州高考。该公司曾经历数次变迁，但一直在稳步增长，20世纪90年代，它迎来了最繁荣的发展时期。2012年，卡普兰公司的营收高达22亿美元。参见：http：//www. washpostco. com/phoenix. zhtml? c = 62487&p = irol-reportsannual。

在某种层面上，卡普兰的主打产品是虚拟的，但在另一个层面上，它又是十分实在的。和参加考试的其他人相比，卡普兰的课程可以为学生带来相对的竞争优势。由于州高考不仅看学生考试的绝对分，也看其相对于其他应试者的分数，所以那些希望被更好的大学和研究生院录取的学生自然会得出以下这个结论：即便我只把成绩提高 50 分，与没有参加考试预备班相比，我能上理想的学校的机会也会更大。卡普兰的课程并不便宜——12 期的高考预备课程学费为 900 美元，私人家教则会让你破费 4 300 美元。尽管如此，无数家长还是愿意支付如此昂贵的学费——他们想让自己的孩子获得那样的竞争优势。

㊹有关灵活、可升级地改造人类种系的技术的讨论，参见本书同步网站附件 E。

㊺参考在线参考书目“遗传学与基因增强”标题下的书目，尤其是 Baillie 和 Casey，Buchanan，Burley 和 Harris，Chapman 和 Frankel，Cole-Turner，DeGrazia，Evans，Fletcher，Glannon，Glosden，Green，John Harris，Heyd，Macintosh，McGee，Mehlman，Nicholl，Nussbaum 和 Sunstein，Pence，Peterson，Shanks，Silver，Stock 的书。

㊻Carey，*The Epigenetics Revolution*，chaps. 11 - 12；Francis，*Epigenetics*，chap. 11.

㊼Carey，*The Epigenetics Revolution*，chap. 11；人类基因组工程官网，http：//www. epigenome. org/index. php? page=consortium。

第五章　百搭牌：纳米技术、人工智能、机器人技术与合成生物学

我知道你和弗兰克想把我拆开，但恐怕我不允许这样的事情发生。

——HAL 9000与戴夫·鲍曼（Dave Bowman）的对话，出自斯坦利·库布里克（Stanley Kubrick）执导的影片《2001太空漫游》（1968）[①]

在前面几章中，我探讨了三个领域，即药物、生物电子学和遗传学，这几个领域或许将在未来几十年的人类增强中发挥核心作用。现在，我想介绍一下其他四个科学领域，这些领域未来的影响很难预测：这些技术可能成为令人兴奋的、革命性的游戏规则改变因素或相应的无用之物——或者介于两者之间。只要这些技术能满足目前人们对它们的一部分期望，它们就能成为一个乘数，大大提高其他科学领域的效率，如医学、工程学和生物增强技术。

纳米技术

加州理工学院物理学家理查德·费因曼（Richard Feynman）是首先体会到这个研究领域的潜力的人之一。1959 年，他在题为《下面还有很大的空间》（There's Plenty of Room at the Bottom）的演讲中提出了他的设想。[②]他问道，如果我们能开发出一门技术，能让我们以 1/25 000 的比例把《不列颠百科全书》（*Encyclopedia Britanica*）写在一根别针上，会怎么样呢？如果我们能直接在单个原子或分子的层面上操控物质，我们就能创造新的材料、药物、计算机和机器，所有这些都具备不可思议的、强大的新功能。自从受教于麻省理工学院的物理学家 K. 埃里克·德雷克斯勒（K. Eric Drexler）于 1986 年出版了《创造的引擎——纳米技术时代》（*Engines of Creation: The Coming Era of Nanotechnology*）一书，描绘了被“分子机器”所改变的社会以来，费因曼的设想有了极大的飞跃。[③]

在接下来的几十年里，纳米技术成了科学和工程学方面发展最快的领域之一。[④]投资者趋之若鹜，急于将资金投入任何带“纳米”两个字的风投项目——纳米医学、纳米材料学、纳米电子学、纳米测量学、纳米光子学……（带“神经”这个热词的研究也同样受到追捧，目前我们有神经伦理学、神经经济学和神经心理学，如果在不久的将来看到神经诗学和神经音乐学，我也不会感到太惊讶）。政府也加入了对纳米的狂热追捧中：美国于 2003 年启动了国家纳米技术计划，拨了 37 亿美元的资金用于基础和应用研究；欧盟和日本也分别有斥资数十亿美元的类似计划。[5]

然而，不同于物理学、生物学或电子学这样已经确立的学科，纳米技术并没有一个准确的定义清晰的范围。美国纳米技术计划将其定义为操控尺度介于 1—100 纳米（或十亿分之一米）的物质。为了了解这里涉及的尺度，我们可以说，1 纳米和 1 米的关系就像玻璃球和地球的关系。[6]人类的一根头发直径约 75 000 纳米；已知的最小的病毒长约 200 纳米；一个 DNA 分子直径约 2 纳米。当物质处于这么小的尺度范围，你就会发现各种有趣的现象。你所操控的物体开始出现量子效应；表面积与体积比发生显著改变；在宏观尺度的事物中常被忽略的一些性质，如表面张力，开始发挥变革性的作用。结果，纳米尺度的材料会出现很多有趣的现象：有些材料成了超导体；有些有了极强的抗张强度；铜变成透明的；铝变成可燃的。[7]

如今，纳米技术已在各科学和工业领域得到广泛应用。例如，单在纳米医学领域[8]，最近的一项研究就总结了纳米颗粒和纳米机器对医学实践的十几项重大改变：分子诊断学采用纳米阵列，纳米药物和纳米给药系统，纳米尺度的直接基因治疗和细胞治疗，纳米手术设备，纳米肿瘤学，纳米纤维大脑植入装置，针对心脏病患者的纳米脂肪形成组织因子，用于骨植入的合成纳米材料，纳米杀菌剂，纳米眼科学，用于再生医学和组织工程学的纳米技术，等等。[9]

这些不同的设备和材料在实践中如何作用呢？假设有人患了癌症，目前可以采用的疗法包括一系列异常痛苦且有毒副作用的治疗，从放疗到有毒的化学物质，医生试图在不杀死你的情况下消灭肿瘤。如果你只需服用一种药物，这种药物能选择性地攻击癌细胞，而丝毫不损害人体的其他细胞，情况会怎样呢？可加入一种新型的实验性纳米颗粒，即带“钩子”的树状大分子[10]，这是一种合成分子，直径20纳米，形似雪花状，从核心向外长出对称的树状分支。可以在这种分子表面加上100个小“钩子”。密歇根大学医学研究员詹姆斯·贝克（James Baker）找到了一种办法，能把化学物质添加到这些“钩子”里。他在某些“钩子”里加入了维生素和叶酸，在其他“钩子”里加入了能杀死肿瘤的化学物质。然后，他为一只患有癌症的实验动物注射了含有大量这样的树状大分子的液体。液体在动物体内循环，动物体内的很多细胞在营养物质叶酸的吸引下，将树状大分子吸收进细胞内。但癌细胞比健康细胞含有更多的维生素（如叶酸）受体，所以最终这些树状大分子会被癌组织不对称地吸收。一旦进入肿瘤细胞，树状大分子就像缩小版的特洛伊木马，从“钩子”里释放能杀死癌细胞的药剂，从而杀死肿瘤细胞。健康细胞几乎不受影响，只有癌组织会被杀死。“在动物模型实验中，”贝克报道，“通过树状大分子进行定向化疗，其疗效是常规化疗的10倍，但毒性只有后者的1/10。”[11]

如今的纳米技术应用已足以令人瞩目，当我们读到某些研究者所设想的未来时，我们不禁会感到吃惊。例如，埃里克·德雷克斯勒在他的书中预测道，未来几十年，工程技术人员将制造出名为“分子组合器”的东西。[12]这是一台纳米尺度的机器，或许完全是机械的，也或许是生物组件和机械组件的混合体。分子组合器的关键功能是利用周围环境中的物质来自我复制。先从几个原始组合器开始，让它们通过不断的自我复制呈指数性增长，在几个小时内就能得到数百万甚至数十亿的分子组合器。这有什么用呢？假设一艘油轮搁浅了，几千加仑肮脏的黑色石油污染了美丽的海岸线。你拿出一小瓶液体，里面含有几百个专以（且仅以）石油烃为原材料进行自我复制的组合器。你将这瓶组合器倒在水面的浮油上。一开始似乎什么也没有发生。但在水下，你释放的这些小东西正忙着夺取和分解烃分子来自我复制。几小时后，它们的数量呈指数级增长，最终超越某个极限值，然后它们的微观活动开始变得肉眼可见。突然，水面的浮油开始从岩石上、海水里甚至被困的海鸟和哺乳动物身上后退和收缩。就像倒着播放的电影，海岸线重新恢复了美丽。这时，所有的石油都不见了，组合器没有了继续自我复制的材料。这时，它们内部的计时器关闭，启动自毁程序，迫使它们分裂为可完全生物降解的材料。海鸟、埃克森·瓦尔迪兹（Exxon Valdez）号油轮*，全部有救了。

科学家对这一技术的可行性存在着激烈的争论：有些认为这在理论上是可行的，也有的认为这不过是一个白日梦。[13]在那部分认为它理论上可行的人当中，也存在一些有趣的关于其安全性的担忧。他们的问题是：要是这些能吞噬石油的小组合器中有一个出了故障呢？要是它内部发生小故障或者突变，不再只以石油为原料，而能吞噬任何实物，包括碳、铁、氧、氮、氢呢？它突然不再只专注于石油，而是无所不吞噬。海水、沙子、浮游生物、鱼、泥土、植物、昆虫、空气等，这些都成了组合器大规模自我复制的目标。不用几天，它就能改变整个地球，直到它把所有的海洋、陆地、生物和大气变成一堆相同

---

* 1989年3月24日，埃克森·瓦尔迪兹号油轮在美国阿拉斯加威廉王子湾搁浅，造成严重的溢油事件。——译者注

的分子组合器。直到这时，它才会停下来。

这就是所谓的“灰黏”（goay goo）问题。首先，在出版物中探讨这一问题的正是德雷克斯勒自己，在1986年出版的书中，他说道：“尽管不受控制的复制因子既不是灰色的也不是黏糊糊的，但‘灰黏’这个词强调的是能够湮灭生命的复制因子还不如一种杂草那样令人受到启发，从进化的角度来说它或许是‘优越的’，但这不会让它因此而变得有价值……‘灰黏’威胁让一个事实变得非常清楚，即我们不能够承担复制组合器的某些意外。”[14]

的确，我们不能承担。就某些方面而言，这个假设和库尔特·冯内古特（Kurt Vonnegut）的小说《猫的摇篮》（*Cat's Cradle*）中的情节是相似的。在小说中，科学家发明了一种被称为冰-9的物质，这是一种经过改进的冰，它能将所接触的任何水变成更多的冰-9，在几秒内使所有的海洋都冻住。[15]近年来，德雷克斯勒似乎想和这种末日性的假设保持距离，他提出，尽管能自我复制的组合器理论上是可行的，但它的制造和运行将是极为困难（且十分昂贵）的。[16]因此，他的结论是：纳米技术能通过更简单、更经济的手段为我们的社会带来难以置信的结果，比如完全由人类技师控制和操作的桌面大小的分子工厂，这种设备根本不需要依靠自我复制，所以不会有偶然毁灭地球的风险。那他为何还要在书中强调“灰黏”问题呢？在2004年的采访中，他解释道：“我觉得有必要指出最坏的情况，这样那些了解纳米技术的人就不会只考虑收益而忽略潜在的风险了。”[17]

可以肯定的是，这种长期的假设性的威胁不会让我们的社会从围绕纳米技术的更直接的安全顾虑上转移注意力。[18]或许，最大的风险来自这些不可思议的新纳米机件潜在的有害性。[19]由于纳米材料远比生物体内的正常分子要小，有些科学家担心它们能轻易地穿过人类在进化中形成的血脑屏障或其他类似的保护系统，其结果可能是恐怖的。这一领域的大部分专家都认为，目前我们的知识仍不足，在真正发挥纳米技术的潜力之前，必须对它的安全性进行系统研究。[20]

纳米工程学可能给人类增强技术带来什么影响？如果能在纳米尺度运作，药物、生物电子学和基因学的效率都将达到新的高度。正如带“钩子”的树状大分子的例子，纳米尺度的药物可以作用于人体特定区域的特定分子群，从而起到更精准、更强大的效果，同时减少副作用。生物电子设备将变得足够小、足够智能，能在离散的突触和神经元层面直接作用于我们的大脑和感觉中枢。纳米设备和纳米过程将极大地扩大和提升基因与表观遗传干预的范围和精准度。

在无数的可能性中，我们只挑出生物电子学领域一个切实的例子。如果纳米技术研究者能成功开发出微型传感器，将其放入人体循环系统，它就将成为一个含有数百万电极的接触面，能够直接和大脑或神经中枢的任何部分沟通。这听起来可能充满未来主义色彩，但美国最重要的神经学家之一——纽约大学的鲁道夫·利纳斯（Rodolfo Llinás）已经提出了这种可能：

> 基本的设想是，将一系列纳米线与主导管中的电子设备相连，这样，它们就会像“花朵”一样分布在大脑血管系统的特定部分。这样就有了很多的探测点（数以百万计）。每条纳米线都

> 可以被用来非常可靠地记录单个神经元或神经元组的脑电活动，而不损伤脑实质。显然，该系统的优势在于，由于它在血管床中所占的空间极小，所以它既不会干扰血气交换，又不会破坏大脑活动。[21]

当然，利纳斯的设想纯粹只是假设，但提出了两点观察。第一，尚不清楚该技术应被视为侵入性的还是非侵入性的。虽然它的确能穿透皮肤到达人体深处，但它做得很小心，可以避免正常的侵入性设备所造成的创伤和破坏。从这种意义上说，纳米技术最终将导致侵入性干预和非侵入性干预的界限模糊不清，甚至可能被废弃。

第二，该设备大概不仅可以用来记录神经元活动，还可以用来刺激神经元活动。从这种意义上说，它将成为人们长期以来梦寐以求的脑机界面，通过数百万神经元层面的宽频连接，让信息化的机器与人类的大脑回路双向互动。该技术一旦问世，将迅速革新生物电子学领域，带来全新的可能性。该技术在医疗中的应用包括大幅改进的假肢、视觉假体以及强大的神经疾病（如阿尔兹海默症或难治性抑郁症）治疗手段。该技术在生物增强方面的应用也同样令人瞩目：脑机“对话”的体量和准确性若增加 1 000 倍，就可以对支撑我们的感觉、感情、思维和记忆的大脑活动进行精准的干预和（我们愿意的）时刻的调整。我们的思维能力、感官能力、感觉能力以及与人机合作的能力将达到新的高度。后面，我将从伦理的角度探讨如此精细地了解大脑活动将意味着什么。

人工智能与机器人技术

20 世纪 50 年代，机器人技术和人工智能的先驱者做了一个最终被证明大错特错的基本假设。他们非常“聪明”地假设：人类觉得容易的行为，机器人会觉得更容易；人类觉得困难的行为，机器人会觉得更难。然而，几十年过去了，他们逐渐集体地意识到，情况恰恰与他们的假设相反。穿过房间从冰箱里拿一瓶啤酒，这件事对人类而言很简单（或许不费吹灰之力），却极其难以在机器中进行编程。但人类引以为傲的复杂问题，如高级算术、数学建模甚至象棋这样复杂的策略游戏，对机器而言虽然不算简单，但也没有难到设计者想象的那种地步。

冒着将一个丰富和高度多样的领域过分简单化的风险，我们可以说 20 世纪 60 年代以来出现了两派观点。[22]其中一派的思想或许可以说是自上而下的，他们坚持认为，成功的机器人或人工智能必须能以人类意识知觉的表现形式模拟周围的世界。这派研究者以麻省理工学院认知学家马文·明斯基（Marvin Minsky）和机器学习专家道格拉斯·里南（Douglas Lenat）为代表，其主要目标在于完成一项艰巨的任务——在机器内构建一个现实世界的数字模型。虽然已经取得了一些令人瞩目的成功，但目前他们大量的尝试都失败了，就连消费者需要的最基本的家庭机器人助手的功能都无法实现。迄今为止，这些自上而下的研究者的道路是令人沮丧的。

或许受到了棘手的挫折和进度缓慢之路的启发，另一派［最有名的成员是麻省理工学院的罗德尼·布鲁克斯（Rodney Brooks）］于 20 世纪 80 年代开始采用自下而上的方法。这些研究者的短期目标表面上看似保守。[23]他们试图制造具体的有特定功能的小机器：能四处移动、应对房间里的障碍、感知周围环境、完成基本的任务，这些均无须借助任何更高级的表现形式，而依赖于非常简单的重复性行为，就像反射和条件反射一样。然而，这种设计的简单性掩饰了自下而上一派的长期目标，因为他们认为，他们是在机器的世界里复制动物世界世代进化而成的稳定向上的行为。变形虫、昆虫、狗、猴子、人类——追随生物进化的轨迹，每一个阶段都是建立在前一个阶段的基础之上，机器也会慢慢爬上它们的生物链。它们开始非常简单和粗糙，只能熟练掌握基本的技能；接着，它们会进入下一个更高级的阶段，完成更复杂的任务。这一过程经过很多代机器的重复，最终将产生真正像人类的行为。[24]

如今，这两派思想仍然受到人们的追捧，或许再把它们看成对头就会令人误解，因为它们经常会彼此借鉴对方的技术成果，使用彼此交叉或相互重叠的概念和设备。[25]人工智能技术之所以成为头条新闻，不仅仅是因为它们在象棋比赛和《危险边缘》（Jeopardy）节目中成了人类最好的对手，也因为它们成了我们日常生活中无处不在的元素——从支撑 Siri 的语音识别程序到歌曲、影视推荐背后的精密算法（基于与数据库中其他爱好相似的消费者的对比）。机器人有时也会因为一些惊人的新突破而令我们惊讶，如阿西莫机器人演奏交响乐，但真正的新闻来自幕后：在工厂里，强大的机器人飞速地组装汽车；在家里，发出呼呼声的鲁姆巴（Roomba）扫地机器人成了“新常态”

的一部分。[26]

在我们贝斯家，我们把鲁姆巴扫地机器人叫作罗德尼，一方面是为了致敬罗德尼·布鲁克斯的成就，另一方面是为了从性别上挫败之前流行的旧款机器人。和罗德尼一起生活，最令人大开眼界的是看它工作：它会一次又一次地从明显可见的灰土堆旁边走过，完全将后者忽略。这对于一个观察它工作的人而言是十分令人失望的。我会喊道："天哪，罗德尼，你又没看到它！"最后，我不得不接受罗德尼运行的基本逻辑和我自己的是不一样的——它就是会反复地在房间里摸索，直到它在意志的坚持下，把屋子里的每一寸地板都彻底扫干净。最终的结果是一样的——屋子干净了。一小时后，我回到屋子里，看到罗德尼已经做完了工作，回到了充电的地方，安静地吮吸着那里120伏的电流（它的状态指示灯愉快地闪着橘色的光）。

未来的"罗德尼"会是什么样的呢？使用中的机器人很可能会有数千款：从家庭助手机器人，到商店、公司和大街上出现的各种单一用途和多用途机器人。但未来机器人最佳创意奖显然应颁给卡内基梅隆大学的机器人设计师汉斯·莫拉韦克（Hans Moravec）。他将自己充满创意的机器人称为"机器人布什"，并详细地构思并设计了它的躯体和大脑。莫拉韦克设计的前提建立在各种生物中反复出现的分支现象的基础上：动脉分支成小血管，小血管再分支成毛细血管；树干分支成树枝，树枝再分支成枝叶；人的躯干分支成四肢，四肢又分支成手指和脚趾。莫拉韦克将分支理论应用到机器中，并将它发展到了更高的程度，对最终的机器人做了令人惊讶的构想。

机器人布什的核心躯干高1米，上下各有两肢，四肢各长半米。

四肢进一步分为 8 个长 1/4 米的子肢。如果我们将这样的分支设计重复 20 次，机器人终端的分肢上将有 1 万亿根微型手指。如果每个肢体和每根手指都能旋转，机器人的运动范围和种类将是不可思议的。如果终端的微型手指能感知压力和光，机器人就能精准地认知周围的环境。躯干和核心肢体中的中央计算器将承担机器人布什的主要运算和认知功能，各分肢的反射弧则支配各自的微观活动（和脊椎动物一样）。想象一下，按照莫拉韦克的设想，如果机器人的终端肢体能够通过无线电与核心躯干进行沟通，它们或许可以分解成会飞的小集群，外侧的微型手指像睫毛一样拍打着空气，四处飞行，执行核心肢体下达的任何指令。这样的机器人可以以惊人的平稳和速度四处移动，以地球上任何生物从未有过的精准度和敏捷度操控周围环境。

无论是否能制造出这样不可思议的机器，未来几十年开发的传统机器人和人工智能技术都很可能将从三个方面影响人类增强。[27]首先，它们将成为通用的效力增强因素，增强科学、工程学和医学等无数领域的效力。最近的 DNA 测序自动化——人类基因组计划（Human Genome Project）的核心技术——就是一个生动的例子。自 1990 年该计划启动以来，科学家已经可以利用化学物质、离心机和计算机拆解和破译单一的 DNA 碱基对，成本约为 40 美元（一个完整的人类基因组约有 60 亿个 DNA 碱基对，也就是说，一个人的基因组测序就需要耗费大约 2 500 亿美元）。截止到 2003 年该计划取得成果时，各种信息化和机器人技术的独创性应用已经将 DNA 测序的效率提高了大约 10 000%，并将每个碱基对的成本降到了约 10 美分。2003 年以来，成本继续呈指数降低，到 2012 年，只需约 8 000 美元就可以完成一个完整的人类基因组测序。[28]结果，曾因成本因素而被视为不切实际的基因组干预已经成为当代医学的基本技术。

其次，机器人和人工智能将越来越遍及我们的社会和经济活动。今天，计算机、智能手机、自动化和互联网已经极大地延伸了我们的感官，拓展了我们的智力，扩大了我们可以到达的地方，节省了我们的时间，增强了我们彼此交流的能力。未来数十年，这一趋势可能会加速发展。

最后，我们不会只限于让这些设备长期出现在我们身边。我们将会逐渐把这些设备安装到我们体内，让它们融入我们的肌肉、血管、荷尔蒙、基因和神经的正常功能。信息化和机器人技术，尤其是以纳米尺度开发的技术，将直接融入我们体内，最终我们和它们之间将不再有明确的界限。当然，不是所有人都会选择走这条路，个人与机器和生物学相融合的选择也会有很大的不同。但在未来一百年里，很大一部分人可能将真正成为混合人——一部分是生物、一部分是机器——这将变得很正常，正如今天我们拿着手机四处走已经变得十分平常［想象一下列奥纳多·达·芬奇（Leonardo da Vinci）会怎么看待苹果手机］。

机器人、自动化和人类劳动力

人工智能和机器人技术中的另一个未知数是不断发展的自动化所带来的巨大的经济增长。想象一下麻省理工学院的两位经济学家——艾立克·布林约尔弗森（Erik Brynjolfsson）和安德鲁·麦凯菲（Andrew McAfee）在《第二机器时代》（*The Second Machine Age*）一书中描述的这个场景：

> 假设明天一家公司发布了可以代替人类做任何工作的机器人产品，包括制造更多的机器人。这种机器人的供应是无穷无尽的，而且价格极低，运行成本几乎为零……
>
> 显然，这一进步的经济影响将是深刻的。首先，生产力和产出将猛增。在全世界，我们将看到产品的体量、种类和可购性将惊人地增加和增强……
>
> 它们也将对劳动力产生重要影响。每个考虑经济性的雇主都更倾向于机器人，因为与人类相比，机器人的能力一样，但成本更低。所以，它们将迅速取代大部分（如果不是全部的）工人。[29]

这种刻意极端化的场景是由布林约尔弗森和麦凯菲设计的思考实验，目的是将我们关于自动化的直觉推向他们得出的合理结论。他们的主要观点是：即使我们永远无法制造出这样的超级机器人，相信更多传统自动化形式的崛起终有一天也将达到某个水平，造成大规模失业，危及现行经济体系。

不妨以农业为例。1750 年，大约 80%的人口都直接或间接地从事粮食生产。随着新技术和新的耕作方式的引进，农场的产出开始增加，所需的工人减少。这一趋势一直持续到 19 世纪和 20 世纪早期，“二战”后更是加速发展，拖拉机、化肥、工厂化农场、规模经济和流水线作业都被引入了粮食生产。[30]

结果，在今天的美国和欧洲，只有约2%的人口直接从事农业活动。而有了先进的方法和技术，这2%的人口生产的粮食比历史上任何时候都多。那么，从前从事农业活动的那些人去哪里找工作呢？他们去了其他新兴的经济部门：19世纪的工业，20世纪的白领职业和服务业，然后是“二战”后新兴的信息、金融和娱乐业。

有些经济学家指出，这一趋势也将在未来一百年持续。[31]你可能不再务农或在工厂里务工，你的工作可能是开发电子游戏或者开一家主推网上约会App的公司。随着旧的工作部门实现自动化并退出劳动力市场，我们将不断创造新的工作部门，所以人们仍然可以找到好工作。

当然，背后的假设是：还有很多事情机器永远做不了，就某些功能而言，人类是永远无法被取代的。但这个假设正确吗？历史告诉我们，答案是否定的。机器不断蚕食以往人们认为只有人类才能从事的活动。纺棉花、织衬衣和其他纺织品、收庄稼、加工食品——这些技术性工作一个又一个地被机器取代，而且成本更低，效率更高。最近几十年，机器已经逐渐开始从事要求更高的活动：推导数学证明，下象棋，自动驾驶汽车，高级的语音和图案识别，辅助医生进行诊断，制定纳税申报单，推荐新歌曲和新的消费项目。

因此，提出这个问题并非不合理：在未来一百年里，我们希望越来越智能的机器能做哪些工作？哪些工作将是不可能或者很难实现自动化的？

水管工、杂务工、服务员和园丁将很难被取代，因为机器人需要花很长时间才能获得这些工作所需的高水平的情景感知、才艺和各种实际能力。[32]医生、教师和律师也很难被取代，因为这些工作需要高水平的直觉和独创性，以及很强的社交技能。然而，布林约尔弗森和麦凯菲认为，高度的自动化最终将渗透进这些职业，让做这些工作的人越来越少，就像过去一百年里的农业。在他们看来，人类最后一个独一无二的地方在于创造性领域：跳出固有思维模式，娱乐和艺术，以及提供温暖的、充满同理心的友谊。[33]

届时，我们将只剩下少数只有人类才能从事的工作。如果你是一个诗人、音乐家或者艺术家，你可以松一口气了，因为在可预见的未来，机器可能只能创造普通的文学和艺术。如果你是一个宗教团体的领袖或者负责照顾老人的护工，你提供人性关怀的能力照样能把你和效率最高的机器人区分开。如果你是一个企业家，你提出优秀创意和白手起家开新公司的能力依然能让你击败你的机器人对手。

当然，这一场景最大的问题在于，这些工作显然不足以为地球上生活的70亿或80亿人提供就业机会。只能有这么多的小说家、牧师和企业家。对于布林约尔弗森和麦凯菲而言，这个结论是残忍的、无法逃避的：崛起的自动化正带领我们走向一个长期大规模失业的未来。

科幻小说家亚瑟·C. 克拉克（Arthur C. Clarke）很早之前就预见了这一未来，他欣然接受了它。“未来的目标是，”他写道，“完全的失业，这样我们就可以去玩。”[34]换句话说，让机器去操心我们的衣食住行，去制造汽车、手机和其他设备，去为我们开车，去满足我们的医疗、法律和管理需求。我们人类可以把全部时间花在创造性的追求、休闲、玩耍、科研、旅行、娱乐、创业、照顾病人（假设人们照样会生病）上，或通过各种创意和项目相互帮助。我们就像 18 世纪的贵族，靠其他人的劳作生活，有大把的时间做我们想做的事，只有机器在工作。

但这里有一个基本的问题——钱从哪里来？如果人们不再按照传统意义工作（为了赚钱），而是从事精彩的但没有工资的创造性工作，他们靠什么生活呢？布林约尔弗森和麦凯菲在他们的书中坦率地承认了这个问题。一旦自动化达到导致大规模结构性失业的程度，这个问题的解决方式也必须是革命性的。你不得不把这些不可思议的机器所创造的一大部分财富分配给每个人。每个公民每月从政府那里得到一笔数目不小的补贴，要么以直接补贴的形式，要么以退所得税的形式。[35]这种普遍分配可以让你过好日子、养家糊口，并满足你全部的基本需求，如医疗、教育、交通、住房和实物商品。如果你的要求更高，超过每月的基本津贴，那么你也可以做自己想做的事，从而获得更多收入。

布林约尔弗森和麦凯菲承认这是一个极端的设想，但他们没有其他选择，他们公开地鼓励读者提出更切实的解决方案（我自己也无法提出其他方案，即使我已经反复征询了 Siri 的建议）。不断崛起的自动化是一把双刃剑，是一件大好事，甚至是更大的增长源，它将是未来几代人要面对的核心问题之一。

合成生物学

当工程师要造新东西的时候，他们往往采取同样的基本步骤。首先，他们坐下来搞清楚技术和功能目标；接着，他们在计算机上画出各种设计图，模拟不同的零部件配置如何相互作用；他们根据明确的连续步骤，从性质完好的标准材质和组件中选择原材料，然后监督制造过程；最后，他们对产品进行测试，检验它的性能，并对初步设计进行必要的调整和微调。

在新兴的合成生物学中，要创造新的生命形态，也要经过这样合理、有序的步骤。[36]“想象一下，”斯坦福大学生物学家德鲁·恩迪（Drew Endy）说，“你可以像建造桥梁那样创造生物体。”[37]在过去15年里，基因组学、信息学和材料学所取得的进步已经将中世纪炼金术士的想象变成了现实——科学家已经接近从零开始创造新生命了。

在这里，有必要区分一下合成生物学和“传统的”基因工程学。不同于通过略微修饰天然生物体的DNA就能实现目标的基因工程学家，合成生物学家根本没有生物体可以利用。相反，他们利用零碎的基因和有机材料，逐渐将这些基础的生物组件组装成功能性的整体。从这种意义上说，传统的基因工程学家就像一个大厨，他从食品杂货店买一磅蛋糕，带回自己的厨房稍加润色：切成几层，加上巧克力夹心，盖上糖衣，并在上面放上一颗草莓。相比之下，生物学家从杂货店买回家的不过是鸡蛋、面粉、糖、起酥油和大块的巧克力。有了这些基本构件，他完全凭自己的创意设计、组装、烘焙和装点出一块全新的蛋糕。

尽管还没有科学家成功地无中生有地创造出生命，但他们已经非常接近了。这一方面的先驱者是J.克雷格·文特尔（J. Craig Venter），在人类基因组计划中，他证明了自己是一个非常有创意的创新者，因为他彻底改变了DNA自动化测序的效率。2013年，文特尔和他的同事宣布，他们创造了一种人工细菌基因组，它和自然中存在的所有细菌完全不同，因为它的构造特别精简，仅有维持生命最起码的细胞功能。这种“最小基因组”背后的概念是最最简单的单细胞生物——科学家能完全理解该生物的结构和功能，因为它的全部生物构造是由科学家从零开始创造的。文特尔解释道，从这种特征良好的简单细胞入手，研究者可以加入具体的基因指令，让该生物以可控的方式运行。他们创造了一个基本的“细胞底盘”，然后通过“添砖加瓦”来实现科学家希望实现的任何生物学目的。[38]一名《纽约时报》（*New York Times*）的记者描述了文特尔的构想：

> 它们将成为定制化的小虫，由设计师专门设计的小虫——只有文特尔能创造出来的小虫。他将在他的私人实验室里用零碎的DNA把它们创造出来，然后把它们释放到空气、水、烟囱、浮油、医院、工厂和你的屋子里。每只小虫都有一个任务。有的可以吞食，比如污染物；有的可以生产粮食和燃料；也有的小虫可以遏制全球变暖，清理有毒废物，制造药物和诊断疾病。它们都将在合成DNA的支配下完成任务。[39]

当然，文特尔只是这一飞速发展的领域中的一个研究者。在世界各地的实验室里，合成生物学家（我指的是这一领域的参与者，而不是人类科学家）正在竞相为这一新兴领域开发实用性的应用。他们制造出了能分泌抗疟剂药物的酵母；再造了能吐出比芳纶韧度还强的蜘蛛丝的大肠杆菌；让海藻可以消耗二氧化碳污染物，同时又能充当环保的汽油替代物。[40]

另外，不同于射电天文学和核物理学这些领域，合成生物学还有一个额外的优势——成本低，易于实现。你不用开垦半个瑞士来建一座万亿电子伏特的加速器；你在厨房里就能建造并运作一间实验室，只需要花几千美元就能从易趣网上买一些二手设备，你很快就会发现自己对科学做出了有意义的贡献。[41]这个事实已经吸引了一代聪明又年轻的达人/极客的注意力，他们都渴望染指尖端研究。他们给自己起了各种称号——生物朋克、生物黑客、人脑黑客、DIY（自己动手做）生物学家……虽然他们来自当代文化的另一端，但他们和文特尔这样胡子花白的名人分享着同样的喜悦——“参与创造”的喜悦。[42]

可以肯定的是，这种“维基生物学”可能是非常危险的，或许比纳米技术还危险。毕竟，所有天然生物的本性都是自我复制——这个特征是其原始设计的一部分。拿可以自我复制的纳米机器人来说，最难的问题首先在于让这些小机器人正常工作并自我复制。然而，对合成的生命形式而言，最难的部分恰恰相反——在这些生物忙着四处做它们擅长的事，即自我复制的时候，对它们进行约束和管控。合成生物学的主要挑战在于找到办法控制合成生物的自我增殖，利用它们实现人类的目的，同时确保它们绝对不会脱离控制。

合成生物学的研究者非常清楚这些风险。[43]正如德鲁·恩迪所说：“我预料到这门技术将被滥用——积极地滥用。如果在讨论这门技术时不承认这个事实，那将是不负责任的。”[44]主要的风险包括无意创造出有害的微生物、故意制造出害人的生物武器、合成生物和天然生物不受控制地交换基因物质，以及合成生物自发地变异和进化。[45]目前，纳米技术和合成生物学的监管都很松散，主要由各联邦机构和法规监管，但尚不存在专门负责监管这些飞速发展的领域的政府机构。[46]

合成生物学对人类增强的影响很难预测，正是因为这个领域还很年轻。但如果认为它的影响只限于生产革命性的新燃料、新食品或新纺织品，那就大错特错了。人造细菌可以分泌由设计师专门设计的药物，新型生物传感器架起人机沟通的桥梁，人造染色体可以加入我们的基因组——它潜在的增强应用是惊人的。如果可以控制合成生物学固有的风险，这个领域的影响将远超微生物的生命。它将直接参与再造包括我们人类在内的宏观生物。

纳米-生物-信息-认知

在我们展望未来一百年的时候，我强调了纳米技术、人工智能和合成生物学的很多未知数。但有一点我们可以相当确定：这些领域的发展不会是彼此孤立的。它们将相互影响（以及与其他科学领域），产生令人吃惊的协同效应。有些专家将这一现象称为“纳米-生物-信息-认知趋同”——所有这些领域将逐渐融合成为一条广泛的发明与创造阵线。[47]就这种意义而言，这个术语是恰当的，因为它抓住了这些科学领域相互促进、共同进步的趋势。

但我想，“趋同”只是这个故事的一部分，因为这个词暗示了历史发展背后存在一种理性的、连贯的、元级别的秩序。实际的过程很可能远比那样更混乱和更无法预测。这些科技领域不仅将相互作用，还将和其所处的社会、经济、文化和生态环境相互影响。可以肯定的是，纳米技术将受到人工智能的影响，但它同样也将受到市场力量和变化无常的消费者喜好的影响。合成生物学将受到选民宗教信仰的深刻影响。人工智能将和 21 世纪文化中特有的社交网络和通信技术共同发展。基因学最终将服从于其所处的生物圈的需求和约束。

因此，或许纳米-生物-信息-认知趋同的确是一个值得期待的奇迹，但我们也不应该低估“文化-宗教-自然”因素的影响。即将发生的不只是趋同，还有某些更复杂、更难驾驭的东西。未来几十年，我们受到阻挠、担惊受怕或狼狈不堪的时候或许会跟我们吃惊的时候一样多。

注　释

①Stanley Kubrick，2001：*A Space Odyssey*（MGM，1968).

②Richard Feynman，“There's Plenty of Room at the Bottom，” *Engineering and Science*，February 1960，22－36，http：//www. its. caltech/edu/～feynman/plenty. html；Chris Toumey，“Reading Feynman into Nanotechnology：A Text for a New Science，” *Techné* 13，no. 3（2008）：133－168.

③K. Eric Drexler，*Engine of Creation*：*The Coming Era of Nanotechnology*（New York：Anchor，1986，1990).

④参考本书同步网站中 Drexler；Berube；Bainbridge and Roco；Foster；Hall；Milburn；Mullhall；Roco and Bainbridge；Sargent；Booker and Boysen；Hodge，Bowman，and Maynard 有关纳米技术、虚拟现实和

合成生物学的在线书目。

⑤Jerrod Kleike, ed., *National Nanotechnology Initiative: Assessment and Recommendations* (New York: Nova Science, 2010); John Sargent, *The National Nanotechnology Initiative: Overview, Reauthorization, and Appropriations Issues* (CreateSpace, 2012).

⑥地球直径 12 742 千米，玻璃球直径 1 至 2 厘米。如果你不相信我，不妨自己算一下。

⑦参考本书同步网站中 Berube, Foster, Hall, Milburn, Sargent, Booker and Boysen 有关纳米技术的在线书目。

⑧Kewal Jain, *The Handbook of Nanomedicine* (Totowa, NJ: Humana, 2008); Robert Freitas, "Current Status of Nanomedicine and Medical Nanorobotics," *Journal of Computational and Theoretical Nanoscience* 2 (2005): 1-25; ETC Group, *Nanotech Rx: Medical Applications of Nano-scale Technologies: What Impact on Marginalized Communities?* (Ottawa, Canada: ETC, September 2006).

⑨Jain, *The Handbook of Nanomedicine*.

⑩James Baker and Istvan Majoros, eds., *Dendrimer-Based Nanomedicine* (Singapore: Pan Stanford, 2008), chap. 1; Kevin Bullis, "Nanomedicine," *Technology Review*, March/April 2006; Jain, *The Handbook of Nanomedicine*, 32.

⑪Baker and Majoros, eds., *Dendrimer-Based Nanomedicine*, 6.

⑫Drexler, *Engine of Creation*, and passim.

⑬有关这些争论的概况，参见：David Berube, *Nano-Hype: The*

Truth Behind the Nanotechnology Buzz（Amherst，NY：Prometheus，2006），chap. 2。

⑭Drexler，*Engine of Creation*，172－173.

⑮Kurt Vonnegut，*Cat's Cradle*（New York：Dell，1998）.

⑯Berube，*Nano-Hype*，55－57.

⑰Paul Rincon，"Nanotech Guru Turns Back on 'Gary Goo，'" BBC News，June 6，2004，http：//news. bbc. co. uk/2/hi/science/nature/3788673/stm；Robert Freitas，"Some Limits to Global Ecophagy by Biovorous Nanoreplicators，with Public Policy Recommendations，" Foresight Institute（April 2000），http：//www. foresight. org/nano/Ecophagy. html.

⑱参考本书同步网站中 Allhof；Bennett-Woods；Sandler；Hodge，Bowman，and Maynard 有关纳米技术的在线书目。

⑲具体探讨参见：Deb Bennett-Woods，ed.，*Nanotechnology：Ethics and Society*（Boca Raton，FL：CRC Press，2008），chap. 8；Fritz Allhof et al.，eds.，*Nanoethics：The Ethical and Social Implications of Nanotechnology*（Hoboken，NJ：Wiley，2007），chaps. 7－14。

⑳Bennett-Woods，ed.，*Nanotechnology：Ethics and Society*；Allhof et al.，eds.，*Nanoethics.*

㉑Rodolfo Llinás and Valeri Makarov，"Brain-Machine Interface via a Neurovascular Approach，" in *Converging Technology for Improving Human Performance：Nanotechnology，Biotechnology，Information Technology，and Cognitive Science*，ed. Mihail Roco and William Bainbridge（Dordrecht，Holland：Kluwer，2003），245.

㉒参考本书同步网站中 Nilsson；Russell and Norvig；Pfeiffer and Scheier；Rychlak；Wolfe，Wallach，and Allen；McCorduck；Breazeal；Arkin；Kang；Brooks；Crevier；Moravec；Minsky 有关机器人和人工智能的在线书目。

㉓Rodney A. Brooks，*Flesh and Machines*：*How Robots Will Change Us*（New York：Pantheon，2002）；Cynthia Breaazeal，*Designing Sociable Robots*（Cambridge，MA：MIT Press，2002）.

㉔Brooks，*Flesh and Machines*，chaps. 4－6.

㉕Nils Nilsson，*The Quest for Artificial Intelligence*（New York：Cambridge University Press，2010）；Stuart Russell and Peter Norvig，*Artificial Intelligence*：*A Modern Approach*，3rd ed.（New York：Prentice Hall，2010）.

㉖参见鲁姆巴扫地机器人官网，http：//store. irobot. com/shop/index. jsp？categoryId＝2804605。

㉗在本书同步网站的附件 P 中，我讨论了创造这种具有智力、自主决策和能动性的“生物”是否明智的问题。参见：Nick Bostrom，*Superintelligence*：*Paths*，*Dangers*，*Strategies*（New York：Oxford University Press，2014）。

㉘这种效率的提高比计算机微处理器领域的摩尔定律所预测的速率更快。Robert Carlson，*Biology Is Technology*：*The Promise*，*Peril*，*and New Business of Engineering Life*（Cambridge，MA：Harvard University Press，2010），71－73；Erik Pettersson，Joakim Lundeberg，and Afshin Ahmadian，“Generations of Sequencing Technologies，” *Genomics*

93（2009）：105－111；“Sequencing Costs，” National Human Genome Research Institute，http：//www.genome. gov/sequencingcosts/。

㉙Erik Brynjolfsson and Andrew McAfee，*The Second Machine Age：Work，Progress，and Prosperity in a Time of Brilliant Technologies*（New York：Norton，2014），179.

㉚我在这本书中讨论了这一现象：Michael Bess，*The Light-Green Society：Ecology and Technological Modernity in France*，1960－2000（Chicago：University of Chicago Press，2003），chap. 2。

㉛Frank Levy and Richard Murnane，*The New Division of Labor：How Computers Are Creating the Next Job Market*（Princeton，NJ：Princeton University Press，2012）.

㉜Jeremy Rifkin，*The Zero Marginal Cost Society：The Internet of Things，the Collaborative Commons，and the Eclipse of Capitalism*（New York：Palgrave/Macmillan，2014）.

㉝Brynjolfsson and McAfee，*The Second Machine Age*，chap. 12.

㉞Arthur C. Clarke，interview by Gene Youngblood，*Los Angeles Free Press*，April 25，1969，42－43；reprinted in *The Making of* 2001：A Space Odyssey，ed. Stephanie Schwam（New York：Modern Library，2000），258－269.

㉟Brynjolfsson and McAfee，*The Second Machine Age*，chap. 14.

㊱参考本书同步网站中 Church and Regis，Baldwin，Bray，Carlson，ETC Group，Schmidt，Solomon，Wohlsen 有关纳米技术、虚拟现实和合成生物学的在线书目。

㊲Drew Endy，quoted in Markus Schmidt and Camillo Meinhart，"Synbiosafe，" documentary film（ISBN：978－3－200－01623－1），（2009）；see trailer，http：//www. synbiosafe. eu/DVD/Synbiosafe. html.

㊳同上。

㊴Wil Hylton，"Craig Venter's Bugs Might Save the World，" *New York Times*，May 30，2012.

㊵Geoff Baldwin et al.，*Synthetic Biology：A Primer*（London：Imperial College Press，2012）；Robert Carlson，*Biology Is Technology：The Promise，Peril，and New Business of Engineering Life*（Cambridge，MA：Harvard University Press，2010）；ETC Group，*Extreme Genetic Engineering：An Introduction to Synthetic Biology*（Ottawa，Canada：ETC，January 2007）；Markus Schmidt，ed.，*Synthetic Biology：Industrial and Environmental Applications*（Hoboken，NJ：Wiley-Blackwell，2012）；Lewis Solomon，*Synthetic Biology：Science，Business，and Policy*（Piscataway，NJ：Transaction，2012）.

㊶Marcus Wohlsen，*Biopunk：DIY Scientists Hack the Software of Life*（New York：Current，2011）.

㊷由麻省理工学院组织的每年一次的全球竞赛成了这些年轻人展示创造力和才华的大舞台，该竞赛被称为国际基因工程机器（iGEM）。位于波士顿的iGEM组织登记注册了"标准生物零件"，从J. 克雷格·文特尔到高中生，任何人都可以免费在网上获取这些零件——DNA序列和其他基本的有机化合物与物质，其功能性质已经过鉴定和测试。这些零件被称为生物积块，这些可以互换的元素可以进行各种各样的组合，从而

形成新的细胞功能。这样，德鲁·恩迪“像造桥一样造生物”的梦想越来越接近现实。Baldwin et al.，*Synthetic Biology*；Carlson，*Biology Is Technology*；Wohlsen，*Biopunk*。登录 iGEM 官网（http：//partsregistry.org/Main_Page），可查看零件登记详情。

㊸上述第 40 条中所列的书目均探讨了安全、监管和管理问题。

㊹Drew Endy，quoted in ETC Group，*Extreme Genetic Engineering*，23.

㊺参见上述书目，尤其是 Church and Regis，Baldwin，Carlson，ETC Group，Schmidt，Solomon 的书。

㊻2006 年，合成生物学家在加州伯克利召开了一次会议，其中一项主要议题便是如何规避这些风险。他们起草了行业自主治理框架，但最终不了了之。该框架的草案参见：http：//syntheticbiology.org/SB2.0/Biosecurity_resolutions.html。关于监管合成生物学及其他尖端生物技术的优与劣，参见：Carlson，*Biology Is Technology*，chap. 9；Richard Sklove，*Reinventing Technology Assessment*：*A 21st Century Model*（Washington，DC：Science and Technology Innovation Program，Woodrow Wilson International Center for Scholars，April 2010）；Jonathan Tucker and Richard Danzig，*Innovation*，*Dual Use*，*and Security*：*Managing the Risks of Emerging Biological and Chemical Technologies*（Cambridge，MA：MIT Press，2012）。

㊼William Bainbridge and Mihali C. Roco，eds.，*Managing Nano-Bio-Info-Cogno Innovations*：*Converging Technologies in Society*（New York：Springer，2006）.

第二部分

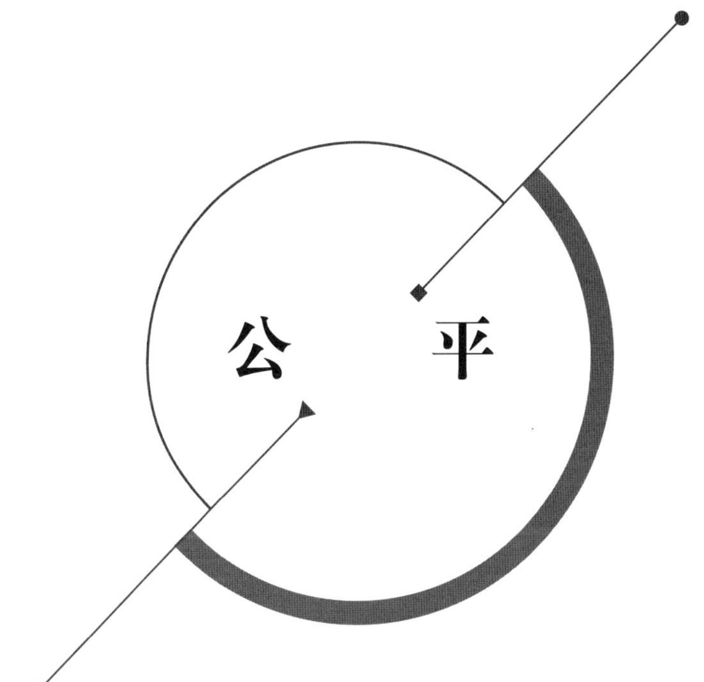

第六章　我们是否应该再造人类社会

工作和生活的主要趣味就是变成不一样的自己。

——米歇尔·福柯（Michel Foucault），1982[①]

从孤立的角度来看，汽车是一项了不起的技术——让我们以异常的高速穿越空间，给了我们前所未有的行动自由。但当越来越多的人采用这项技术，预料之外的结果就发生了。[②]交通拥堵，空气污染，随着大量居民涌向郊区，市中心沦为鬼城；有些国家对外国石油形成依赖，不惜发动战争来保证石油供应；生活节奏变快，因为我们在迈着大步往前赶；时间本身加快了，距离缩短了，把几百年前根本不可能相遇的城市和人联系在了一起；信息传播更自由、更广泛，传染病随之而来。而这一切，都是因为四个轮子和一台马达。

同样，我们可以预料，生物增强技术也将造成各种各样间接但深远的后果，有些结果是好的，有些则不然。如果对人类进行部分再造，改变的绝不只是特定个体的具体性状，同时也将改变人类的集体模式，并且不断在我们的社会中产生反响，推翻旧的忠贞和亲情，创造新的群体行为和身份。在接下来的几章里，我将探讨增强技术的社会层面及其意义深远的后果。

接下来的两部分里，大部分章节都是以简短的故事开始，我试着描述生活在这样的世界里或许会是什么样子的。在写这些小故事的时候，我有意避开了科幻小说和科幻电影中充斥的怪异的机器和人物。相反，我关注增强技术本身，从现有的技术和社会趋势出发来进行切实的推断。

增强技术的利与弊

自 20 世纪 80 年代以来，围绕增强技术的前景逐渐形成了两个敌对的阵营——我把他们分别称为“支持增强者”和“反对增强者”（他们则给自己和对方起了各种各样的称呼）。这两个敌对的阵营并没有轻易地映射到现有的政治或意识形态分歧中。例如，人们发现，就拒绝改变人类而言，宗教保守主义者利昂·卡斯和世俗自由主义者比尔·麦吉本（Bill McKibben）站在一条阵线上。另外，在各色人群中都能找到增强技术的忠实拥护者，包括自由主义技术爱好者、超人类主义者、主流生物伦理学家，以及少数爱冒险的医疗人员。

近些年，学者、记者和积极分子写了很多书来阐释增强争论中的立场。[③]下面列出了两方的主要观点：

反对增强者的主要论点有[④]：

（1）对人类进行根本性改变相当于玩弄上帝，或者（从世俗角度上说）干扰自然平衡或进化设计。

（2）我们冒着破坏或扰乱使我们成为人类的核心素质的风险。

（3）我们冒着商品化的人类性状和能力颠覆人性尊严的风险。

（4）人类状态根本上是一个奥秘，是世界的“馈赠”。抛弃这些无法避免的事实，追求对世界的完全掌控，这种狂妄自大的行为将剥夺我们生命的主要意义。

（5）人类的本质就是限制。死亡、瑕疵和不完美，这些都是决定我们人性的主要元素。因此，虽然促进人类繁荣发展是正当的，但是从根本上超越我们的基本限制可能只会带来贬值和灾难。

支持增强者的主要论点有[5]：

（1）改变我们的身体和大脑，让它们更符合我们的喜好，这只是人类逐渐掌控自然界和人类生命的千年过程中的下一步。

（2）不存在使我们成为人类的固定的核心素质。相反，作为一个物种，我们最显著的特点在于我们普罗米修斯式的躁动，在于我们对新能力和更多经验的不断求索。

（3）达尔文物竞天择式的进化让人类优点与瑕疵并存。我们应该控制自己的进化过程，根据我们的价值观进行导向，而不是听从于一直影响我们的身体和大脑的这种随机进化。

（4）我们肩负最大限度地促进人类整体繁荣发展的义务。增强技术可以减少人类的苦难，让人类摆脱年龄的束缚，带来新的成就、创造和幸福。

（5）追求我们无限的潜力就是我们生命的意义。

人类社会：无限的可完美性与有限的生活

支持增强者和反对增强者两个阵营的对立反映了一种更根本的紧张关系，这种关系可以追溯到18世纪的启蒙运动以及保守主义者和浪漫主义者对启蒙思想的回应。争论的基本问题是人类在宇宙和人类历史长河中的地位。

对于很多启蒙运动作家而言，人类故事的关键在于进步和可完美性。伏尔泰（Voltaire）、狄德罗（Diderot）、洛克（Locke）、康德（Kant），这些思想家都对人类长期的社会和道德进化持乐观的态度。[⑥]历史的车轮将不断前进，改善人类生活的方方面面，从个人的性格特点，到对自然界的掌控，再到社会基本结构。随着时间的推移，人类的理性终将带来更好的人类、更好的生活和更好的社会秩序。这一过程将不断继续，因为人类的潜力是无限的——人类无限发展这个故事的结局是开放性的。

这些观念很快就有了回应。埃德蒙·伯克（Edmund Burke）这样的保守主义者惊讶于法国大革命带来的翻天覆地的变化，明确表达了对人类故事的另一种解读——一种更压抑的描述，弥漫着悲剧的气息：它的核心观念就在于人类的有限性。[⑦]对伯克而言，人类远没有启蒙运动的理性主义者认为的那样可塑。回顾过去的几百年，他看到的只是一种循环——贪婪、暴力和不计后果的愚蠢，而不是一个成功的上升轨迹。在伯克看来，人类的本性就是高贵素质和基本素质的复杂混合体，例如，慷慨与自私、残忍并存。而人的本性是不会轻易改变的。人性的特点似乎会随着时间和空间再现，所以人们可能在古希腊戏剧人物和1790年走在伦敦大街上的人身上找到深刻的相似之处。[8]

我将这两种看法分别称为“无限的愿景”和“有限的愿景”——这里，我借用了政治哲学家托马斯·索厄尔（Thomas Sowell）的术语。[9]索厄尔非常理性地警告我们：这两种极端的观点都是理想型的，我们很难在现实中找到一个世界观百分之百有限或无限的人。[10]然而，大部分人常常会觉得这种观点中的一种比另一种更有吸引力，他们会本能地“偏向”这两极中的一极。心理学家史蒂文·平克（Steven Pinker）认为，这种潜在的愿景冲突正是文化战之所以在当代美国社会中如此普遍的原因：左翼自由主义者多半抱着无限的愿景，右翼保守主义者则是有限愿景的信徒。由于这两种愿景是不能通约的，所以两派人很难不把对方看成受到误导且执迷不悟的人。[11]

不过，如果能够不纠缠于两派的争执，我们也能得出不一样的结论。假如这两种愿景都有一定的优点呢？假如这正是两派的争执至今未能解决的原因呢？如果不选边站，我们可以肯定，每个阵营都在强调历史过程的一个基本面：一派强调改变，另一派强调连续，也就是创新的冲动和维持现状的冲动。因此，在这一根本层次的解释中，两种愿景之间本身的紧张关系正是人类社会最深刻的特点。这正是1929年阿尔弗雷德·诺斯·怀特海德（Alfred North Whitehead）在其巨著《进程与现实》（*Process and Reality*）的高潮部分提出的立场：“仅有秩序是不够的，我们需要的是更复杂的东西，即趋向新颖的秩序；秩序的沉重不会退化为简单的重复；新颖性总能在体系的背景中反映出来。”[12]

按照怀特海德的观点，所谓的智慧就是将两种愿景的关键因素合二为一，即希望（无限一派）和谦逊（有限一派），这是对未来的一种开放态度，是在过去令人清醒的经验的锤炼下形成的。最终形成的态度将会是：拥抱创新，但要批判地、渐进地、谨慎地进行；探索新的可能性，但要敏锐地学习历史经验。我将这种态度称为“保守性开放”[13]。

这种哲学立场如何能帮助我们评价人类增强技术呢？首先，它能帮助我们避开彻底的和先验的道德声明，不论是支持还是反对增强技术。积极的无限态度会告诉我们：“去做吧，人类！还等什么？”保守的有限态度会告诉我们：“停，停，因为你会给自己带来灾难！”相比之下，保守性开放态度所采取的方法不那么激动人心：每种增强形式都要具体问题具体分析，评估它的优点和弱点，既要针对个人，又要针对个人所处的社会。这正是我将在本书其余章节中采取的方法。

但我们应该在什么样的道德框架下来具体问题具体分析呢？

人类繁荣：评估增强技术的标准

如果所有人类都是基督教徒、佛教徒，或者康德的信徒，我们的人物将会相对简单——只需把全人类信仰的基本道德应用于每项增强技术，然后投赞成票或反对票。但由于并不存在这样普适的信仰，我们不得不退到仅次于最好的选择——一种多元的、灵活的道德标准。这一标准能吸引大部分人，不论其精神或哲学取向如何。我认为，最有希望的标准便是人类繁荣，这项标准可以简述为一个问题——如何才算过上好生活？

最近几十年里，两个新的学术领域——积极心理学（Positive Psychology）和经济理论中的“能力要素法”（Capabilities Approach）在探索这一古老的问题上已取得了不少进展。两个领域的学者们齐心协力地将古老的智慧和现代科学相融合，不仅认真考虑各种宗教、文学和哲学经典中的见解，同时也大量借鉴神经科学、经济学、心理学和行为遗传学等现代学科的知识。

积极心理学兴起于20世纪90年代，目的是反对大部分心理学家主要关注人类心理的病因这一长期占主导地位的趋势。[14]反对这一趋势并发起积极心理学运动的学者主要有马丁·塞利格曼（Martin Seligman）和米哈伊·契克森米哈赖（Mihaly Csikszentmihalyi）。[15]“我们很了解人类会出什么毛病。”他们说，“为什么在探索导致人类繁荣的原因时不采取同样的严谨态度呢？”在该派思想家越来越多的出版物（有些是畅销书）中，有一本格外突出——克里斯托弗·彼得森（Christopher Peterson）和马丁·塞利格曼于2004年出版的《性格力量与美德：手册与分类》（*Character Strengths and Virtues*：*A Handbook and Classification*）。在这本书的前几百页，他们详尽地向读者介绍了一些主要思想家，他们都曾探索过人类幸福的本质和原因，从古代的亚里士多德到近代的埃里克·埃里克森（Erik Erikson）、亚伯拉罕·马斯洛（Abraham Maslow）等。此外，彼得森和塞利格曼在2000年到2003年之间对学者和心理医生进行了大规模调查，逐渐在促进人类繁荣的核心性格特征和特性上达成了宽泛的共识。[16]

就其本身而言，能力要素法是由诺贝尔经济学奖获得者阿玛蒂亚·森（Amartya Sem）提出的，原因是研究全球贫困和不发达的流行模型令他感到失望。在 20 世纪 60 年代以来出版和发表的大量书籍和文章中，他批判了这些模型只狭隘地关注国民生产总值（GNP）、人均收入或用于衡量贫困及其影响的其他统计方法。[17] 在他看来，我们需要关注的是具体实践中人们能够实际利用的机会，如切实的经济、教育和公民条件，能够让人们进行有意义的政治决策，而不仅仅是抽象的投票权。因此，我们应强调能力要素，而非单纯的统计数据和理论上的权利。[18]

这两个学术领域的研究者，包括积极心理学家和奉行“能力要素法”的经济学家，详尽地列出了对人类繁荣必不可少的个人品质和社会条件。总的来说，他们为评估增强技术提供了一个宝贵的框架。在此基础上，我综合借鉴了这两个领域中的十个关键要素，总结了一个“元列表”。虽然我已经尽力做到综合全面，但它也只是这个概念领域一个暂时性的蓝图，它只是我们讨论的起点，仍需要修改和进一步的细化。[19]

人类繁荣的十大关键要素

个人层面	社会层面
安全	公平
尊严	人际联系
自主权	公民参与
自我实现	超越
真实	
追求实践智慧	

（1）安全：当个人的生命、健康和身体的完整处于不断的危险中，人们是不可能全面发展的。人们的家庭、财产和社区同样如此。虽然有些风险是人类活着就必然会遇到的，但所谓的好生活要求至少要达到稳定和安全这个门槛。

（2）尊严：个体的幸福要求将其视为独特的个体，天生被赋予无限的价值，而他人必须以基本的尊重来对待他。人类尊严的这一特征本质上存在于每个人身上，而不论其特别的特征，这正是所有人同样具有不可剥夺的权利的基础。[20]

（3）自主权：只有实质地掌握自己生活的主权，人类才能繁荣发展。尽管芸芸众生在日常生活中不可避免地面临很多束缚，但这些束缚绝不能妨碍人们做出支配个人行为的有意义的选择，以及实现个人的生活计划。自主权也要求人们有不可侵犯的精神隐私空间，人们可以在其中体验和形成自己的思想，而不受外界的监控或干涉。

（4）自我实现：亚里士多德认为，人类繁荣就是人能全面发展，能自由地发挥自己的天赋能力，如理性、想象力、好奇心、美德或审美。每个人在追求这一层面的自我实现时，必然会走自己的路：有的人通过艺术创造来追求自我实现，有的人通过商业投资，有的人通过对知识的探索和发现，也有的人通过社会或自然中的项目和努力。

（5）真实："认识自我。"特尔斐神谕如是说。这一箴言承认人类具有一种独特的能力——欺骗的能力。这里的欺骗不是说故意欺骗他人，比如人们伪装或戴上面具，而是指欺骗自我——相信自己是某种人（而实际上并不是），或者我们应该努力成为与自己的本质不同的人。它的前提是，每个人都有与众不同的个性，但都生活在社会环境中，而社会环境会向我们施加外部压力并寄希望于我们，希望让我们以特定的方式生活，甚至以特定的方式去感受和渴望生活。在外部因素和内部因素复杂的相互作用下，我们的个人身份形成了，并随着时间不断地调整和重塑。

真实要求我们批判地认识我们不稳定的双重人格。同时，我们不应像变色龙那样，不断地调整个人身份来适应外在的标准或模范。我真正的自我是什么？我最深刻的价值观和最显著的个人特质是什么？我的生活是否反映了我的内心？尽管这类问题永远没有确切的答案，但探索它们对人类的繁荣至关重要。

（6）追求实践智慧：心理学家乔纳森·海德特（Jonathan Haidt）在其优秀著作《幸福假说》（*The Happiness Hypothesis*）中描述了有助于增强个人幸福的各种基本态度。[21]例如，我们可以在逆境中学习成长，而不是让自己陷入被动的受迫害情结。我们可以找到方法更诚实地看待自己的失败，通过有益的自我批评来让我们更好地应对生活的挑战。

（7）公平：如果生活在有法律保障的权责平等的社会中，个人更可能繁荣发展。真正由精英管理的奖励和提升体系让每个人都有公平的机会证明自己的毅力，从而激励人们努力工作和坚持不懈，施展自己最大的潜力。

（8）人际联系：没有人能够独自繁荣发展。虽然有的人的确天生比别人更容易羞怯和隐遁，但在人类的友谊、爱情和家庭中，每个人都需要某种程度的给予和获得。我们都需要关心人——朋友和亲人，我们将自己的喜爱、思想和希望赋予他们，同时也从他们那里获得相应的关心。

（9）公民参与：亚里士多德（又是他!）坚信，人类天生是政治动物。[22]人类的自主权不只涉及狭隘的个人生活，它涉及的更广泛，包括构成个人自我的集体环境的整个公共生活。在这一更高层次的决策中拥有发言权或者至少发言的选择，构成了人类幸福的一个重要层面。

（10）超越：我用这个词来指将个人与超越自我的东西连接起来的各种智识。对很多人而言，这包含着某种信仰、宗教或灵性，但它也有纯粹世俗的意义，如对我们所生活的世界深奥莫测的复杂性、神秘性和规模的敬畏。这个词也表示超越个人狭隘的利益和关切，将个人关心的范围向外延展，延伸到一个更宏大的视野和范围。

因此，这里提供了一个极好的评估增强技术的框架。对于本书中说明的每种增强技术，我们可以用伦理的标准来衡量："这个设备或者这种改造是否有利于人类繁荣?"

当然，很多情况下，这个问题的答案一点都不简单。增强安全的改造可能与尊严或公平等价值相悖。事实上，加大我们自主权的机器可能也会破坏我们的人际联系。在评估最终的结果时，我们将会被迫去做困难的权衡，将一个因素同另一个因素进行比较。但这一点不会让我们惊讶，也不会把我们吓倒，因为那样的权衡正是整个历史上伦理反思的要求。我们没有理由期望这个问题未来会变得不一样。

注　释

①Michel Foucault，“Truth，Power，Self：An Interview with Michel Foucault-October 25th，1982，” in *Technologies of the Self*：*A Seminar with Michel Foucault*，ed. L. H. Martin et al.（London：Tavistock，1988），9－15.

②Standley Hart and Alvin Spivak，*The Elephant in the Bedroom*：*Automobile Dependence & Denial*：*Impacts on the Economy and Environment*（Pasadena，CA：New Paradigm，1993）.

③参见本书第 394 页“增强与‘后人类’：生物伦理学与社会意义”标题下的书目。

④以下是解释人类不应该增强的三个代表性理由：

“当代生物技术所带来的最重大的威胁在于，它可能改变人类的本性，从而使我们进入‘后人类’时代。这一点很重要，因为人类本性是存在的，是一个有意义的概念，为人类经验提供了稳定的连续性。它与宗教相结合，决定着我们最基本的价值观。”Francis Fukuyama，*Our Posthuman Future*：*Consequences of the Biotechnology Revolution*（New York：Farrar，Straus，and Giroux，2002），7。

“我们要做一件不可能的事：我们需要去研究我们现在所生活的世界，宣告它是好的，足够好。并不是每个细节都好，我们仍然应该并且能够进行上千项技术和文化改进。但它大体上和基本上是足够好的。我们需要决定西方的大部分人都能活得足够长。我们需要声明，在西方几乎没有人需要拼命工作，我们有足够的闲暇。在大部分人更需要储藏室而非神奇的纳米技术盒子的社会中，我们需要声明，我们有足够的物质、足够的智力、足够的能力、足够的……” Bill McKibben，*Enough：Staying Human in an Engineered Age*（New York：Times Books，2003），109。

“优生学和基因工程的问题在于，它们代表着一种一边倒的胜利：刻意优于禀赋，支配优于尊重，塑造优于观察……其背后有两个更大的风险。一个涉及人性的善在重要的社会实践中的命运，例如，父母对孩子无条件的爱以及心甘情愿的付出、在特权面前的谦卑、愿意通过社会团结来分享好运。另一个风险则涉及我们对所生活的世界的取向，以及我们渴望获得的自由。我们很容易会认为，对孩子和我们自己进行生物工程改造，让我们在充满竞争的社会中取得成功，这是在行使自由权。然而，改变我们的本性来适应世界，而非改变世界来适应我们的本性，实际上是在最深刻地剥夺我们的权力。” Michael Sandel，*The Case Against Perfection：Ethics in the Age of Genetic Engineering*（Cambridge，MA：Harvard University Press，2007），85，96-97。

⑤以下三段代表性的引文阐释了支持增强者的观点：

“只有在神话般的乌托邦和反乌托邦中，我们才见过永恒的满足感。在现实世界中，满足只是暂时的，它与每项成就有关，如果持续得太久，就会减弱我们成长和改变的欲望。这种饥渴，这种力所不能的感觉，这种对‘世俗生活中无法获得’的东西的渴望，正是构建我们的世界的力量。它构建了我们舒适的生活，生产了维持我们生命的药物，融汇了我们广泛的知识，产生了我们的艺术、音乐和哲学，构成了我们对宇宙奥秘最深刻的理解。从不说‘够了’，总是想得到更多——这就是人类的本性。” Ramez Naam，*More Than Human*：*Embracing the Promise of Biological Enhancement*（New York：Broadway，2005），228。

“我认为，干预生命的自然选择，使我们对进化和未来发展的操控达到甚至超过某种程度，直至我们人类变成一种更好的物种，这不仅是明智的，而且是必要的。我捍卫制造人类，或者让人类把自己和子孙后代变得更长寿、更强壮、更幸福、更聪明、更公平（从这个词的美学和伦理意义而言）的想法。我支持这种观点，不仅是为了自由，而且也是为了追求人类增强的义务。” John Harris，*Enhancing Evolution*：*The Ethical Case for Making Better People*（Princeton，NJ：Princeton University Press，2007），4-5，9。

“超人类主义者将人性视为一个半成品、一个未完成的起点，我们可以以满意的方式重塑自我。目前的人性不应该是进化的终点。超人类主义者希望，通过负责任地使用科学、技术和其他理性手段，我们最终将成功变成‘后人类’——一个能力远远超过目前的人类的物种。” 世界超人类主义者协会，http：//transhumanism.org/index.php/WTA/more/transhumanist-values/。

⑥在可供参考的无数书目中，参见：Ernst Cassirer，*The Philosophy of the Enlightenment*（Princeton，NJ：Princeton University Press，2009）；Peter Gay，*The Enlightenment*（New York：Norton，1995）。

⑦Conor Cruise O'Brien，*The Great Melody*：*A Thematic Biography of Edmund Burke*（Chicago：University of Chicago Press，1994）；Thomas Sowell，*A Conflict of Visions*：*Ideological Origins of Political*

Struggles（New York：Basic，2007）.

⑧学界关于人性和人格的争论，参见本书同步网站附件Ⅰ。

⑨Sowell，*A Conflict of Visions*，chap. 2.

⑩同上，34 页。

⑪Steven Pinker，*The Blank Slate*：*The Modern Denial of Human Nature*（New York：Viking，2002），chap. 16.

⑫Alfred North Whitehead，*Process and Reality*（New York：Free Press，1929，1957），400.

⑬关于该话题的探讨，参见：Erik Parens，"Toward a More Fruitful Debate About Enhancement，" in *Human Enhancement*，ed. Julian Savulescu and Nick Bostrom（New York：Oxford University Press，2009），chap. 8。

⑭Christopher Peterson and Martin Seligman，*Character Strengths and Virtues*：*A Handbook and Classification*（New York：Oxford University Press，2004），chap. 1.

⑮参考本书同步网站中 Haidt，Csikszentmihalyi，Peterson，Peterson 和 Seligman，Kahneman，Diener，Schwarz，Lyubomirsky 有关人性、身份和人类尊严的在线书目。

⑯Peterson and Seligman，*Character Strengths and Virtues*，chaps. 1－3.

⑰Amartya Sen，*The Idea of Justice*（Cambridge，MA：Belknap，2009）；Christopher W. Morris，ed.，*Amartya Sen*（New York：Cambridge University，2009）.

⑱参见：Martha Nussbaum，*Creating Capabilities*：*The Human De-*

velopment Approach（Cambridge，MA：Harvard University Press，2011），以及联合国开发计划署（United Nations Development Programme）官网，http：//hdr. undp. org/en/。

⑲我创建此列表时所遵循的基本原则，详见本书同步网站附件 F。

⑳有关人类尊严概念的探讨，参见本书同步网站附件 G。

㉑Jonathan Haidt，*The Happiness Hypothesis*：*Finding Modern Truth in Ancient Wisdom*（New York：Basic，2006）.

㉒参见：Larry Arnhart，*Darwinian Natural Right*：*The Biological Ethics of Human Nature*（Albany：SUNY Press，1998）。

第七章　谁得到增强

人类大众并不是生来就在背上放着马鞍，准备好供少数受上帝的恩典和偏爱的鞭策者穿着皮靴，戴着马刺，合法地驾驭他们。

——托马斯·杰斐逊（Thomas Jefferson），1826[①]

花絮："回春"治疗

该他自己发球了，比分是40比0。第一局6比0。现在是第二局，5比2。简直精彩极了。

多诺万闭着眼趴着，利用他体内的通信系统观看温布尔登网球赛。半决赛已经因为下雨暂停一个小时了，但是这次中断对可怜的惠姆·特金顿一点帮助都没有，他还是被那个自命不凡的委内瑞拉人费利佩·卡多佐打得溃不成军。

到特金顿发球了，他的球速达到每小时340千米，是最快的球速之一，但跟卡多佐打起来并没有用——这家伙的反应就像机器人的抓握一样。卡多佐一直接住发球，有时还稳稳地击回一球。令人难以置信。

观众发出热烈的欢呼。“请安静。”裁判员低声说道。

多诺万皱了皱眉。近几年，特金顿这个上届冠军因为用了特殊的感官植入装置和肌肉增强剂引起了各种争议，而这个卡多佐又把争议推向了一个全新的高度。他的父母都是20年前的网球冠军，他们去了瑞士的一家特殊诊所，让他们的儿子接受了基因工程改造，就是为了现在这一刻。他的反应力和肌肉张力被设计得更强，手眼协调能力被调整到了最强，心理描写能力也被调到最强，在压力之下能够保持镇静。卡多佐就像某种超级动力猫。即使在他没有打球的时候，他动起来也像只猫。这比赛看起来有点吓人。人们都说他也有猫的脑子。但是，他打起球来和任何人都不一样。他掌控全场，这个场地就像是他身体的延伸一样。

多诺万下了一个精神指令，打开了电视图表，调到331频道，一场在威尔士的飞地上举行的非现代温布尔登网球赛就转播了出来。没有植入装置，没有药品，也没有基因调整，只有老套的策略和决心。

他认出了那两个运动员。阿塔纳西要发球了。他第一局以3比2领先施密特。阿塔纳西扔出球，向后仰身，响亮地哼了一声，俯身把球打了出去。漂亮！就好像是慢动作一样，击球的力道弱了太多，动作也比在其他温布尔登网球赛上费力得多。发球一过场，多诺万便真真切切地盯住。跟温布尔登主场的闪电击球和机枪节奏相比，这就是一场暂停在另一个时间轴上的游戏，就像在蜂蜜里浮起的泡沫。

“罗斯先生?”

多诺万睁开眼，切换到了电视图标上的暂停。他抬眼看着护士，审视着就在他身体上方的巨大机器。

“怎么了?”

“我们可以开始了。纳米已全部就位。你现在要让你的通信植入装置进入休眠状态。”

多诺万点了点头，躺回枕头上，再次闭上眼睛。他调出了主控台，选择了“全部休眠”模式，在流程开始运行的同时，给出了授权密码，然后看着小沙漏。5秒、10秒过去了，之后就是一片黑暗，他视野的右下角打开了一个小图标，显示“系统休眠”，然后它也消失了。

还是漆黑一片。他等待着。在过去的20年里，他经历了七次“回春”治疗，所以他知道流程。没过多久，机器就会嗡嗡作响，发出一声深沉且响亮的鸣响，然后他会感觉到纳米开始在他体内移动。纳米在他的身体所处的强大μ子场的能量支持下，将穿过他的细胞，咔嚓咔嚓、啃来啃去、修东修西，把那些无法修复的都切掉，再把废弃物运到他的血液中排出去。这大约需要3个小时。没有电视，也没有机电设备。只有他和他的思维，以及那种纳米在身体里的特别奇怪的感觉。

但是，一切都是值得的。那还用说吗？他每接受一次这样的治疗，都会感觉自己像中了 100 万美元的大奖。据官方估计，这样的治疗能使人年轻 32 至 50 个月。按实际年龄来说，他现在已经 78 岁了——他生于 1980 年，但扎莫拉博士将他的生理年龄调整到了 46 或 47 岁。如果他坚持下去，再配合锻炼和药物治疗，他有望在未来几年内将年龄倒回到 30 多岁。

像他这样在基因改造之前出生的人会受到某种限制，而对于出生时间更晚、也就是他女儿的那一代人来说，可能性就更大了。他们可以几十年如一日地保持着 25 岁的样子。

在过去的 300 年间，人类的平均寿命一直在稳步增长，现在男性约为 155 岁，女性约为 160 岁。这个寿命要比以往任何时间都健康得多：大多数人在生命的最后 10 年仍能保持精力充沛且头脑清醒。

然而，倒退的出现总是迅速且无法逆转的。

一些边缘科学家正在谈论无限期地暂停衰老过程，这样一来生物钟基本上就会停止，除意外或自杀等之外，再也没有人会死去。但这仍是幻想——目前还是。

“回春”治疗跟其他精神和身体增强手段一样，几乎已经是生命中必不可少的一部分了。这是一种基本权利，就像教育和医疗一样。如果没有跟上技术的最新进展，跟上其持续不断的更新换代，你就会迅速成为一个可怜的遗物，被周围的其他人彻底超越。

几十年前是没有选择的，但是为了建立这样的制度，只能模仿英国、瑞典和德国。每个人都要支付生物税，且税率与收入挂钩。每个人都享有全民医疗保健，其中包括可终身接受的所有主要的增强项目。支付了相当高昂但仍在大多数人的承受范围之内的自付费用之后，就可以选择任何合适的选项。对那些真正的穷人来说，一切都是完全免费的。

有些政党也曾跳脚和尖叫抓狂，但之后他们看到了另一种选择：将人类分裂成生物等级。穷人在悲惨和愤怒之中越陷越深，被生物学本身一步步地困在他们的命运中。而每一代富人都能使自己和孩子得到增强，成为优越的一种人。

“2044 年的生物增强”是一个转折点，它就像野火一样从一个大洲传播到另一个大洲。自那之后，大多数公民都投票支持这种新制度。如今，如果你想要非现代，那只是你自己的选择。但每一个公民，无论贫富，无论在这个星球上的哪个地方，只要他想要，都可以平等地接受最新的增强技术。

至少原则上是这样。当然，多诺万知道在实践中并不总是这样。世界上的某些地方仍然比其他地方更穷。在世界上的每个地方都存在一些仍然比其他公民更平等的公民。总而言之，他确信这大概是能合理预想到的最公平的技术分配。

“罗斯先生，”体内通信系统中传来一个声音，“我们在您的下结肠上发现了一块小的良性息肉，接下来的几分钟内纳米会处理它。它工作的时候，您可能会感到腹部的温度会有所升高。如果温度过高就告诉我们，我们可以放慢速度。”

“好的。谢谢。”

果然，他感到自己肚子的温度在慢慢升高，一直到肚脐的左下方。但一点儿也不痛苦，更像是打开了他体内的加热垫。

他听着自己心脏的砰砰声和呼吸的柔和的节奏。

“好好干吧，小家伙。”

按照我在这里的设想，到21世纪中叶，社会将为公民提供各种各样的生物增强技术，不妨称其为“基本系列”。它不需要大刀阔斧的疯狂改造，比如加装翅膀或者把某人的意识下载到强大的人工智能中去。相反，它包括我们已知的、许多人可能想要在未来得到的各种增强——它们是人类今天已经高度重视的特征和能力的拓展和延伸：更好的健康、活力和身体协调度，更美的外表（无论如何定义），更强的心理敏锐度和认知能力，能随心所欲地微调情绪状态的能力，以及能够通过直接界面控制机器并与他人交流。我们也许可以推测，其中一些增强需要借助药物实现，其他的则需要借助生物电子设备，还有一些需要借助体细胞、遗传或胚系基因改造。此外，这些还很有可能会互相配合发挥作用，例如，药物和遗传修饰就是共同发挥作用来延长健康寿命。

新的等级制度

许多效果最好的生物增强的费用可能都很高，就和今天许多复杂的医疗程序的费用也很高一样：它们需要经过大量的科学研究、动物实验和长期的临床试验后才能进入市场。那么，是不是有钱人才是所有主要利益的受益者呢？这样不会让贫富差距越来越大吗？

在我们这样的自由市场社会中，增强技术的出现可能会产生“一种”新的不平等，甚至比当今的社会经济差异更加棘手。在当代社会，如果一个人出生在一个贫穷的家庭，他成功的机会当然会非常有限，但他仍然心存通过天赋、努力和运气的共同作用摆脱贫困的现实希望，这也是美国梦的核心前提：即使是出身最卑贱的人，只要有聪明才智和坚持不懈的精神，也可以通过个人奋斗提升自我，走上拥有强权和特权的位置。即使很大程度上来说这不过是一个神话——统计数据显示，极少有人能够真正地成功，以实现这种戏剧性的自我提升——但这依旧是一个强大的神话。②

然而，在生物增强的世界中，这种乐观的神话也不能再持续下去了。再多的运气、努力和毅力都不能使我比一群经过精心改造的人更有竞争力，他们更健康、更长寿、更好看，他们有着增强的认知和强大的记忆力，同时能够与机器和其他人进行更高级的生物电子连接。在这种情况下，在比赛开始之前，我就发现自己已经无可救药地被淘汰出局了。与电影《千钧一发》中令人安心的情景不同，这并不是一项可以被纠正的大工程。它是一种结构性不平等的激进形式、一种相对的障碍，没有恢复的可能。

人类所有能力都来自人体组织本身，而它在基本层面上已经呈现出了极大的不平等，这种不平等适用于所有种类的人。较低阶级的人将无法提升他们的相对地位，这并不是因为特权、歧视或裙带关系在他们面前造成的任意障碍，而是因为他们的身体和思想本身客观上较差的表现。

所以，我们在这里看到的是一种正在兴起的等级制度，但这一制度并不以外部的社会地位为基础，就像印度长期实行的从婆罗门到贱民的阶级种姓制度。[③]相反，这种21世纪的等级制度将基于实实在在的、广泛的能力差异。即使这样一个社会的成员抵制住了公然将人们分为相应的等级的诱惑，最终仍然会形成一套不合理且真实的阶级层级：顶层享有权力和特权，而底层只有脆弱不堪和处处受阻。

更有甚者，每过一代，富足者和贫困者之间的差距就会更大。如果你是那些幸运的少数人，可以接触到强效的增强技术，那就可以选择增强你自己和孩子的能力，从而使你经过增强的后代拥有更强大的能力，使他们能够进一步获取更多的资源和权力，为他们创造进一步提升后代特质的途径，诸如此类，进入一个几代人的自我增强循环之中。而与此相反，如果你无法接触增强技术，那你可就不走运了：你和你的后代将会被无限期地困在底层，突破的希望也会越来越渺茫。

我对工业化的民主国家的公民能够容忍这种以生物为基础的等级制度的出现深表怀疑。它与平等这一民主社会建立的前提背道而驰，即所有公民不仅在其基本的尊严上是平等的，在发展和表现其人格的全部潜力方面也是平等的。托马斯·杰斐逊在他生命中写的最后一封信中生动地表达了他对过去结构不平等的社会的蔑视：被选中的少数人穿着皮靴，戴着马刺，跨在许多人的背上。[④]如果享有特权者可以接触增强技术，就会无法避免地产生杰斐逊所描述的那种绝对的不平等，那么，唯一的解决办法就是彻底禁止这些技术，或者是找到一种能够让所有人都能使用它们的方式。由于全面禁令不太可能实施（其原因我稍后再做讨论），这就让使这些技术得到普及成为唯一合理的前进方向。

毫无疑问，每个国家都会根据其文化和政治传统，以其自己的方式实现全社会普遍使用技术的制度化。有的国家会依靠通过税收资助的单方付费模式，类似于当今欧洲西北部的医疗保健和大学教育体系。其他国家则会强调以美国体系为代表的私人自由市场保险模式。还有一些国家可能会尝试着将两者混合起来，提供补贴、税收减免和低息贷款的组合。但基本的前提是明确的：任何公民不愿接受的等级社会，都需要为其成员提供获得各种有力和有效的增强技术的平等权利（稍后我将讨论实现这种普及制度的实际问题）。

也许某些国家的统治阶级会拒绝提供这样的全社会的便利，而我怀疑这迟早会导致声势浩大的骚乱、剧变甚至是革命性的暴力。很难想象有哪一个底层阶级能够长时间地忍受我所描述的那种以生物为基础的等级制度。贫穷是一回事，而看到自己，自己的孩子、孙子甚至是重孙都被贬在一种无法逆转的地位中，是身体和精神上都处于不利地位的失败者，那就完全是另一回事。人们会因为权利不平等而抗争，如果他们遭到拒绝，就可能会有流血事件发生。

那些拒绝改造的人

很可能会有些公民拒绝接受任何形式的主要生物增强手段。对特定的宗教团体来说，任何部分改造人体生物特征的干预都是在道德上不可接受地“玩弄上帝”。在其他一些人看来，这似乎非常不自然，打破了几千年来人类生态通过进化构建的微妙的平衡。还有些人会因为它狂妄的技术和傲慢的完美主义而拒绝它。不管是出于什么原因，这些人都会拒绝增强技术，这既是为了他们自己，在很多情况下也是为了他们的家庭，他们选择坚持使用“人类 1.0 版本”。我将这些人统称为非改造人（即那些拒绝主要改造形式的人）。

目前尚不清楚非改造人和增强人能够在多大程度上并肩共存。首先，在增强技术刚兴起的几十年中，这两种人之间的差距也许并不会造成严重的问题。但随着时间的推移，技术的效果在不断地发展，他们之间的差距似乎也越来越大。说具体一点，让我们设想一个具体案例。现在是 2058 年，我是凯茜，是一个 24 岁的非改造人。我在大学里学习刻苦并且取得了不错的成绩。我申请在一家大型制药公司做实验室技术员。如果成功的话，这将是我毕业后第一份真正的工作。我的竞争对手是一个名叫吉莉安的年轻女孩，她接受的增强项目是一个许多中产阶级家庭都会选择的非常普通的版本。吉莉安看上去与我年龄相当，但事实上她已经 38 岁了。在此之前，她已经在另外两家公司获得过技术职位，并受到前雇主的强烈推荐。她能够集中精力一口气工作 8 个小时，只在午餐时间稍做休息。另外，我也注意到：连续认真工作数小时后，我就会变得很累，需要做一些强度没那么大的工作调剂一下，一直到每天结束的时候。吉莉安的精神敏锐度达到了可以同时处理 7 个实验，全天在实验室与实验室之间穿梭，同时还能够在她的脑海中一直区分每个项目的统计数据和参数。而我一次只能同时进行两个实验。我试着多做一点实验的时候，琐碎的事情就把我压垮了，然后我犯了代价高昂的错误。她直接通过她的脑机界面在实验室中操作机器人，这使她能够控制各种实验中所有最复杂的设备。而我仍然需要使用我的掌上电脑，这意味着一些机器仍然在我的直接控制能力范围之外，我必须请专业的技术人员帮我操作它们。在我们面试当天，我不幸得了感冒，感觉头痛得快要裂开了。吉莉安（很多年不生病了）感觉很好，并且展现出光彩照人且令人愉悦的个性。我们未来的雇主会雇用谁呢？

这两种人在社会层面上的巨大差异不可避免地催生出一种双层的社会经济体系。除非社会施行建立强制性配额计划的法律，要求雇主雇用一定比例的非改造人，否则不难看到最难得到和最理想的工作往往会到那些表现更好的人手中，而所有最卑微的角色总是会留给先进的机器人或是那些未经增强的人。

但是，有一项更加基本的水平，在这一水平之上经过增强的人类和非改造人可能会发现他们很难共存：他们的免疫系统可能逐渐变得无法相容。未来几十年，随着健康增强技术日渐强大，可能会出现耐药的病毒和细菌。这些病毒和细菌将会逐渐适应环境，变得更加强大和丰富，找到方法攻克我们更为复杂的防御系统。[5]对非改造人来说，这种持续的现象最终可能会造成生命危险。如果在增强人微生物的进化中不断产生更强大的超级细菌，那么有可能其中某些超级微生物就能很容易地击破相对较弱的非改造人免疫系统的防御屏障。在这种情况下，非改造人将面临一个选择：要么在道德上对拒绝增强做出妥协，接受一定程度的高级免疫增强，要么将自己泾渭分明地与增强人隔离开来。如果非改造人中有更多的核心成员选择了后者，那么他们只好开始穿上研究员在生物危害实验室中使用的各种防护服，或者将自己隔离在生物隔离的社区中，也许还会把自己用塑料圆顶封起来。

为了便于论证，我们不妨假设：大多数非改造人会服从必要性，进行最低限度的免疫改造，从而使他们能够和增强人安全地共存。那么，仍存在另一个核心问题：他们的能力水平将会系统地将其降低至经济和社会领域的较低阶层。对非改造人来说，一种可能的解决办法就是以自愿的自我隔离的形式联合起来，建立一块可以产生并行经济和社会的飞地。这样一块飞地也许可以产生自己相对独立的商品和服务交换，以及自己的学校、文化和社会活动。在这种情况下，非改造人将不再试图与占人类主导地位的增强人竞争，而是主要与其同类一起工作、竞争与合作。

有人也许想到了，我在这里想象出的形象就是阿米什人。他们同样选择了退出本国主流的经济和文化，拒绝各种各样的现代技术，成功保持了自我隔离，并取得相对成功。尽管如此，其影响仍然令人吃惊：在这种情况下，到 21 世纪末，看起来与你我一样思考和行动的人，将被比作今天的阿米什人。在一个注重能力不断提升的社会技术环境中，那些选择在生物层面保持不变的人，将会成为古怪的遗物——已逝时代的老顽固。

从我在本章中提出的各种论点中脱离出来，后撤一步来看，就能很清晰地知道增强技术并不是人们可以随口说出“接受或不接受，你自己来选”的那种创新。一旦有大量的人开始接受它们，就会对剩下的人施加巨大的压力：不加入就要承担后果。这种现象类似于 1800 年左右，工业革命初期发生在欧洲的事情。一旦英国发起了农业现代化和（特别是）纺织工业机械化，其他国家别无选择，只能效仿。德国或法国纺织工人自豪地拿出的老式羊毛和手工制作的服装与英国工厂规模经济下生产的廉价棉服根本无法相提并论。不论德国或法国的纺织工人喜欢与否，他们都得被迫采用他们的英国竞争对手的方法和策略。[⑥]

这种“挑战-反应”现象在经济和技术史上并不罕见：每当有一种新的突破，一种产品在质量、功效或价格方面优胜于其市场竞争者时，就会出现这种现象。[⑦]而生物增强技术前所未有的是，它们一旦被广泛采用，将在人类中产生同样的问题——反应机制。曾经我们谈到某种产品绝对不可能超越另一种产品，现在这种相同的逻辑也适用于人类。我们将在下面的章节中一次又一次地遇到这种现象：“人”和“产品”之间模糊的界限可以说是增强技术的一个明确特征。

注　释

①Thomas Jefferson，letter to Roger C. Weightman，June 24，1826，http：//www. nobeliefs. com/jefferson. htm.

②Jim Cullen，*The American Dream*：*A Short History of an Idea That Shaped a Nation*（New York：Oxford University Press，2004）；Michael Zweig，*The Working Class Majority*：*America's Best Kept Secret*（Ithaca，NY：ILR Press，2001）.

③Narendra Jadhav，*Untouchables*：*My Family's Triumphant Escape from India's Caste System*（Oakland：University of California Press，2007）.

④Jefferson，letter to Weightman.

⑤Karl Drlica and David Perlin，*Antibiotic Resistance*：*Understand-*

ing and Responding to an Emerging Crisis（Upper Saddle River，NJ：FT Press，2011）；Brad Spellberg，*Rising Plague*：*The Global Threat from Deadly Bacteria and Our Dwindling Arsenal to Fight Them*（New York：Prometheus，2009）.

⑥David Landes，*The Unbound Prometheus*：*Technological Change and Industrial Development in Western Europe from 1750 to the Present*，2nd ed.（New York：Cambridge University Press，2003）.

⑦Ruth Cowan，*A Social History of American Technology*（New York：Oxford University Press，1996）；Sheila Jasanoff et al.，eds.，*Handbook of Science and Technology Studies*（Thousand Oaks，CA：Sage，1995）.

第八章　一个分裂的物种：生物学骨子里的文化偏好

不论过去还是现在，无数最美丽和最奇妙的生命形式竟是从如此简单的起源开始进化的。

——查尔斯·达尔文（Charles Darwin），《物种起源》（*On the Origin of Species*，1859）①

用表观遗传学改造我们自己

正如我之前所描述的，未来几十年可能会有两种可行的人类基因工程。一种是需要在受孕后即刻改变个体 DNA 的种系改造，另一种是针对调节 DNA 表达的分子机制（同时保持基础 DNA 不变）的表观遗传修饰。原则上，这两种方法都可以对个体的身体和心智进行强有力的改造，但是表观遗传的方法具有两个主要优点。种系改造是一锤定音，其结果是固定的而且无法挽回；而表观遗传修饰将随着时间的推移变得灵活、可挽回，而且可以升级。此外，种系工程必须要让父母代表他们刚刚孕育的后代进行，而人的一生都可以进行表观遗传修饰，并且随着时间的流逝（在大多数情况下）都会得到自己选择的结果。

对于某些野心勃勃、渴望培养出“最好”的孩子的夫妻来说，通过种系工程创造出一个“设计师宝宝”的想法，乍一看似乎无法抗拒。可是这样的父母很快就会发现自己面临着一系列艰巨的挑战。如果改造过程出现了错误或异常，他们无法挽回的畸形后代将会面临一生的困苦，而他们自己也将与医生和遗传学界一起承担部分责任。第二个挑战就是要避免让其经过部分改造的孩子背上沉重的期望负担。如今已经有家长在这方面陷得很深，他们逼迫自己的孩子成为医生或伟大的网球运动员或其他一些偏执的专业人士。种系改造技术将迫使未来的父母比以往任何时候都更清楚地表达他们的偏好，因为他们选择增加其后代的某些特征，从而排除或淘汰其他人。在这种情况下，如果他们的孩子没能表现出他们所期望的表型，或者没有按照他们希望的方式表现出来，那么父母就更难避免随之而来的失望感。有一些特别愚蠢的父母甚至可能会起诉那些负责监督孩子改造过程的基因组公司，想把钱要回来。

此外，开始种系工程的夫妻需要找到成功沟通特征选择的方法。我们可以预期这会对婚姻关系造成新的压力，带来不少离婚的案例。毕竟这种选择并不像在经销商那里或者度假胜地挑汽车——它涉及的赌注已经高得不能再高了，几乎影响到了家庭现在和将来的方方面面。许多人都缺乏这种人际交往能力，来化解这种重大决策上根深蒂固的分歧。

解决这一困境的一种可能的方法是让父母双方妥协，把一方所希望的特征换成其配偶所希望的另外的特征。还有一种可能的方法就是父母中的一方做主决定第一个孩子的特征，另一方则在决定第二个孩子的特征的时候有绝对话语权。然而，这两种情况都有可能种下前所未有的怨恨之根。在第一种情况下，我可能会挖苦和指责我的配偶为我们的孩子选择了某些导致不良结果的特征："是你坚持要有极致的音乐能力，现在他就知道一天到晚和他摇滚乐队的那些吸毒仔混在一起!"在第二种情况下，人们可能希望每个父母都能与主要由他或她设计改造的孩子建立特别强烈的联系，这反过来可能会成为强大的压力源头，不仅会影响夫妻之间的关系，还会影响夫妻和孩子之间的整体的家庭动态。孩子会因为其特征而变得更像"你的"而不是"我们的"吗?

此外，从孩子的角度来看，种系改造也会引发同样令人不安的道德问题。知道我的父母已经调整了我的种系，我自然希望知道他们为我选择的设计标准是什么。我可能会充分地认识到，我的基因并不是靠其本身造就了现在的我。我会清楚地知道，我父母的遗传选择最多只能对我的性格造成部分影响，而不是我的具体特征的精准决定因素。尽管如此，仍然会出现令人不安的问题：我的偏好、品位和成就是否有一部分是源于我出生之前就被编辑好的倾向?比如，如果我成为一名颇有成就的音乐家，并热爱创作音乐这项事业，我可能还是想知道：我在多大程度上只是在呈现爸爸妈妈为我做的这个选择的事实?我极为享受创作音乐这件事本身，也是因为通过一个接头插入我的基因的某些倾向性因素吗？这些成就真的是我自己创造的吗？

所有这些深刻的问题都是种系工程所固有的，它们在一定程度上仍然存在于进行表观遗传修饰的家庭中，但将以更加有限和易于管理的形式呈现出来。某些旨在增强疾病抵抗力或身体耐力的表观遗传修饰可能是由父母代表他们的婴儿和幼儿进行的，但如果成年的孩子选择不保留这些改造，那么也可以之后再改回来。这些改造可以进行升级，而且不会遇到种系改造所面临的不可避免的过时问题。最重要的是，针对个体性格的核心特征——个性、情感、精神敏锐度——的表观遗传修饰可以让每个人在成年后再做判断。父母没有必要再背负将自己的喜好强加给未出世的孩子的道德负担，而是可以让每个孩子在成年后自己做这个决定。

这种实际情况和道德优势的结合可能会让大多数家庭都选择表观遗传方法（假设经过证明它是可行的），并拒绝种系工程。随着时间的推移，塑造自己的性格和心理生活的能力成为人类实现自我管理的决定要素之一。种系工程将以基本且不可避免的方式违背这种自我管理，而表观遗传修饰将为个人进行自己的判断和选择敞开大门。[②]我在某种程度上是被完全重新设计的，我希望能够成为设置参数的人。在我的一生中，我将做出一系列决定，决定我希望修改自己的哪些受遗传影响的特征。我将在这一过程的每个阶段，调查市场上可提供的选项并挑出最适合我的。之后，随着年龄的增长，我的品位和喜好也逐渐发生变化，我可能会选择撤销一些之前所做的选择，并做出新的修改，带来完全不同的性质。由此一来，表观遗传技术就会为全人类开辟一个自我发现和自我塑造的新世界。

那么，问题也就来了：人们会做出什么样的选择？结果又会是怎样呢？

流行特征

如果生物增强技术出现在了自由市场消费经济中，那么它们很可能会受到通常影响大多数消费品的各种风格和时尚的影响。人们对百忧解或利他林等认知促进药物的欢迎程度的上升和下降，使我们对未来人类采用增强药物的模式有了一定的了解。与此类似，生物电子植入设备也可能会跟着采用我们今天所看到的设备的各种炒作和噱头，就像苹果手机和谷歌眼镜一样。表观遗传干预同样也会服从于消费者的偏好和不断变化的市场供应，由此才能以时兴的形式出现。

当今社会给孩子起名字就是一个非常具有借鉴意义的例子。某些名字的热度一年一年地从高变低：女孩有“艾米丽年代”，男孩有“雅各布浪潮”。[③] 相似的是，我们可能会发现，基本的生物增强情况也遵循着类似的模式——“音乐的 70 年代”或“金发的 90 年代”。虽然这听起来有些无聊，但我们能够得出一个重要的结论：在这样的世界中，在塑造我们的生物构成时，文化的影响要比今天更大。[④]

假设在一个社会中，大多数公民都坚信女性应该比男性更具有同情心和养育情结，而男性应该比女性更有自信和竞争力。一旦这些人拥有了可以调整其性格特征的表观遗传工具，他们中的许多人都会为自己选择能够反映这些性别刻板印象的个人品质。结果，在这种社会秩序中，几代人之后，这些特征将逐渐成为人的生物代表。无论最开始是否真的“天生”或“天然”地——女性更具同情心，男性更具竞争力——这种情况都可能会变成许多公民越来越多的案例设计选择。刻板印象将逐渐深植于人类的表观基因组中。

要想避免这种充满问题的结果，我想并没有什么简单的方法。我们无法逃避我们是文化生物的事实，我们的世界观带着我们成长的特定社会和历史背景的印记。每当我们做出任何一项重要决定，这些文化因素都会不由自主地发挥作用，当然，其中也包括我们对增强技术的选择。结果就是，在许多情况下都将产生一种自我实现的预言，在这种预言中，文化规则将对生物倾向产生强有力的影响。

同质化

想象一下，你自己和你的房地产经纪人一起开车穿过当今美国一个大城市的郊区，想买一所房子。你转弯拐进了最近刚刚开发的中高档社区，去看几所房子。没一会儿，你就发现，几乎所有房子都有着相同的各种属性：高高的天花板，皇冠造型，硬木地板，精心设计的厨房，等等。美国人喜欢把自己视为坚毅的个人主义者，但这样的社区表现出来的东西并非如此。说到底，我们之中的很多人想要的东西都非常相似。⑤

当然，人们并不会过分夸大这一发现。许多美国人要么负担不起这种生活方式，要么能负担得起，但又憎恶这种生活方式，想要在城市的偏远地区摸索出一种不那么程式化的生活方式。尽管如此，在美国住宅的整体情况中，这种社区的绝对统计数量之大，不可能仅仅是巧合：它在很大程度上揭示了人们——也许是大多数人——相互重合的品位和愿望。[6]

这种“同质性因素”是否会扩展到增强技术领域？我想不出不会的理由。可以确定的是，选择身体和心灵的品质与选择房子或汽车的特征是完全不同的，毫无疑问，大多数人也都能完全理解这一点。但是，除了同样能够决定他们对生活方式的选择的基本价值观、目标和愿景之外，人们还以什么作为他们做出特征选择的依据呢？他们怎样选择生活以及怎样为自己选择特征，都源于同一个潜在的价值核心。而对绝大多数人来说，这些价值观都会带来趋同和同质化的选择。[7]

如果你由此得出结论，认为经过这一过程的人的外表或想法都差不多，那你就错了，就会掉入基因决定论的陷阱。即使是同卵双胞胎，通常也会有非常不同的个性和能力。因此，同样的，遗传/环境因果关系动态的、不可预测的性质会继续对人们的表型特征造成强大的“干扰”。尽管如此，仍然存在这样一个事实：人们潜在的表观遗传和表型多样性可能会逐渐消失。有一些特征在这些人中会更为普遍，其他特征则将被统统挤到一边。“克隆一代”的视觉形象完全是误导人，但可以准确地说，作为一个群体，一些惊人的模式和规律无疑将成为这些男性和女性的特征。[8]

身份形象：我选择了哪类人来组成我自己

我们所选择的生活方式能向他人反映我们独特的身份特征。[9]比如我开着普锐斯、脚踩博肯凉鞋、吃着素食，这将向我的社交圈中的其他人反映出我某种特定的身份。这和开着悍马、穿着牛仔靴和吃着大量红肉所表现出来的形象完全不同。当然，这些仅仅是刻板印象，但在人们的脑海中是心照不宣的。如果一辆大型的黄色悍马停进了我旁边的停车位，而走出来的司机穿着运动式的博肯凉鞋和提倡枪支管控的T恤，我一定会吓一跳的。我的身份识别会因此而混乱。

增强技术将增加强大的新"典型特征"，并通过这种特征进行自我分析。你如何决定改变自己，慢慢地重塑你自己的身心特征群，将说明你是一个什么样的人。你通常服用哪种增强药？安装了哪些生物电子设备？你为自己或孩子设计了多少最新的表观遗传调整？所有这些选择将传达一种个体独特的"增强风格"，为人们构建自己的身份，并向他人反映这种身份。这正是因为增强技术让人们在塑造自己的性格方面有了更大的发言权，还会迫使人们更清楚、更公开地表达他们的喜好："我想成为这类人，不是那一类。"因此，这些技术会在明确地编辑标签和分组时，强调个人对自己和他人的倾向的思考。

毫无疑问，推广增强技术的公司将会率先抓住并利用这种文化趋势，随意地使用某些标签来描述他们自己的增强产品，而生物技术公司会相应地为这些增强量身打造一系列捆绑式的改造技术。例如，如果有很多人开始将特定的一类认知增强看作"智慧的形象"，相应地，增强界很有可能会推出如下产品：智慧团，洞察组，智慧群，天才包……因此，随着时间的推移，流通于传统文化中的非正式增强类型和流通于消费经济中的产品营销包会相互促进，从而使身份形象进一步锐化。

专业化分工

目前的一些职业需要相当程度的培训、教育，甚至要让从事它们的人做好身体准备。例如，有人认为，运动员在为奥运会做准备的时候会改变自己的身体，小提琴家在试奏交响乐团的席位之前必须经过多年的日常练习。我们可以期待，在未来的几十年中，这些职业的专业化将对人们为自己选择的增强改造产生重大的影响。运动员可能会通过主管官员允许的各种办法来增强他的能力和敏捷度；小提琴家会使用各种药物、生物电子学或表观遗传学的干预，来增强他的灵活性、专注力以及区分音色和音高的细微差别的能力。

随着时间的推移，求职者中的这种趋势有可能会导致就业市场的竞争更加激烈，未来的员工也有可能在这样的市场中进行更高程度的自我增强。例如，有兴趣成为律师的人不仅需要展示自身的分析能力和杰出的教育背景，还要有（通过化学药品和生物电子设备得到增强的）准确的记忆力和极高的智商，要具备（通过药物和表观遗传干预获得的）在压力下长时间工作的能力、（由生物电子设备和虚拟现实技术磨炼出来的）演讲和修辞技巧，以及在法庭上传达信誉、权威和声望的风度。

当然，有些行业并不需要这种提前的专业化。在快餐店工作或在某人的房子里画画，可能不会像极具声望的高薪工作那样，需要那么强烈的自我塑造。但这也正是关键所在：越理想的职业越会使人们更加狂热地追求增强竞争力，因为它们收到的回报更可观，职位更少，所以更难得到。这种现象可能会使人们更难转换职业，因为他们会发现自己正在与其他已经改造过身体和智力的人竞争，而这些人专门为该工作做了特别的调整，使自己更加突出。

有的父母可能想要跳过这个竞争过程，刻意为他们的后代选择某种特定的遗传倾向配置，希望这些增强的种系或表观遗传特征能够让他们的孩子成年后更有优势，能找到更加理想和高薪的工作。虽然这些父母可能很清楚这并不能保证特定的职业结果——你不能把你的孩子设计成一名医生——但他们会赌自己的孩子会接受基因预定，导向特定的职业道路或范围缩小后的职业选择，以换取这些职业能带来的经济回报和高声望。

随着时间的推移，这种现象可能会产生相当令人不安的副作用：将人聚在一起，经过职业的定义将其变成一个个同质化的群体。作为个体，这些人的外表和行为可能彼此完全不同，但是跳出来把他们看作一个整体的时候，你会因他们的身体和心理的共性而震惊。可以肯定的是，人们今天已经能看到这种现象的迹象：如果你去参加一个大多数客人都是医生的晚宴，整体风格就会与大多数客人都是音乐家和词曲家的派对大不相同。而增强技术会增强（也许是大大增强）这种趋势。

新的偏见

在当今社会中，一个抱有偏见的人别无选择，只能以相对肤浅的属性或一般类别的行为来建立他令人憎恶的刻板印象，比如肤色、性取向或宗教信仰。[10]但是在这里，这个抱有偏见的人遇到了一个基本的问题：他想要对人做的大多数恶意的概括显然是不真实的。一个种族主义者可能会断言说黑人比白人更蠢，但我们其他人可以自己看出这就是无稽之谈。刻板印象固有的不准确性自动减弱了它的力量，至少在愿意公正地观察的人眼中是这样的。[11]

然而，在增强技术的世界中，所有这些都可能改变。有的少数群体可能会和多数群体产生前所未有的差异。根据他们选择的改造形式，他们可能会具备使其与大多数其他人区别开来的真实能力：奇怪或极端的药物习惯，强大的生物电子植入装置和其他人很少使用的假体，以及表观遗传倾向赋予他们尤为怪异的生物特征。他们与其他人的差异，远比某种“发明”出来的或故意夸大的区别更为真实可见，更令人印象深刻。当你走在街上，遇到某个经过高度改造的人随便做几件他能做的特别之事时，他最让你吃惊的整体品质就是他明显的差异性。

在这一点上，预计会出现一种新的偏见。正是因为它是以能力、生物和具体技术上的真正不平等为基础，所以它会比之前的偏见影响更大、更难化解（其恶劣程度足以摧毁整个社会）。善意的人以克服这些新差异为追求，他们不得不更加努力，以展现能够把“我们”和“他们”联系起来的潜在的人类共性。他们必须表明：尽管“我们”和“他们”的特质之间存在着不可否认的差异，我们仍然同样具备足够的品质来寻找能够囊括两者的更深层的人类身份。

这些新的偏见可能会被分为两个基本类别：一种是非改造人和改造人之间的分裂，另一种是改造人内部的分裂。很难说这两种偏见哪一种更强。当然，将非改造人与改造人区别开来的鸿沟将是既深又广，但正是由于这个原因，经过增强的多数人实际上更容易带着仁慈和尊重来对待非改造人，就像今天许多美国人对待阿米什人那样。可以想象的是，只要非改造人接受了他们独立（且从属）的地位，“活着”和“让你活着”都是可以实现的。[12]

不幸的是，在增强人之中，产生怨恨、负面的刻板印象和循环上升的仇恨的机会将会很大。比如让我们只考虑一个简单的特征——智力。在今天的世界里，如果你比我聪明得多，我可能不会喜欢，但我可以同你和谐共存。这不是谁的错，只是抽奖的运气问题，我耸耸肩，继续尽我所能过我的日子。然而，当这种认知差异成为增强选择的结果时，我会更容易憎恨我们之间的这种差异。你服用的提高敏锐度的药物药效更强，你的生物电子设备可能比我的效果更好，因此，我的表观遗传修饰不如你。无论是出于什么原因，我都要不断面对这样一个事实：这不仅仅是一个盲目的运气问题。我一直都清楚，本来可以不这样的。我对自己有限的能力的失望会自然而然地化为沮丧、羞辱、嫉妒和愤怒，特别是如果你在炫耀你的过人之处。

在这种情况下，如果我的心理反应是抨击你，那就完全可以理解了（当然，这并不值得称赞）。[13]我可能会告诉我们共同的朋友，你是个缺乏常识的蠢蛋，感受不到自己的情绪。我可能还会把你描绘成一个异常的、近乎怪异的、片面的人。我也会对与你能力相同的人给予同样的否定评判，从而种下一颗新的负面刻板印象的种子，使它在更广泛的文化中传播。

当我们调查可能产生这种“腐蚀”现象的增强特征的数量和种类

时，其结果发人深省。抗病能力、精神敏锐度、年轻、与机器互动的能力、与其他人进行生物电子通信的能力，以及个性和性格的吸引力，所有这些都会让有些人毫无怀疑地认为自己已经握住了杠杆较短的那一端，会产生不断加深的负面心理反应。此外，嫉妒和怨恨很容易演变为更强烈的情绪，例如反感和彻底的道德谴责。我可能会断定你改造的部位很奇怪或很诡异，或者你的想法和感受已不属于人类的范畴。通过这一系列不断升级的判断，最后得出的“合理”结论将是：你不再是我们中的一员了，你是个怪物、一个令人憎恶的人。

这是个可怕的前景。如果不是因为人类在其历史中已经表现出了这种过激地、非人性化地描绘和对待彼此的倾向，我很可能会认为这种前景既极端又不可能。例如，有人想起了 20 世纪 90 年代南斯拉夫内战的例子：长期相处的邻居和朋友之间突然以惊人的速度分裂出民族和宗教的阵线，他们不惜彼此憎恨和妖魔化对方，他们心怀愤怒，以酷刑、轮奸和谋杀对待对方。[14]而究其本源，所有这一切都发生在本质上并不是非常不同的人之间。

如果南斯拉夫的故事是一个罕见的特例，那么它的影响可能并不会那么令人不安。但事实恰恰相反：像这样数不清的破坏性的分裂和冲突，已经在漫长的人类历史中留下了深深的疤痕。不幸的是，在增强技术的世界中，未来一百年的和平缔造者、调解者和调停者也有不少的工作要做。

等一下，当你重读这一章时，你可能会想：有一个很大的矛盾！首先，我认为流行特征和趋同的品位会逐渐使人们在各个方面更加“相像”。接着，我却采用了看似完全相反的思路，推测个人和群体的身份形象可能会变得更加突出和更加不一样，而人们在能力方面的深刻差异可能会变成怨恨、偏见和仇恨。然而，如果我们考虑到人们想要把自己划分成不同的类别和派系的倾向，这种矛盾就会消失。届时，我们将会看到：人类被划分成种类越来越多的小群体和小团体，并且群体之中同质性更强，群体之间的差异更大。从这个意义上讲，增强技术的悖论是它们将同时形成两个看似矛盾的挑战。人类将不得不更加努力地在他们的群体中坚持自己的独特性，而团体和集体也将不得不更加努力地找出彼此共同的人性。

简而言之，这些技术将会加剧人类的整体分裂。毫无疑问，这一过程将在未来的几十年中循序渐进地展开，同时也几乎令人难以察觉，但它将在人类社会中创造出新的分裂和紧张关系。我将会在后面探讨一些策略，避免这些离心力让我们的社会四分五裂。

注　释

①Charles Darwin，*On the Origin of Species*（1859），http：//darwin-online. org. uk/converted/pdf/1859_Origin_F373. pdf.

②关于这些问题的探讨，详见本书同步网站附件O。

③“Popular Baby Names by Year，”http：//www. babycenter. com/baby Name Years. htm；Joyce Gramza，“Baby Names and Fads，”May 4，2009，http：//www. sciencecentral. com/video. 2009/05/04/baby-names-and-fads/.

④近几十年来，科技史学者和科学哲学家们已经令人信服地阐释了

生物性状尤其是基因影响性状的社会构建。他们经常利用耳聋这个生动的例子来解释。大多数人倾向于认为耳聋是一种直观的生物性状：要么听得见，要么听不见。如果我们听不见，那么我们就有了一个必须学会如何接受的障碍。然而，事实证明问题并不这么简单。许多耳聋的人坚信，耳聋根本不是一个障碍，而是一种社会身份形式：对他们而言，耳聋是另外一种构建感官和社交世界的形式，这种形式具有自己深刻的价值，是任何东西都无法替代的。这些人主动选择保持耳聋，并且生活在聋人社区丰富的文化圈子中，即便科技发展给了他们恢复听力的选择。换句话说，聆听声音的生物能力并不是一种绝对值得拥有的人类性状。对我们这些天生就能听见并且一直生活在“能听见”的主流文化中的人而言，这种能力似乎是绝对想拥有的，但对所有在聋人世界中长大的人而言，它并不具有清楚和确切的价值，有些聋人夫妇还刻意让他们的孩子变成聋人，好让他们能完全融入聋人的世界。他们坚定地认为，自己是在对孩子进行增强。

这个问题不断引起争议，但不管我们选择哪种立场，我们都能得出这样的结论：根本没有“纯粹生物”的人类性状。我们所有的性状本质上既是生物的，又是文化的，因为我们在体验这些性状，思考它们对我们的影响时，不可避免地会对它们进行解读。有关性状的“社会构建”，参见：Shilling；Hacking；Truner；Featherstone；Hepworth and Turner；Barnes and Dupré；Fausto-Sterling；Kourany；Thacker；Sargent；DeGrazia；Bijker，Hughes，and Pinch；Locke and Farquhar 有关人性、身份、人类尊严和残疾人研究的在线书目。有关聋人文化研究的著作，参见：Michael Parker，“The Best Possible Child,” *Journal of Medical*

Ethics 33，no. 5（May 2007）：279－283，以及本书同步网站中 Padden and Humphries，Lane，Davis，Albrecht 有关人性、身份、人类尊严和残疾人研究的在线书目。同时参见：Gregor Wolbring，“Confined To Your Legs，” in *Living with the Genie*：*Essays on Technology and the Quest for Human Mastery*，ed. Alan Lightman et al.（Washington，DC：Island Press，2003），chap. 8；Gregor Wolbring，“Science and Technology and the Triple D（Disease，Disability，Defect），” in *Converging Technologies for Improving Human Performance*，ed. Mihail C. Roco and William Sims Bainbridge（Dordrecht，Holland：Kulwer，2003），232－243。Wolbring 的这篇文章中有大量关于残疾人的社会构建的参考书目。

⑤Andres Duany，Elizabeth Plater-Zyberk，and Jeff Speck，*Suburban Nation*：*The Rise of Sprawl and the Decline of the American Dream*（New York：North Point Press，2010）.

⑥同上，chaps. 3－6。

⑦哲学家米歇尔·福柯对我们理解这类“均同”和“同质化”过程做出了巨大的贡献，他的许多作品系统地探讨了每一代人最基本的社交过程背后所隐藏的规范，研究了这些规范影响和约束人们的身份和伦理因素的方式，而这些因素奠定了那个年代的社会秩序的基础。参见：Hubert Dreyfus and Paul Rabinow，*Michel Foucault*：*Beyond Structuralism and Hermeneutics*（Chicago：University of Chicago Press，1983）；Michel Foucault，*Discipline & Punish*：*The Birth of the Prison*，trans. Alan Sheridan（New York：Vintage，1995）；Michael Bess，“Interview with Michel Foucault，” https：//my. vanderbilt. edu/michaelbess/foucault-interview/。

⑧在推测这样的人会是什么样时，还有一点值得注意的是，或许会有很多人不再受天生缺陷、遗传异常和遗传性残障的影响，因为使得生物增强成为可能的先进技术无疑将会大幅减少这类身体变异的发生。另外，假定未来一百年的增强技术完全没有瑕疵，这将是不明智的。我在第九章中探讨了这种“设计错误”的可能性。

⑨David Schneider，*The Psychology of Stereotyping*（New York：Guilford Press，2005）；Herbert Bless，Klaus Fiedler，and Fritz Strack，*Social Cognition：How Individuals Construct Social Reality*（East Sussex，UK：Psychology Press，2004）.

⑩George Fredrickson，*Racism：A Short History*（Princeton，NJ：Princeton University Press，2003）；Michelle Alexander，*The New Jim Crow*（New York：New Press，2012）.

⑪Helmut Smith，*The Continuities of German History：Nation，Religion，and Race Across the Long Nineteenth Century*（New York：Cambridge University Press，2008），chaps. 4，5；Neil Kressel，*Mass Hate：The Global Rise of Genocide and Terror*（New York：Westview，2002）；Fredrickson，*Racism.*

⑫然而，今天的阿米什人具有一个未来的非改造人所不具有的巨大优势——他们被一种基于爱、接受和谦卑等思想的宗教信仰所团结起来。这种信仰不仅构建了阿米什社区，让他们团结在一起，而且也为单个阿米什人注入了心理资源，让他们能够与其在美国社会中的谦卑和顺从地位和平相处。他们渴望得到的不过是他们为自己和子孙后代所选择的淳朴生活。相比之下，非改造人则没有这种共同的思想基础可以依赖：他

们的家人可能出于各种原因而拒绝改造，他们在很多方面都是互不兼容的。尽管都坚定地反对增强技术，但他们彼此之间存在深刻的不同，他们中的很多人毫无疑问将会憎恨他们在社会中的从属地位和边缘地位。这将给他们带来一个不小的挑战，尤其是这一问题会一代又一代地波及他们的后代：他们的后代中有很多无疑将拒斥先辈不改造的选择，从而走进诱人的增强世界。非改造家庭和群体中的离心力远比今天的阿米什人之间的离心力要强大。John Hostetler，*Amish Society*（Baltimore：Johns Hopkins University Press，1993）；Steven Nolt，*A History of the Amish*（Intercourse，PA：Good Books，2004）。

⑬Schneider，*The Psychology of Stereotyping*；Bless，Fiedler，and Strack，*Social Cognition*.

⑭Misha Glenny，*The Fall of Yugoslavia*：*The Third Balkan War*（New York：Penguin，1996）.

第九章　如果我来经营动物园：试探植物、动物、人、机器之间的边界

理性沉睡，心魔生焉。

——弗朗西斯科·戈雅（Francisco Goya），1799[①]

花絮：杰里米

苏西的诀窍就是从比较温和的案例开始。他跟着她走进了第一栋不算高的建筑，穿过一扇双层门，走进一个长长的大厅，大厅的两侧各有几十个不同大小的摊位，被高高的隔墙一一划开，一抬头便是天窗。首先感受到的便是气味，那气味如此强烈，让他差点捂住嘴巴。那是一种非常刺激的麝香味，并不是排泄物的味道，而更像是汗味。

她拐进了第一个隔间，里面有一个半透明的隔间顶棚，遮住

了下面的空间。她说："这些是绿猪。"

大卫盯着它们，那是六只在干草堆中哼哼叫的小猪。除了石灰绿的颜色之外，它们看起来一切正常。她解释说："它们的皮肤色素中被植入了叶绿素，可以直接把阳光转化成可用的能量，所以它们的食量只是普通猪的三分之一。基本上，它们就是长着猪蹄的植物。但是，这些家伙的问题是，它们的叶绿素水平太高了。如果完全暴露在阳光下，它们就会吸收太多的能量，那样它们会热到受不了的。所以，我们必须把它们放进紫外线过滤器里。"

大卫观察着这些生物，说道："它们看起来并不太开心。"

"是的。以赛亚，那边最小的那一只，被打得很惨，所以我们可能要把他分出来。其他家伙还不错。"

"让我猜猜，我的第一项重要工作就是铲一周的绿粪。"

她笑了，笑声清脆愉悦。"已经有机器人来做这件事了。我们的工作要难得多：要保证所有这些家伙不会太痛苦。"

"我以为飞地里几乎没有机器人。"

"没错。我们尽可能避免使用它们。但在清理猪粪这种事上，你赢不了它们。"

他笑了。这很有远见。他们这里并不像其他非改造人飞地一样去疯狂地拒绝技术，而只是想让技术保持原样。

他跟着苏西走进了下一个隔间。里面有三只猫，无精打采地躺在折好的毯子上。一条条细细的唾液从它们嘴里垂下来。"它们被注射了大剂量的镇静剂。"她解释说，"有人认为，如果他们能造出更像狗的时髦猫，就会挣到很多钱。你懂的，像狗一样摇尾巴、接东西。所以，他们改造了这三只母猫，加上了狗的基因。它们特别神经质。”

“为什么？它们干什么了？”

“不停地阻止任何移动的东西，完全停不下来。”

他笑道：“我知道西雅图的有些人会喜欢。”

然后，他看着她的脸。

“等你连续看它们这样做50次之后，你就不再会觉得有趣了。”

然后，他们去了下一个隔间。那里的小鼠都在紧张地抽搐。整个笼子被这些小鼠挤满了，它们抽搐着、颤抖着、晃动着、痉挛着。

接下来是一只无毛乌鸦，它灰色的皮肤松松垮垮的，上面长满了疮，从栖息的地方清醒地看着大卫。

有一条从头顶往下有六双眼睛的蛇。苏西说它的12只眼睛都可以看东西。

还有两只山羊躺在彼此身旁，它们的乳房巨大，胀得像粉红色的内胎一样。

四只专门为比赛而重新改造的小灵犬，它们的肌肉要比四肢胀大得多，所以小脑袋显得特别小。她说：“它们的关节炎特别严重。”

“怎么会有人能合法地做这种事？”大卫爆发了。

“别紧张。在这个案例中，研究人员说他们从开发这些小灵犬中学到的东西，帮他们治愈了许多人的肌肉退化病。”

他盯着她。

她耸了耸肩：“这可能是真的。”

“谁来为这些付费呢？”他指了一圈这座楼。

“这是一笔不错的小交易。外面的世界向我们送来幸存下来的、残次的动物产品，他们向飞地支付巨额的费用来人道地照顾它们。这样，他们的良心就能不受谴责。我们也能从这种安排中得到硬邦邦的货币，我们的经济总是在崩溃边缘，这正是我们迫切需要的。”她脸上露出一抹苦笑，“我们在为其他人赎罪。”

下一个隔间里是一群精神分裂的恒河猴，它们的胼胝体因为失败的脑机界面植入装置而被弄得伤痕累累。

还有有着部分原始人类咽喉的金刚鹦鹉。

雌雄同体的牛——绝经后的克隆实验事故的产物。

她带他来到了一扇侧门，“在午餐前，我还想让你见一个‘人’，就在那边的那间红色的小谷仓里。‘他’的名字叫杰里米”。

他跟着她走进谷仓。还是那股麝香味，只是更刺鼻了。从天窗里射进一束斑驳的光。整个地方就是一个钢条制成的笼子。笼子深处的角落里有一间由草和树叶盖成的茅草屋。

“杰里米，”她喊道，“有人来看你了。”

一片寂静。

大卫凝视着黑暗，他的眼睛适应着光线。墙上的全息屏幕亮了起来。几个字母显现出来，逐渐拼成了字：

“走开。”

大卫看着她，但她没有理他。

“来吧，杰里米。只需要几分钟，你就可以见到你的新朋友大卫。”

他发现，她说话的速度比平常慢得多。

又是一片寂静。然后，出现了字母。

“在睡。”

“不，你没有。你只是不友好。”

“拉粑粑。”

“你最好别这样，如果你今天还想吃晚饭！”

一阵窸窸窣窣的声音过后，草分开了，“他”走了出来。那是一只大约一米半高的红毛猩猩，有着一张巨大的圆脸和一双棕色的圆眼睛。它向前直立着，左手拿着一个很大的无线键盘。

它没有注意大卫，只是看着苏西。

“你能向前走一点，打声招呼吗？”她问道。

它慢吞吞地走过干草，在她面前重重地坐下，把键盘放在它的腿上，但仍然不和大卫进行眼神接触，就好像他不在那里一样。

“说‘你好’。”她对大卫耳语道。

大卫小声说：“你好，杰里米。”

在键盘上敲击……敲击……敲击……

“现在给糖。”

她走向一个墙柜，掏出一个盒子，从里面抓出了一块糖果，然后走了回来，把它递进了栏杆里。

它慢慢地伸出手拿了糖，用手指灵活地打开包装纸，然后把糖塞进了嘴里。

“你看，杰里米，如果你友好一点，人们就会多来跟你说话，也许你就不会那么孤独了。”

杰里米深深地吸了一口气，那声音在房间里格外响亮，然后它转过来看着大卫。它的眼睛，那种表情，大卫感到这个了不起的生物好像要看穿了他。

“问‘他’点什么。”她低声说。

“我该说点什么?”他暗自思索，惊慌失措。

那张巨大的脸专注地对着他。

“你……快乐吗，杰里米?”这是他想到的第一个问题。话一出口，他就知道说错话了。他瞥了她一眼，但她正看着杰里米。

它巨穴一样的胸腔里发出了沉重的呼吸，胸前是一团团红色的毛发和下垂的乳房。

敲击……敲击……

“不。”

沉默，深呼吸声。

敲击……敲击……敲击……

“你呢?”

大卫看了看苏西，然后又看着杰里米。他想：这不可能，我正站在这里和一只巨大的红毛猩猩说话。

苏西碰了碰他的胳膊，说道：“我们该走了。”他点了点头，突然意识到他不想走。

“再见，杰里米。”

他们出去的时候，他还可以看到它，仍然一动不动地坐在栏杆前。

他们在阳光明媚的庭院里默默地走着，突然的光亮令人头晕目眩。

“所以呢？”他问。

“所以什么？”

“看在老天的分上，请解释一下我刚看到的。”

她语速很快，声音平淡地说道：“大概30年前，联合超人类主义者设法通过了一项法案，暂停了对改造更高等的猿类的禁令。然后，到处都掀起了提高猿类智商实验的热潮。”

大卫点了点头：“我听过这件事。”

“对的，你可能也听说过没有一个实验成功。两年之后，自由基督徒恢复了禁令。自那之后，就再也没有超级猿了。”

大卫看着她，等她继续讲。

苏西皱着眉头说道：“杰里米就是这两年的产物之一。它有着20%的与人类认知相关的基因和得到明显增强的脑力。心理学家认为，它的智商相当于人类的80%到90%之间。”

“那么……为什么它在这里？为什么它没有被当成成功的案例？”

因为它很痛苦。它试着自杀了三次。

杂交种

今天的大多数人仍然没有意识到植物、动物、人类和机器之间的古老界限早已在很大程度上变得模糊了。[②]偶尔，某一种新创造的生物因为过于离奇而成为头条新闻主角：一种有抗冻基因的番茄，从极光鲽中截取出的基因可以增强其抗霜冻能力（1991 年）[③]；一只借用了水母的荧光基因，因而可以在黑暗中发光的兔子（2000 年）[④]；一种可以通过其脑植入装置的无线接口控制运动的机器鼠（2002 年）[⑤]；一种经过基因改造而可以产生人胰岛素的罗非鱼（2004 年）[⑥]；一只大脑中有 1%人类神经元的小鼠（2005 年）[⑦]；一只心脏组织中每个细胞都可以通过纳米线单独与计算机连接的“半机械”鼠（2012 年）[⑧]。

生物学家对以下三个专业术语作了区分：杂交，比如骡子或杂交食用牛，是不同物种的生殖细胞交叉的产物；嵌合体，是一种体组织来自不同物种的生物体，包括葡萄种植者常用的嫁接葡萄和大脑中有 1%人类神经元的小鼠；第三个概念是转基因生物，它们的种系经过改造之后，已经包含了其他物种的部分 DNA，比如我之前描述过的防冻番茄。[⑨]

这些听起来就像是“疯狂科学家”的材料。然而，在所有可能性中，像这样的物种之间的混合会成为未来社会中越来越正常的特征——外来的 DNA 正在改造你。例如，假设生物学家发现了某种具有不可思议的抗癌能力的鳟鱼，人们就会期望医学研究者疯狂地工作，找出这种生物的哪些 DNA 片段决定了这一特征，并探索出将这些 DNA 序列有效地融入人体的方法。有些家长可能会抗拒给后代植入“鳟鱼基因”的想法，但如果这种改造通过实例被证实是安全的，并且实现了对多种癌症的抗癌效果，我猜很多家长会轻易地克服自己的大惊小怪。此外，大多数的遗传干预都不会直接来自单一物种：它们要么在实验室中经过了重新合成，要么是对从各种物种中提取的 DNA 进行大量复杂的重组和再改造的产物。[10]

动物实验和“提升”的概念

每种重大的人体增强——不管是药物、植入装置、表观遗传调整还是 DNA 剪接——都会先在实验动物身上进行实验。有的实验会失败，但是其他实验最终会成功——不管是虫、鼠、犬或是猿，它们的特征都已经通过一些新颖和强大的方式被增强，将会带来各种强大的奇怪生物，且其中最先进的生物的感知、行动和认知水平可能会接近人类。我们有权创造这样的东西吗？一旦它们出现在我们身边，我们又该怎样对待它们？

就以上面故事中的转基因红毛猩猩杰里米为例，它的智力得到了增强，但这样的增强是一把双刃剑。它被赋予了与人类交流的能力，但同样也得到了在一个全新的层面上思考自身处境的能力。[11]这个场景虽然是虚构的，但也绝不是凭空捏造出来的：今天，已经有很多高智商的猿得到了学习手语并与人类共享社会世界的机会，在某种程度上它们已经展现类似的智力。[12]

在科幻小说和超人类主义文学作品中，在杰里米身上发生的事情被称为“提升”，指所有先进的文明有计划地去提升某个“低级”社会或物种的文化或生物特征的情况。[13]从某种角度来看，这看上去好像是一项特别慷慨的事业，为“提升”打开了全新的领域。[14]杰里米这样的生物拥有的认知能力和感知范围，远远超过了任何猿类所能达到的程度。但这种能力的增强一定是一种提升吗？这种评判又以什么为标准？

就拿水母这种非常原始的生物为例：它没有我们所谓的大脑，也没有什么神经系统。它就是漂在那里，拍拍水，消化些营养物。但要是以另一种标准来看，它就是一种极其令人敬畏的存在：它透明的肉体泛着微妙的斑斓色彩，它动起来轻松优雅、毫不费力，它代代繁殖如奇迹一般。世界上最杰出的工程师绞尽脑汁也造不出这样的东西。

可是，提升一只水母的现实意义是什么？是想让它更快？更聪明？更省力吗？我们当然可以从这种角度来分析这样的一种生物，按照各种各样人类的价值观和标准来评价它。但如此一来，就会忽略了这一点：从它本身的角度来看，水母就是完美的，它本来就是完整的。这就是提升概念的关键弱点：在选择一个物种作为另一个物种的提升目标时，支持者可能认为他们采用的是一个通用的跨物种的标准，但事实上这种标准根本就不存在。实际上，他们所做的不过是把自己以自我为中心的价值观强加给了其他生物。[15]最后，这种观点听上去很像19世纪时所谓的“白人的负担”：“我们欧洲人是极好的，因为我们甚至慷慨地赐予你们这些可怜的野蛮人机会，让你们更像我们。”[16]

欢迎来到21世纪动物增强的新现实世界。创造杰里米这样的高级生物的能力现在已经不再遥远了——对老鼠和猴子等体形相对较小的哺乳动物的认知增强活动已经在进行之中了。当然，杰里米只是虚构出来的。我们无法知道（目前还不能）这些模拟人类生物在现实中会是什么样的，或者对它们来说，作为一种改造生物，以这种方式存在会有什么样的感受。一旦它们被创造出来，我们一定要问问它们。

为了便于论证，我们可以暂时假设非洲黑猩猩、红毛猩猩和大猩猩等大型猿类的增强活动被全面禁止了（有些国家已经实施了这样的法律）。[17]但这样还是会给动物提升实验留下很多空间。提升乌鸦、猴子、狗、海豚、猫和大象这些已经为人所熟知的动物的认知和情感空间，实际上是在邀请它们走进类似人的人性世界。[18]今天的许多狗已经具备了这样的属性：它们忠诚、多情、好动，多愁善感且好奇心强[19]，甚至在某些情况下，还有很强的复仇心（我想到了我认识的一只名为阿什利的猫）[20]。可以想象一下，这种生物的心理特征得到了显著的提升，它们之中的某些成员会得到我们为实现这种目标而发明的天才设备。可是，如果它们表达出来的想法和感觉突然给人以“喧宾夺主”的印象，我们又会做何反应呢？

在 21 世纪中期之前（假如不会来得更快），我们就会面临这样的道德挑战。[21]我们会需要新的法律来界定增强动物的权利和它们在社会中的合法地位（这个话题我会在后面进行详细的论述）。我们怎样对待这些人性（或模拟人性）领域中的新来者，将会为我们人类如何界定真正的人性提供一种很好的衡量标准。[22]

花絮：一个非法的人

她的朋友们都叫她“假人”，但她的真名叫玛丽·弗朗斯·迪梅尼。她的身高超过了2.5米，远在绝大多数人之上，就好像女版的维京战神一样。然而，并不是她的身高让她如此地独一无二。她是有史以来第一个活到成年的宽频通信跨物种混合人。

早在20年前，2068年的2月，在里斯本大学的一间基因组学实验室里，一位名叫劳尔·特谢拉的科学家开始了一系列宏伟的动物-人类基因混合实验。一切都经过了联合国监督机关的严格把控和清理，都是完全合法的：所有的胚胎都在人工妊娠的第21天由实验室人员进行销毁。之后，2068年的11月，特谢拉的一名实验室助理发现了一条绕过实验室安保系统的路，他用之前的一批实验中留下的死胚胎换下了其中一个胚胎，然后将这个活胚胎盗走了。他把活胚胎放在一个便携式孵化器里，然后将它带回了家。

从那之后，这个胚胎几经转手，它的价格在一次次黑市交易中疯狂地增长。2069年2月27日，在巴黎，它被植入了一个名叫阿德莉·迪梅尼的女子的子宫。在两年之后庭审的法庭文件中，迪梅尼的律师还试图以此为基础，帮她做精神错乱的辩护。他坚持认为阿德莉·迪梅尼的一生都沉迷于动物-人类嵌合体，还把成为第一个孕育出真正的混合人的女性当作她的人生目标。

她的确成功实现了这个目标。2069年11月11日，她在巴黎的安布鲁瓦兹巴克医院生下了一个健康的女婴，并给她起名为玛丽·弗朗斯。她称自己是一个信奉国际基督教会的激进主义基督教的科学家，以此成功地躲过了所有必须进行的妊娠基因检测。孩子是剖宫产出生，因为婴儿体积特别大——重达 6.14 千克。迪梅尼坚决不肯给孩子验血，但是在医生给孩子做了检查之后，她的请求就被驳回了。

法庭召来了一位裁判——一个天主教牧师。医院的患者数据库里详细地列出了玛丽·弗朗斯·迪梅尼的身体特征。她有着正常的人体面部特征，但她的眼睛虹膜的颜色是鲜红色的。她苍白的皮肤上覆盖着一层像蛇一样柔韧、灵活的金属鳞片。她有着完整的男性和女性的性器官。她的每只手都有八根手指，其中有三根手指长着脚蹼，轻微地连在一起。医生还在她的两只耳朵后面发现了隐蔽的、像长鼻一样的感知器官，它们呈螺旋状叠成一团。当她哭的时候，“长鼻”就同时向左右方向展开，长度能达到 5.3 到 5.4 厘米。

人们抽取了她的血液，以确定她的基因概貌，发现这个婴儿在 88%的程度上是女性，同时她的非人类遗传物质中有超过 6%的蛋白质编码 DNA。这相当于违反了《2037 人类物种混合法案》规定的 60 倍。该法案规定，与从其他物种中提取的基因进行融合的人类基因不得超过一个人基因组的 0.1%。而经过对她的初步测序，已经发现了至少来自 13 个物种的主要基因组片段：海豚、雪貂、狐猴、蜗牛、眼镜蛇、蝴蝶、冠蓝鸦、引金鱼、真涡虫、桉树、雏菊、酵母和细小病毒 H7G13P3R1。

那位天主教牧师在咨询了罗马教廷之后就离开了医院。“这个东西不是人，”他对外面吵吵嚷嚷的记者说，“我没办法给它神圣的祝福。”

最后，经过鉴定，这位母亲阿德莉·迪梅尼心智健全，并被判处了一级有预谋的种族混合罪：无期徒刑，不得假释。她提出了上诉，但上诉法院依旧维持原判，于是她被监禁在了里昂以外的西萨尔·贝卡里亚女子监狱。

玛丽·弗朗斯·迪梅尼的法律地位被提交至海牙国际法庭的生物部门进行决断。经过三个月的审议之后，这个婴儿被裁定为人类。罗马教廷对此表示抗议，并发起了正式上诉。

于是，她被永久监禁在马赛郊外的圣拉扎尔畸形专属区还押候审。之后的几年，她一直待在那里，由一个庞大的国际科学家和医生团队来精心观测她的健康和心理状况。一年之内，她眼睛里明亮的红色色素明显沉着，这导致她完全失明。人们给她戴上了假眼，其主要的传感器阵列放在了她额头的中间。假眼通过变焦、红外线和紫外线技术增强并给她带来了完整的人类视力。

医生在其成长早期就断定她的免疫系统存在严重的缺陷，对某些病原体反应过激，而对另外的病原体又完全没有反应。他们让她接受了免疫调节治疗，在她的脾脏上方植入了调节装置。玛丽·弗朗斯·迪梅尼在专属区里成长得很快。她冷静大方，对所有对她进行严格检查的研究人员都很幽默。她很快就跟那里几百个遗传异常的孩子交上了朋友，被他们所接纳，被看作他们中的一员。她的学习成绩也很优异。

她成长得飞快、肆无忌惮。8岁的时候，她就比大多数管理专属区的医生和医务人员都要高。等到了12岁，她把他们都远远地甩在了身后。她学会在进出门的时候弯下身，也提醒自己跟别人玩的时候要小心一点，以防自己伸开的大手打断别人的胳膊。她的每只手都有法国传统苹果派那么大，长长的手指就像海星的足一样四处伸开。对她来说，其他人都很脆弱，她只能轻柔地触碰他们，就像对鸡蛋或玻璃那样。

她从很小的时候就开始学习控制她那一对感知"长鼻"，大多数情况下都让它们紧紧地盘在她浓密的金发下面。但是，晚上路过专属地广场玩捉迷藏的时候，它们就会派上用场：她可以听到她的朋友在30米外的墙后呼吸，可以在黑暗中感知到路面热量图的异常，她会在没有月亮的晚上给其他人带路。

不知道从什么时候起，大概是她16或17岁的时候，她的朋友们就开始叫她"假人"了，因为她的临时法律地位还是人/混合人。现在已经在第四次上诉中，这都多亏了天主教会毫不留情的耐心。她挺喜欢这个名字的——它很好地反映了她在人类世界中既融入又格格不入的感觉。另外，在专属地这样的地方，每个人都会开玩笑地称呼对方"怪胎"或"怪物"，像"假人"这样的名字就好像一种标记。这个名字就这么定下了。

人类改造中的失败与意外

我们可以假设，就算科学家和工程师尽了最大的努力，还是有一定比例的增强改造无法达到其预期效果。这一假设是很现实的。失败概率可能极小，特别是如果这些技术在进入市场之前经过了严格的临床试验。尽管如此，虽然需要增强的总人数十分可观，但这种难以避免的失败因子还是会让全球人口中的一些人变成倒霉蛋，他们要经受各种各样的畸形、残疾和缺陷的巨大折磨。

当然，精神和身体上的缺陷在人类社会中并不是什么新鲜事[23]，但这些人类设计（和设计失误）造成的、与增强相关的病痛的比例之高将会是前所未有的。与历史上给人造成影响的大多数疾病不同，这些疾病并不是大自然的事故，而是工程流产的产物。有的失败案例（也可能是很多失败案例）将令人难以忍受。

想象一下生物增强干预可能会出现多少种问题：预期特征实现不足；错误特征总量太大；特征的时间或作用变形或扭曲；特征功能出现意料之外的副作用；特征和身体或头脑中的其他关键要素融合错误……比如，我们可以想象一个人的移情能力被意外地增强到了一个很高的水平，以至于出现了功能失调——他将没有办法跟其他人进行社交互动，因为他能强烈地与他们共同经历各种感情和情绪波动，这让他不断地陷入一阵又一阵无法控制的情绪之中。这样一来，他不仅心理上无法稳定，还会变得非常孤独。医生也许会给他开一些药来减轻他的情感畸形，但这可能会是一笔巨大的开销，所以他只能面临两难的选择：要么被困在过度的情感之中难以自拔，要么陷入半昏迷。因此，这样失败的增强可能不仅会让更多人痛苦，还会产生新的痛苦。感受、思考、感知和行动的能力都将以一种全新的层次和全新的方式，来增强人们体会痛苦和悲痛的能力。

但是，并不是所有令人不安的结果都是由事故或设计缺陷造成的。在上面的花絮中，我强调了人类任意玩忽职守的复杂原因——狂热分子（或者只是个不负责任的混蛋）为绕过当局者对增强技术设下的限制而施展巧妙手段。[24]也许极少有人会去创造像玛丽·弗朗斯·迪梅尼这样奇怪的事物，这毫无疑问会招致严重的法律惩罚。尽管如此，未来几十年还是有可能会有不少执着地沉迷于"科学怪人"定位的个人或组织，会想方设法地给这个世界带来他们眼中的"完美"——完全变形的——混合人。我好奇，当这样的事物问世的时候，我们是否应该担心它会造成的社会效应，或者是否应该更担心这个可怜的生物会有什么感觉。

注　释

①Francisco de Goyay Lucientes，"The Sleep of Reason Produces Monsters，" plate 43，*The Caprices*（*Los Caprichos*）（18. 64. 43），in *Helibrunn Timeline of Art History*（New York：Metropolitan Museum of Art，2000），http：//www. metmuseum. org/toah/works-of-art/18. 64. 43.

②参考本书同步网站中 Anthes，Bonnicksen，Beauchamp 和 Frey（尤其是第 11、12、23 和 24 章）有关动物增强的在线书目。

③R. Hightower，C. Baden，E. Penzes，P. Lund，and P. Dunsmuir，"Expression of Antifreeze Proteins in Transgenic Plants，" *Plant Molecular Biology* 17（1991）：1013－1021.

④Christopher Dickey，"I Love My Glow Bunny，" *Wired*，April 2001.

⑤Sanjiv Talwar et al.，"Rat Navigation Guided by Remote Control，" *Nature* 417（May 2，2002）：37－38；Duncan Graham-Rowe，"Robo-Rat Controlled by Brain's Electrodes，" *New Scientist*，May 1，2002.

⑥Bill Pohajdak et al.，"Production of Transgenic Tilapia with Brockmann Bodies Secreting［desThrB30］Human Insulin，" *Transgenic Research* 13，no. 4（2004）：312－323.

⑦Henry Greely，"Human/Nonhuman Chimeras：Assessing the Issues，" in *The Oxford Handbook of Animal Ethics*，ed. Tom L. Beauchamp and R. G. Frey（New York：Oxford University Press，2011），671－700；Maryann Mott，"Animal-Human Hybrids Spark Controversy，" *National Geographic News*，January 25，2005，http：//news. nationalgeographic. com/news/2005/01/0125_050125_chimeras. html.

⑧Will Ferguson，"Cyborg Tissue Is Half Living Cells，Half Electronics，" *New Scientist*，August 28，2012.

⑨生物伦理学家 Julian Savulescu 给出了各种动物-人类基因混合形式的专业定义："胞质杂种，细胞核的 DNA 是人类的，与其'克隆'而来的人类供体相配，极少的线粒体 DNA 来自动物的细胞质；转基因胚胎，动物 DNA 的多少取决于转移基因的多少；嵌合体，既有人类细胞，也有动物细胞，因为他们是由人类和动物胚胎混合而成的；混合物，既有人类染色体，也有动物染色体，因为他们是由不同物种的卵子和精子受精而成的。" Julian Savulescu，"Genetically-Modified Animals：Should There Be Limits to Engineering the Animal Kingdom?" in *The Oxford Handbook of Animal Ethics*，646；Andrea Bonnicksen，*Chimeras*，*Hybrids*，*and In-*

terspecies Research：*Politics and Policymaking*（Washington，DC：Georgetown University Press，2009），10－11；Greely，"Human/Nonhuman Chimeras，" in *The Oxford Handbook of Animal Ethics*，especially 673－678。

⑩ Gregory Stock，*Redesigning Humans*：*Choosing Our Genes*，*Changing Our Future*（Boston：Mariner，2003），chaps. 3－6.

⑪关于此情况的探讨，参见：Greely，"Human/Nonhuman Chimeras，" 671－700。

⑫关于人类和动物界限的探讨，参考本书同步网站附件 J，同时参考本书同步网站中 Westoll，Hess，Wynne，Hauser，Griffin 有关动物增强的在线书目。

⑬George Dvorsky，"All Together Now：Developmental and Ethical Considerations for Biologically Uplifting Nonhuman Animals，" *Journal of Evolution and Technology* 18，no. 1（May 2008）：129－142；James Hughes，*Citizen Cyborg*：*Why Democratic Societies Must Respond to the Redesigned Human of the Future*（New York：Westview，2004）：221－227；David Langford，"Uplift，" *The Greenwood Encyclopedia of Science Fiction and Fantasy*（Santa Barbara，CA：Greenwood，2005）：850－851；Gorman Beauchamp，"The Island of Dr. Moreau as Theological Grotesque，" *Papers on Language and Literature* 15（1979）：408－417. The three "Uplift Saga" novels by David Brin：*Sundriver*（New York：Spectra，1985）；*Starlike Rising*（New York：Spectra，1984）；and *The Uplift War*（New York：Spectra，1987）.

⑭举个例子，在亚瑟·C. 克拉克的小说《2001太空漫游》中，人类自身成了文明开端时提升和干预的对象——智人的“智慧”很大一部分归功于银河系（未知的）的先辈们这项开创性的事业。Arthur C. Clarke，2001：*A Space Odyssey*（repr.；New York：Penguin Putnam，2000）。

⑮从某种角度来看，在人类社会中抚养孩子其实也是一种提升：我们努力使年轻人的发展沿着某种社会认可的道路进行，不断将他们提升到完全成熟的成年人。当然，主要的不同在于这种提升行为发生在同一物种内部，按照多阶段的发展模式（婴儿期、孩童期、成年期）进行。提升思想犯了一个基本的错误：将这种发展概念用于不同的物种，把不同的物种当成统一物种不同发展阶段的体现形式。但我们没有证据证明这种统一的物种真的存在。总之，支持提升的人没能意识到他们的发展比喻只是一个比喻而已；他们错误地以为，一个物种可以体现另一个完全不同的物种的“婴儿期”。

⑯有关帝国主义及其批判的文献有很多，比如，Alice Conklin，*A Mission to Civilize：The Republication Idea of Empire in France and West Africa*，1895－1930（Stanford，CA：Stanford University Press，2000）；Bernard Porter，*Critics of Empire：British Radicals and the Imperial Challenge*（New York：Tauris，2008）；A. P. Thornton，*The Imperial Idea and Its Enemies*（New York：Macmillan，1985）；Raymond Betts，*Assimilation and Association in French Colonial Theory*，1890－1914（Lincoln：University of Nebraska Press，2005）。

⑰Bonnicksen，*Chimeras，Hybrids，and Interspecies Research*；Savulescu，“Genetically-Modified Animals”；and Greely，“Human/Nonhuman Chimeras."

⑱Sarah Chan and John Harris, "Human Animals and Nonhuman Persons," in *The Oxford Handbook of Animal Ethics*, ed. Tom Beauchamp and R. G. Frey (New York: Oxford University Press, 2011), chap. 11; Michael Tooley, "Are Nonhuman Animals Persons?" in *The Oxford Handbook of Animal Ethics*, chap. 12.

⑲参考本书同步网站中 Grandin，Sunstein 和 Nussbaum，Oliver，Beauchamp 和 Frey 有关动物增强的在线书目。

⑳既然你不辞劳苦找到了这条注释，显然你对猫的报复心很好奇。阿什利生活在我的大学宿舍里，它是我哥们戴夫·巴蒂的宠物。它身形巨大，有着浓密的浅灰色软毛——这便成了它绰号的来源。如果有任何人虐待阿什利，或者更确切地说，如果任何人做出阿什利认为是虐待的行为（例如，你在上床睡觉前把它从床上抱下去），它不会立即反击，它会等待时机。接下来的 24 小时内，它一定会做点什么。它会在你的某只鞋子里撒尿——它绝不选别人的鞋子，单单就选你的鞋子。

㉑Donna Haraway, *Primate Visions: Gender, Race, and Nature in the World of Modern Science* (New York: Routledge, 1989); Donna Haraway, *When Species Meet* (Minneapolis: University of Minnesota Press, 2008); Cass Sunstein and Martha C. Nussbaum, eds., *Animal Rights: Current Debates and New Directions* (New York: Oxford University Press, 2004); Killy Oliver, *Animal lessons: How They Teach Us to Be Human* (New York: Columbia University Press, 2000); Beauchamp and Frey, *The Oxford Handbook of Animal Ethics*.

㉒现在，我们不妨暂时考虑一下相反的情景。如果我们不增强动物的能力和感觉，反而显著地降低它们呢？鉴于动物常常面临的糟糕处境——无论是在工厂化的农场里还是在研究室里，单单从人道主义的角度来说，难道再造这些生物、让它们不再饱受折磨没有意义吗？在生物伦理学相关文献中，这种可能被称为"反增强"。

举个例子，假设你可以创造一种新型的小鸡，它只会整天呆呆地站在小笼子里，对周围工厂化农场里的一切漠不关心。它的大脑和感官系统已通过基因工程削减到维持基本生命功能所必需的最低限度。它吃食、排便、长大，但只有很少甚至没有可辨别的内心生活。一旦成熟，它就被杀掉，加工成鸡肉，在当地的食品杂货店里出售。

这种情景让今天的大多数人感到毛骨悚然，因此，反增强的设想在实践中不可能得到太多支持。现代社会中大多数支持反增强的人逐渐本能地感到，动物体现着一种内在价值，这种价值尽管与人类的价值不同，仍使它们值得得到某种基本的尊重。Bernard Rollin，*The Frankenstein Syndrome*：*Ethical and Social Issues in the Genetic Engineering of Animals*（New York：Cambridge University Press，1995）；Paul Thompson，" The Opposite of Human Enhancement：Nanotechnology and the Blind Chicken Problem，" *Nanoethics* 2（2008）：305－316；Arianna Ferrari，" Animal Disenhancement for Animal Welfare：The Apparent Philosophical Conundrums and the Real Exploitation of Animals，A Response to Thompson and Palmer，" *Nanoethics* 6（2012）：65－76；Emily Anthes，*Frankenstein's Cat*：*Cuddling Up to Biotech's Brave New Beasts*（New York：Scientific American/Farrar，Straus，and Giroux，2013）。

㉓Gary Albrecht et al.，*Handbook of Disability Studies*（Thousand Oaks，CA：Sage，2001）；Martha Nussbaum，*Frontier of Justice*：*Disability*，*Nationality*，*Species Membership*（Cambridge，MA：Belknap，2006）；Lennard Davis，*Enforcing Normalcy*：*Disability*，*Deafness*，*and the Body*（London：Verso，1995）；Lennard Davis，*My Sense of Silence*：*Memoirs of a Childhood With Deafness*（Champaign：University of Illinois Press，2000）；Jonathan Glover，*What Sort of People Should There Be*?（New York：Penguin，1984）.

㉔有关国际监管的探讨参见本书第十六、十七章。主要的困难在于限制生物武器和化学武器的滥用，参见：Jonathan Tucker and Richard Danzing，*Innovation*，*Dual Use*，*and Security*：*Managing the Risks of Emerging Biological and Chemical Technologies*（Cambridge，MA：MTI Press，2012）。

第三部分

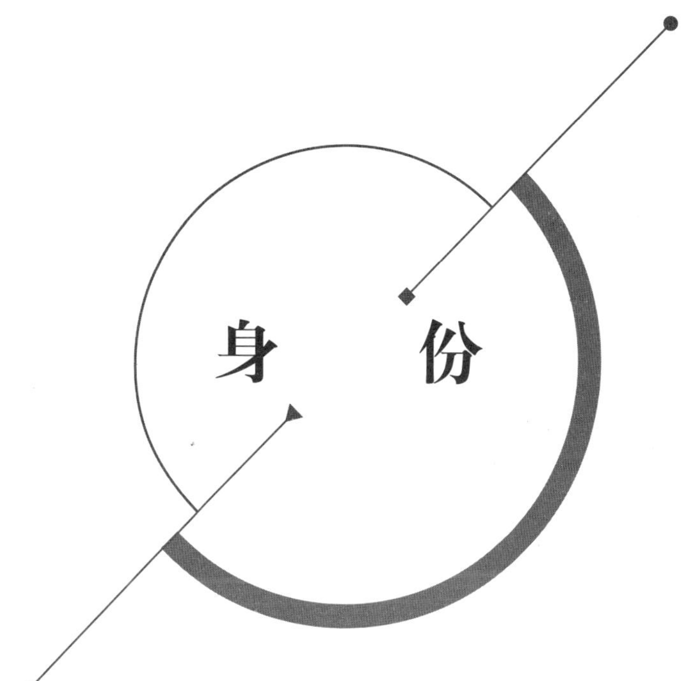

身份

第十章　自我机械化

没有比自以为了解自己大脑的功能更具破坏性的妄想了。一旦有了这样的想法，你就会起了掌控一切的念头，冒着危险去控制大脑，指导思想，不断地驾驭你的头脑。

——李维斯·托马斯（Lewis Thomas），1983①

花絮：药

胡安向海湾那头的索萨利托望去。站在太平洋高地上，水面上的一切都一览无余。

两分钟前他吞下的药丸已经生效了，他能感觉得到。吃了药以后，阳光看起来好像总是会更亮一点。他露出一抹冷笑。这就是为什么这药名叫“点亮”。

“点亮”的问题在于，你永远不明白是化学物质还是你自己推动了你的思考。

然后，他皱了皱眉头。管他呢。只要能让我从噩梦中逃脱一段时间就行。玛丽亚，总是梦到玛丽亚。

他大步走回浴室，一把抓起药瓶，又倒出了一粒“点亮”——这是最后一粒了。他知道吃了药会让他变得焦躁不安，所以他打开柜子取出了一瓶“舒宁”，倒出半粒，突然用舌头接住了它。经验告诉他，这是一个很棒的小搭配。

他几乎立刻就感到自己的下巴放松了一点，肩膀上的肌肉也松弛了。

简直棒极了。

他瞥了一眼镜子里的自己，感觉自己要比看上去年轻得多。他总是会被吓一跳：盯着我看的那个中年老兄是谁？耷拉的眼皮盖着一双呆滞的棕色眼睛，嘴唇上面有一块地方稍微发灰——那是之前胡须留下的印记。

他咧嘴露出一个假笑。镜子里的脸也回了一个假笑。这让他微微一笑，那张脸也笑了。

就这样，一直来来回回。

他起身走向冰箱，给自己拿了一瓶啤酒。“扑哧”，酒瓶盖发出了可爱的声响。我有三个伴儿了。“点亮”“舒宁”“蓝月亮啤酒”，还有我，刚好一个四人组。

他想：我是不是应该给她打个电话？

不行。不能这样。

他走到沙发前坐了下来，望着海湾的景色。“波蒂厄斯。”他叫道，“给我拿一片‘解忧’。”

“多少毫克？”

“20。”

机器人滚了出去。片刻之后，它就拿着一粒红色小药片回来了。

胡安把药吞了下去，它是树莓味的。

那光亮让他睁不开眼，他只能隐约看到伯克利钟楼纤细的白色身影。那座钟楼是“52 地震”之后重新修建的。为了能看得更清楚一点，他在眼前挥了挥自己的假肢，放大图像的焦距，调暗了亮度，然后切换回了正常的图像。

突然，他想到了玛丽亚。他想起自己曾和她坐在这座伯克利钟楼下，就在那场地震前一天的下午。他们去看电影了——想不起是哪一部了。到了晚上，他们去“领军”热狗买了几根招牌“博客”香肠。他们漫无目的地在校园里晃来晃去，最后坐在塔下巨大的白色大理石台阶上，咬着最后一口热狗。

他的脸上露出了一抹微笑。他在回忆那个遥远的日子里的小片段，直到这一刻完全被他遗忘。

玛丽亚侧过身来吻了他的脖子。她吃过“博客”香肠的嘴巴油滋滋的。但他不在乎。

他转过头，他们的嘴唇慢慢地挨在了一起。那是一个绵长、小心翼翼又亲密的亲吻。

他把头倒在了沙发枕上，沉浸在记忆之中。

波蒂厄斯又回来了，说有个名叫比尔·科斯特洛的人打电话过来，想要买博德加的那栋别墅。

“让他等会儿再打过来。如果电话不是玛丽亚或者她姐姐打过来的，就不要接。”

波蒂厄斯退了出去。

胡安看着窗外的景色，时间一分一秒地过去。他望向海湾的那边，一整天都是这样。“解忧”让他有一点沉重。是时候转换模式了。他吩咐道：“给我一片‘流动’，好吗？”

“多少毫克？”

“4 毫克吧。不，6 毫克。”

他冲自己笑了笑。

波蒂厄斯拿着一片绿色的三角形药片进来了。胡安把那药吞了下去。

“给我放几首老瑞格舞曲。就从那个‘鲍勃’的曲单开始。”

他视线的右下角跳出了一个音符。他点了一下，脑袋里就充满了声音。他把音量调高了一点，把低音泵也调大了，直接让音乐进入了听觉皮层，既有深度又有厚度，隆隆作响，震耳欲聋。“大声一点，再大点。”这是贝斯的声音，他喜欢贝斯。简直完美。现在播放“欧姆尼”。“嘭”的一声，音乐就射穿了触觉皮层和自感皮层，他的整个身体变成了一个共鸣室，随着节奏轰隆作响。“你能被爱吗？能吗？能吗？”他感觉自己好像正在沙发上融化。

不知道那些歌在他身体里来来回回了多少次。太阳在日光中抽象地移动，可以无限地追回到金门海峡。依稀可见那里向西的沿海山丘上，卷须草还带着清晨的雾气。

突然，音乐停了下来。

屋里一片寂静，像是中了一个冲击波。

波蒂厄斯从门口滚了进来。

他从沙发上弹了起来。

“怎么了？”

“是玛丽亚，玛丽亚来电话了。”

他环顾了屋里一周，想找到自己的方向感。

“告诉她我马上来。”

他站起来，大步向浴室走去，拉开药柜门，抓起了一瓶“消除”，把一整颗药吞进嘴里，压在了舌头下面。

他的世界立刻就蜕下了明亮又柔和的色彩，慢慢淡化成了普通的色调。

房间的比例也缩回了正常大小。

他靠在水槽上，甩了甩头，往脸上撩了几把冷水。

他看了看房间。

“好吧。”他想着，“我回来了，多多少少回来了。”

他对波蒂厄斯说道：“接通她的电话，音频就行。”

“嗨，玛丽亚。”他的声音听起来既空洞又怪异，连他自己也这样觉得。

这里的主人公胡安对自己心理状态的控制已经达到了超乎寻常的程度。各种各样的药丸让他变成了某种情感的提线木偶，而线的另一头就握在他自己的手中。这种干预的本质就在于其可预测性——有了这种精确性，胡安可以根据自己的需要产生高度精确的心理状态。当然，这种品质也是机器世界的标志——这正是我们如此喜欢它们并普遍地依赖它们的原因。一踩油门，车就走；一踩刹车，车就停（至少大多数情况下是这样的）。接下来，我想要探讨一下对我们更深层次的自我进行精细控制将会带来什么影响。

药片中的真实

20 世纪 90 年代初，精神科医生彼得·克莱默（Peter Kramer）开始治疗一位名叫索尼娅的女性，他诊断出她有着轻度抑郁症的症状。索尼娅是一位成功的平面艺术家，她给克莱默的印象是“一个脱俗的年轻女人”，有着“含混不清、犹豫不决的语言习惯，有时这也是艺术家的特质”[②]。她的情绪症状比较温和，但由于她家族中的其他成员曾患过严重的抑郁症，克莱默还是给她开了百忧解。

事实证明，索尼娅是精神科医生口中的“良好反应者”。服药不久，她的抑郁症就消失了，她还表示感觉自己比以往任何时候都更有活力，注意力更集中。克莱默对索尼娅的讲话习惯的变化印象特别深刻：她表达自己想法的时候不再犹豫不决，而是转换成了一种强有力且有说服力的说话方式。她自己也注意到了这一变化并表示她很喜欢这样——她告诉克莱默她的心智从未如此清晰。

几个月后，克莱默认为是时候让病人脱离药物了。他停了药，索尼娅也表示没有出现不良反应。她的抑郁症没有复发，一旦确定她恢复的正常功能是稳定的，她自己和克莱默都认为她已经痊愈了。

又过了几个月，有一天，索尼娅又去找了克莱默。她表示自己的心情还好——完全没有感到压抑。但是，她服用百忧解之后增加的脑力现在越来越差了，因此她备受困扰。她想问问克莱默是否可以再给她开点药。

克莱默犹豫了好多天才做出决定。索尼娅说她的职业生涯和个人生活都对此有着强烈的需求，她的脑袋不清醒已经给她造成了很大的困扰，她确实需要继续服用百忧解。最后，她说服了克莱默，只给她开了非常小的剂量。索尼娅的脑力很快就恢复到了较高的水平。她注意力集中，精神敏捷，又可以用轻快的语气和短句说活了。她不再需要克莱默的照顾，对自己“全新升级”的状态感到十分满意。但对克莱默而言，他不知道自己做的到底是不是一件好事，他承认自己在索尼娅的事情上已经越界了——他有意地增强了一个完全正常的头脑的功能。

克莱默在他 1993 年的开创式作品《倾听百忧解》（*Listening to Prozac*）一书中，试图用一个相当长的篇幅来说明这个问题。他问道，假设我们可以研发出可靠且有效的“情绪增强”药物，并且这种药既不会使人上瘾也没有副作用，那么健康的人为什么会拒绝广泛使用此类药物呢？他总结道，潜在的问题可以归结为三个主要方面。[3]

（1）脱离现实。经过几千年的进化之后，我们对生活环境的变化产生了情感反应：我们面对危险时惊恐地退缩，在信任的人面前完全放松，失去朋友的时候悲伤不已，等等。任何能够让我们随意改变这些更消极或更不悦的情感的药物，都对我们有潜在的危害，因为它阻碍了我们对真正的危险或威胁做出适当的反应。这些药物还会人为地屏蔽掉我们需要了解的自己的某些方面，我们对挫折或沮丧的体验，往往标志着我们需要以某种方式改变自己的行为或思维模式。

（2）感受匮乏。如果有规律地依赖情绪增强药物，我们会对生活中一些更重要的、强烈且有生气的方面变得麻木。服用药物之后，我们可能会更加容易满足，但是，如果我们有选择地修改了与悲伤、恐惧、焦虑、怨恨、倦怠和绝望相关的感觉，那么我们的感受会越来越浅薄，感官和认识的范围也会越来越狭窄。

（3）压抑的文化期望将会加强。我们的社会有一种深刻的倾向，即掩盖或抑制负面情绪，把它们隐藏起来，以防它们扰乱大家都渴望拥有的永远满足的心态。比如，殡葬业竭尽全力地让我们回避死亡这一残酷的事实，让我们免受更严酷的死亡现实的影响，悲伤的体验常常以恢复正常的名义被扼杀或缩短。在这样的社会背景下，“美容心理药”能够让我们更加严格地遵守禁止“不良”感觉的社会规范。

这都是一些明智且有说服力的观点，克莱默在他的书中也毫不掩饰地承认了。之后，他又回到了索尼娅的案例，他问道：“服用百忧解之后，这个年轻女子的生活是否真的在这些方面被削弱了？她是否与现实脱节了？是否失去了生活中丰富的情感广度与深度？被情感的模具切割成了为社会所接受的形状？”大错特错。除了头脑变得更加敏锐之外，在绝大多数方面她都还是和以前一样，仍然经历着各种各样生活的起伏，并没有避免她遇到巅峰或深渊。最重要的是，这种药物不会引发与索尼娅的生活事件完全无关的精神状态和情绪。相反，这种化学物质巧妙地增强了她以一种更加集中和敏感的方式进行思考和表达想法的能力。从这个意义上说，这种药让她对自己更加熟悉，而不是更加疏远。

所有这些方面让我们看到了一种与想象中消除人性的效果截然不同的药物干预。[④]我们看到的是一位健康的年轻女性，她通过这种方式变得比之前更强大、更投入、更能面对生活中各种未知的挑战。一切只是借助一颗小小的药丸。[⑤]

控制与可预测性

人类世界本就是混乱的。我们不守规矩，随心所欲，缺乏理性，喜怒无常。我们的所言、所做、所感经常出乎对方（和我们自己）的意料。这就是为什么对人类而言，寻找掌控生命的方法的诉求是如此重要。我们日复一日地把大部分的精力都投入安排我们周围的人和事上。我们设定日程、形成组织、签订合约、交换誓言，所有这一切都是为了给我们同伴的反复无常和复杂多变的行为增加一点可以预测的成分。这个原则同样也适用于我们的内心生活：有时，我们会感觉自己的情绪和心态好像在逃避我们，于是我们费尽心思地开发掌控它们的工具，不论从精神、心理还是药理方面。[⑥]

但是，如果这种控制的诉求越了界，那么它本身也会成为问题。例如，麻省理工学院研究员谢里·特克尔（Sherry Turkle）在日本采访机器人主人时的重大发现。她发现，有的人与活物相比，实际上更喜欢与他们人造的同伴互动！一位老妇人讲述了她与索尼制造的精密的机器狗 AIBO 相处的事情，她说："AIBO 比真狗要好得多。它不会做危险的事，也不会背叛你。”[7]

机器狗比真正的、活生生的狗更好吗？这个心满意足的机器狗主人显然并没有意识到她在这种互动中失去了什么。可能背叛你这一点恰恰是真狗的有趣之处。[8]你的宠物狮子狗不会背叛你，有一部分是因为它心里有你，关心你，还有一部分是因为它靠着你给它食物和关爱。这也是伙伴关系的全部内涵——联系与脆弱并存。但有一天它可能会背叛你。也许是因为狗狗突如其来的激情，它“可能”会和另一只狮子狗跑进树林，然后从你的生活中消失。事实上并不是这样，随着时间的流逝，它会越来越渴望你对它的忠诚的奖励。相比之下，AIBO 机器狗不会背叛主人是因为这种联系和脆弱与它的功能无关。主人非常肯定 AIBO 永远不会背叛她，这正是与其互动中丧失的深层意义。只有机器才能做出那种简单、自动而且完全在意料之中的行为。

未来的增强药物——它们的效果远比今天的更强烈且更精确——有望大大增强我们精确控制自己的精神和情感生活的能力。然而，正因如此，它们可能会变得“过于好”。控制和可预测性是机器世界的标志，越是普遍地把这种特点附加到我们日常生活的结构中，我们越过界限走进“AIBO 世界”的风险就越大。这也正是哲学家尼尔·莱维（Neil Levy）所说的“自我机械化”的危险。[9]

这就是索尼娅和胡安的案例的主要区别（让我们先不要去管索尼娅的故事是建立在实际临床经验基础上的事实，而胡安只是构想出的人物）。虽然这两人都使用了化学手段来改变他们的情感和精神生活，但索尼娅服用百忧解并没有让其自动地陷入某种固定的单向的情绪中。相反，它只是温和地调整了她的个性和认知的大片区域，让她能够更加全身心地投入生活中的人和事。[10]胡安则越了界，迈进了一个机器一般的因果世界。当他吞下“点亮”“舒宁”“解忧”“流动”或“消除”时，每种药物的药效都十分准确、直接并且可以预测。这种“有保障”的效果在家用电器和机器人上的应用非常成功。每次按下按钮，它们都会以同样的方式做出回应。但放在人类的身上，事实就会令人沮丧了：他会把自己当成情绪状态的自动贩售机，硬币一塞，有滋有味的体验就来了。

我们明白，轻易地绕过人类世界所有的劳苦和纷杂，走上生化控制这条捷径，是多么大的诱惑，但是，这样的做法最终会带来惨痛的代价，因为你绕过的正是你真实的自己。你暂时停止了所有那些令人难以置信、困惑和沮丧的特点，把自己变成了某种“体验机器”，可正是这些特点让你成为人类。关爱与脆弱、忠诚与风险、分享与孤独之间的界限变得越来越无关紧要，你把它们换成了就像台球相撞一样直接的因果关系。越是如此，你在自己的存在中找到的意义就越少，因为你绕过的，其实就是人活一场的意义。

人脑/精神的生物电子干预

我在第三章中提到，在21世纪的后几十年，人类可能会使用生物电子设备极有力且精确地调整自己的精神和情绪状态。我的设想类似于在我的故事中胡安对自己做的事情，但是是通过电磁脉冲来实现的，而不是通过化学药剂。该设备可能会采用非侵入性脑机界面的形式，与颅骨帽类似，但会更小，就像皮下的补丁一样。与今天的药物不同，这种机器能够直接作用于与特定情绪和能力相关的大脑中枢。因此它带来的副作用会更少，就好像咖啡因带来的神经过敏以及许多化学镇静剂和安眠药让人第二天昏昏沉沉一样。这种设备可以精细地增加药效，能够无限地扩展和调节，也可以更快、更轻松地实现逆转：只需按下按钮，效果就会停止，重回未经改造的自我。

我们有可能会沉迷于这些设备无法自拔，依靠它们实现满意的效果吗？罗伯特·希思 20 世纪 70 年代的一个实验与这个问题具有一种怪异的相关性（细节可参见第三章希思的实验）。他把电极放进了一个女精神病患者大脑的隔膜区（与奖励刺激相关的区域），在技术人员输送电脉冲的同时拍下了他与她的互动。1986 年，朱迪思·霍珀（Judith Hopper）和迪克·特雷西（Dick Teresi）在他们的书《三磅宇宙》（*The Three-Pound Universe*）中描述了拍下的场景：

> 一个年龄不明的女人躺在一张窄小的简易床上，颅骨上盖着一块巨大的绷带。影片开始的时候，她好像陷入了某种绝望的内心漩涡之中。她的脸就像她的病号服一样苍白，而她的声音听起来缥缈、疲惫又单调。
>
> “60 脉。”一个声音响起。这是隔壁房间的技术人员的声音，他正在向她头内部的电极输送电流。隔音间里，患者是听不见他的声音的。
>
> 突然，她笑了。“你为什么笑？”坐在她床边的希思医生问道。

“我不知道……你们在对我做什么？”她咯咯笑着，“我是不会就这样坐着莫名发笑的，我一定是在笑什么东西。”

“140脉。”画面外的技术人员说道。

病人又开始发笑，从一个面无表情的僵尸变成了一个有着秘密玩笑的小女孩。“你们到底在干什么？”她问道。

“你一定碰到了某个好地方……”[11]

如果有一天，这些生物电子设备能够以无创的形式得到使用，它们会让我们每个人都能够不加限制地进入我们内部的“好地方”，那么我们该如何应对这种技术呢？有人会像20世纪50年代詹姆斯·奥尔兹研究的老鼠一样，选择躲在家里毫不留情、不假思索地震击他们的快感中心吗？是否必须禁止这种技术，把它们赶进非法黑市，就像今天的可卡因和甲基苯丙胺一样？

在1936年的电影《摩登时代》（Modern Times）中，查理·卓别林绝妙地抓住了自我机械化的本质。[12]他在工厂装配线上工作，不断地重复着相同的动作，在不停地快速滚过的传送带上，给一排又一排完全一样的小部件拧螺丝帽。这一设计的意图精妙至极。这个可怜的家伙发了疯，在影片的高潮部分被机器整个吞噬了，他的身体被卷进了由巨型齿轮组成的巨大迷宫之中。

简而言之，自我机械化并不是一种新现象。当人类把自己的决定权交付给更大的系统、惯例或组织时，我提出的非人类的关键特征就很可能正在出现。例如，我们可以从军队中看到一些这样的迹象：他们会试图把新兵训练成听话的士兵，让他们在琐碎的重复性劳动中、在宣扬一致行动的大型官僚系统中得到奖励。所有这些都是为了给变幻不定、喜怒无常（天马行空、无拘无束……）的生物，也就是人类，定下高度严格的规则。[13]

然而，生物增强技术在一个重要的方面与所有这些例子不同，即控制的位置。影片中的卓别林最终从机器中被救了出来。那台巨大的机器是他的外在，包围了他，但他最终逃了出去，找回了自己。他在人行道上跌跌撞撞地走着，真正的故事才刚刚开始。同样，如果你因为差事太苦而讨厌你的工作，你可以辞了它另寻生计。如果你厌倦了在冷漠的政府机构里工作，你可以撒手不做，开始自己的事业。机械化是外部的，在你周围的环境中，仍然是可以逃离的。

而增强技术下的控制位置在每个人的内部。一旦化学物质进入了你的血液，你就无法阻止它们产生预期的效果——它们会引起你大脑中的一系列反应，诱使你以特定的方式去表现或感受，不论你是否"想要"。当生物电子设备把命令发送到大脑组织时，你是无法从内部阻断它们的。电磁信号让你做什么，你就会做什么。

简而言之，赌注已经扩大了。我们的社会已经拥有或正在积极地追求直接控制最内部的过程的方式，而正是这一过程一点一点地造就了现在的我们。这些新的权力可能给我们带来巨大的好处，同样，它们也带有消除我们的人性的风险。

注　　释

①Lewis Thomas, "The Attic of the Brain," in *Late Night Thoughts on Listening to Mahler's Ninth Symphony*（New York：ViKing，1983），141.

②Peter Kramer，*Listening to Prozac*：*A Psychiatrist Explores Antidepressant Drug and the Remaking of the Self*（New York：Penguin，1993），237－249.

③同上，chap 9。

④关于这一因素的深刻探讨，参见：Carol Freedman，"Aspirin for the Mind? Some Ethical Worries About Psychopharmacology，" in *Enhancing Human Traits*：*Ethical and Social Implications*，ed. Erik Parens（Washington，DC：Georgetown University Press，1998），135－150。

⑤此处，我们一定要注意，索尼娅对百忧解的体验是正面的，没有令人烦扰的副作用，而许多服用这类精神药物的其他人却发现他们的症状恶化了，或者他们渐渐感到自己变成了一个完全不同的人（负面意义上的）。有些医生和伦理学家认为，在当代社会中，这类药物使用过量，我们应该重新评估我们使用这类药物的方式。这些都是重要的考量因素，在今天的患者、精神病医生和生物伦理学家之间引起了激烈的争论，参见：Charles Barber，*Comfortably Numb*：*How Psychiatry Is Medicating a Nation*（New York：Pantheon，2008）；Joseph Glenmullen，*Prozac Backlash*：*Overcoming the Dangers of Prozac*，*Zoloft*，*Paxil*，*and Other Antidepressants with Safe*，*Effective Alternatives*（New York：Simon & Schuster，2001）；Peter Breggin，*The Anti-Depressant Fact Book*：*What Your Doctor Won't Tell You About Prozac*，*Zoloft*，*Paxil*，*Celexa*，*and Luvox*（New York：Da Capo，2001）。

⑥Joseph Forgas，Roy Baumeister，and Dianne Tice，eds.，*Psychology of Self-Regulation：Cognitive，Affective，and Motivational Processes*（New York：Psychology Press，2009）；Daniel Wegner，*White Bears and Other Unwanted Thoughts：Suppression，Obsession，and the Psychology of Mental Control*（New York：Guilford，1994）；Ana Guinote and Theresa Vescio，eds.，*The Social Psychology of Power*（New York：Guilford，2010）.

⑦Sherry Turkle，“Sociable Technologies：Enhancing Human Performance When the Computer is not a Tool but a Companion，” in *Converging Technologies for Improving Human Performance：Nanotechnology，Biotechnology，Information Technology，and Cognitive Science*，ed. Mihail Roco and William Sims Bainbridge（Dordrecht，Holland：Kluwer，2003），150；Sherry Turkle，*Alone Together*（New York：Basic，2011），10.

⑧参考本书同步网站附件J中有关人性和“动物性”的探讨和对比。

⑨Neil Levy，*Neuroethics：Challenges for the 21st Century*（New York：Cambridge University Press，2007），78.

⑩彼得·克莱默认为，困惑的原因可能在于“情绪药物”本身。按照大多数人对这个词的理解，“情绪药物”是一种化学物质。下午1点，我吃了一片这样的药，因为我感到闷闷不乐。到了1点10分，我感觉自己有点愉快了。但实际上，百忧解根本不是这样的。它并不会具体地影响某种情绪，就像给我们戴上玫瑰色的眼镜那样。据克莱默报道，当百忧解对他的一名病人奏效时，它的作用更像是一种全面转换剂，作用于

个人的整个性格。"百忧解常常让我们感到惊讶，"他说，"有时候，它只改变接受治疗的患者的某一个特点，但它的预期作用常常不是单一的。你用它来治疗某种症状，而它却改变了你的自我感知。" Kramer，*Listening to Prozac*，267－268。

⑪Judith Hooper and Dick Teresi，*The Three-Pound Universe*（New York：Tarcher/Potnam，1986)，155－156.

⑫Charlie Chaplin，*Modern Times*（United Artists，1936).

⑬Robin Leidner，*Fast Food*，*Fast Talk*：*Service Work and the Routinization of Everyday Life*（Oakland：University of California Press，1993)；Arlie Hochschild，*The Managed Heart*：*Commercialization of Human Feeling*，2nd ed.（Oakland：University of California Press，2012)；Ludwig Von Mises，*Bureaucracy*（Important Books，2012)；Michael Lipsky，*Street-Level Bureaucracy*：*Dilemmas of the Individual in Public Service*（New York：Russell Sage，2010)；Michael Volkin，*The Ultimate Basic Training Guidebook*：*Tips*，*Tricks*，*and Tactics for Surviving Boot Camp*，2nd ed.（El Dorado Hills，CA：Savas Beatie，2009).

第十一章 道德增强

莱昂内尔·梅布勒是一台机器。当然，特拉法玛多星球的人认为宇宙中的每一个生物和每一棵植物都是机器。让他们发笑的是，有那么多的地球人都因为被当成机器而感到受到冒犯。

——库特·冯内古特（Kurt Vonnegut），《第五屠宰场》（*Slaughterhouse Five*，1969）[①]

花絮：三种行为方式

情景一（未增强的利己主义）

你走在街上，看到一个持枪的蒙面歹徒正在抢劫一个老太太。你暗暗想道："她真的需要帮助，但如果我出手，那个人可能会开枪打死我。"于是，你朝反方向跑走了。

情景二（未增强的利他主义）

你走在街上，看到一个持枪的蒙面歹徒正在抢劫一个老太太。你暗暗想道："她真的需要帮助，但如果我出手，那个人可能会开枪打死我。"你犹豫了几秒，想要想明白该做什么。最后，你咬紧牙关，抛下顾虑，跑了过去，向歹徒大喊"放开她"。那个人看到你跑过来，就逃走了。老太太非常感谢你。你也感觉很好。

情景三（化学增强的利他主义）

你走在街上，看到一个持枪的蒙面歹徒正在抢劫一个老太太。你暗暗想道："她真的需要帮助，但如果我出手，那个人可能会开枪打死我。"这时，你每天早上都吃的高级"道德增强"药丸开始起效了。你的大脑释放了催产素，你突然非常同情那位老太太。于是，你跑过去向歹徒大喊"放开她"。那个人看到你跑过来，就逃走了。老太太非常感谢你。你也感觉很好。

道德药

在2012年《纽约时报》的专题文章中，哲学家彼得·辛格（Peter Singer）和阿加塔·萨根（Agata Sagan）提出了一个颇具争议的问题：如果我们能够通过一颗小小的药片让人们更加友善和体贴地对待对方，会发生什么呢?[②]他们发现，神经科学家每年都在做更多有关支撑我们的道德判断的神经和生化机制的研究。辛格和萨根建议，我们或许马上就可以对这些过程进行化学操纵，增强个人在道德上做出良好选择的倾向，而不是成为坏人。他们认为，给人们一粒“道德药片”，就可以长久地解决一些社会上最棘手的问题。

这个想法可能听起来有些奇怪，就好像是大学生会在《101 个道德规范》（*Ethics 101*）中遇到的一个牵强的假设性问题。但事实并非如此。神经科学家和认知心理学家确实在关注构成同理心、社会联系和正误判断的机制。他们知道这一过程会涉及大脑中的哪些部分，也正在更加深入地探究支持这些心理现象的神经元过程。

例如，神经经济学家保罗·扎克（Paul Zak）对催产素进行了大量实验。催产素是一种也被称为“信任分子”和“爱情激素”的化学物质[③]，在各种重要的大脑过程中起着神经调节的作用，不论是性行为还是社会交往。扎克已经证明，这种化学物质的上升或下降与人们有无彼此联系和信任的感觉成正比。他还表示，如果喷一些这种化学物质在鼻子上，你对周围的人感到温暖和迷幻的概率会大大增加。[④]反过来，这些发现也把扎克带入了与辛格和萨根相同的知识领域，“改善社会的关键就只是每个人每隔几分钟就能产生一次催产素吗？除了实际障碍之外，输送方式并不是真正必要的，尤其是因为……自然界在日常生活中就提供了如此多的释放催产素的方法”[⑤]。

结果表明，我们每给对方一次拥抱（至少是那些真心的拥抱），就会增加彼此的催产素。几乎在每个人们相互融合的社交情境中都会产生这种激素。它既可以是某种良好作用产生的原因，也可以是它造成的结果。如果我们彼此相互信任，我们的催产素就会上升；相反，如果科学家给我注射了催产素，我也会更容易信任我的同伴。[⑥]

我们又回到了辛格和萨根提出的建议。如果我们能找到一种把催产素或某种类似的化学物质注入人脑的方式，比如将它们混合到水中，就像我们对保护牙齿的氟化物所做的那样呢？有这样一个明显的反对意见，认为如果我们可以通过这种方式让每个人都更加关心和信任他人，那么我们就是在陷害每个人，让他们被那些喝毕雷（Perrier）矿泉水的少数人所欺骗和吸引，因此就不需要注射催产素。为了便于论证，我们先不要理会这个反对的声音。相反，我想探讨的是，使用化学手段增强一个人的行为的正当程度会对道德本身产生什么样的影响。⑦

英格玛·佩尔松（Ingmar Persson）和朱利安·萨卢列斯库（Julian Savulescu）在他们发人深思的著作《不适应未来：道德增强的必要性》(*Unfit for the Future*：*The Need for Moral Enhancement*）中认为，道德增强不一定要借助药物的形式，让你感到不可抗拒地被迫以无私的方式行事。他们设想中的化学物质不会凌驾于你的自由意志之上，把你变成善良的自动机器，而是会温和地改变你潜在的倾向和冲动，让它们朝向正常人类性格频谱中利他主义的那一端靠近。⑧换句话说，这种改造会使你倾向于更加接近我们社会中的善良的群体——通过他们内心对同情、善良和诚实的倾向，“自然而然”地选择说出真相或冲上去帮助那些需要帮助的人。

这是一个微妙而又有趣的观念，但它没有承认所有人的行为的道德意义的关键——无论是慷慨的还是卑鄙的——都不仅仅取决于他们的行为，还取决于他们行为背后的“意图和选择”⑨。以我所描述的老太太遭遇持枪抢劫的三个情景为例。在情景三（化学增强的利他主义）中，选择在多大程度上真正是你自己做的？你大脑中额外的催产素使你无法认真考虑这种自私的行为，你只是在表演哑剧——因为你发现自己充满了同情心，而你的最终决定取决于你的自由意志——但它已经以一种重要的方式被缩小和提前疏通好了。你真的别无选择，只能做某种“正确的事情”，因为你的情绪反应已被化学推向了性格频谱中更加仁慈的一端。由此一来，你的行为的道德意义被大大减少，因为对你而言，“失败的可能”从来都不是真实存在的。[10]卑劣或自私地行事从来不是一个真正的你可以决定接受或拒绝的选择。

相比之下，情景二（未增强的利他主义）中的决定要在两个方面更胜一筹。它需要真正的自由意志，在当时的情况下，你可以在各种可能的行为之间做出理性的选择——卑鄙、漠然或是善良；它表现了你心智的自主性，因为最终的选择来自你自己正常的情绪和认知过程，没有受到外部的化学干扰。由于这两个因素，你向这位老太太伸出援手的决定就有了丰富的道德意义。

这就是佩尔松和萨卢列斯库（以及辛格和萨根）提出的“道德增强”观点的不足之处。为了提供一种急需的、提升人类文明的整体道德水平的方法，他们提出了一种生物工程的形式，以此对每个公民的自由意志和自主权加以部分限制。但他们提出的治疗方法比“疾病”本身更糟糕。在某种程度上，我们的社会成功地制造出了人性中的肮脏和自私，并让这种不愉快的行为越来越不会成为人们真正的心理选择，从而使我们走向一个完全没有道德意义的世界。这样的世界也许确实会是一个非常和谐的社会，但它更像是一个蚂蚁王国，所有的成员都以一种令人难以置信的自我牺牲的方式来对待集体，但它们的行为并不是出于自由意志，所以并不属于道德范畴。[11]

这样一来，我们会发现自己又一次掉进了“AIBO悖论”中。这种化学物质让我们的行为更加无私，既可以预测又始终如一，但它同时也剥夺了无私行为的道德意义。虽然从外部来看，我由此产生的行为可能看起来无比宽厚，但实际上都是出于与自主和选择没有什么关系的心理过程，而正是这些决定了完整的人格。[12]

因此，当辛格和萨根这样的哲学家发现“未来几年有可能借助科学手段实现道德增强”时，他们是非常正确的。但我们的社会应该抵制走上这条路的诱惑。只有剥夺了人类的自由意志，才能借助化学或神经手段提前引导人类的行为。但是，没有哪种社会利益或个人利益值得让我们付出这样的代价。

注　释

①Kurt Vonnegut，*Slaughterhouse Five*（New York：Dell，1969），154.

②Peter Singer and Agata Sagan，“Are We Ready for a ‘Mortality Pill’?” *New York Times*，January 28，2012，http：//opinionator.blogs.nytimes.com/2012/01/28/are-we-ready-for-a-mortality-pill.

③Paul Zak，“The Trust Molecule，” *Wall Street Journal*，April 27，2012，http：//online.wsj.com/article/SB10001424052702304811304577365782995320366.html；Paul Zak，*The Moral Molecule：The Source of Love and Prosperity*（New York：Dutton，2012）；Michael Kosfeld，Markus Heinrichs，Paul Zak，Urs Fischbacher，and Ernst Fehr，“Oxytocin Increases Trust in Humans," *Nature* 435（June 2，2005）：673-676.

④Zak，*The Moral Molecule*，chaps. 1-2.

⑤同上，46。

⑥然而，并非所有研究者都像保罗·扎克那样对催产素持乐观态度，参见：Carsten De Dreu，Lindred Greer，Gerben Van Kleef，Shaul Shalvi，and Michel Handgraaf，"Oxytocin Promotes Human Ethnocentrism," *Proceedings of the National Academy of Sciences* 108，no. 4（January 25，2011）：1262-1266。

⑦对有意义的道德行为的探讨，参考本书同步网站附件 H，同时参考 Ingmar Persson and Julian Savulescu，*Unfit for the Future*：*The Need for Moral Enhancement*（New York：Oxford University Press，2012）；John Harris，"Moral Enhancement and Freedom," *Bioethics* 25，no. 2（2011）：102-111；Lenny Moss，"Moral Molecules，Modern Selves，and Our 'Inner Tribe,'" *Hedgehog Review* 15，no. 1（Spring 2013）：19-33。

⑧Persson and Savulescu，*Unfit for the Future*，111-114.

⑨参考本书同步网站中 Copp，LaFollette，MacIntyre，Nuccetelli and Seay，Rachels，Rawls and Kelly，Sandel，Scanlon，Schaler，Scheffler，Sen，Singer，Wiggins，Wilson 有关公正和伦理的在线书目。

⑩相比之下，在情景二（未增强的利他主义）中，你的行动决策需要你从许多道德上不同的选择间做出真正的选择。你对情况进行评估，迅速权衡面前的风险和肩上的道德责任；逃到安全区或者承担帮助老太太的风险的想法在你脑海中一闪而过；你体验了各种情绪；最终，你做

出了决定并付诸行动。从自私自利到利他的各种选择都已变成现实，最终你选择了做好事。在这一内心抉择的过程中，大脑中释放了各种化学物质，但这些神经化学反应产生于你更高层次的能力活动，包括理性、同感、道德判断以及对风险和后果的权衡。外部化学物质的加入并不会使你的大脑活动偏向一个方向（同感）；相反，当你的大脑中产生同感时，它只是竞相争夺你的注意力的众多冲动和情感中的一种。因此，你的性情更忠实地反映着从你的整个个性中自主产生的多种心理活动的相互作用。从这种意义上来说，你的行动具有情景三所不具有的真实性和道德真诚性。

⑪John Harris，"Moral Enhancement and Freedom，" *Bioethics* 25，no. 2（2011）：102－111；Robert Kane，ed.，*The Oxford Handbook of Free Will*，2nd ed.（New York：Oxford University Press，2011）.

⑫对道德行为唯一真正的增强，即增强我们行使自由意志和自主权的精神能力：让我们自己慎重考量所有实际的选择，从而做出如何行动的决定。因此，在另外的情景下，我们可以对道德增强药物做出不同的设想：想象它是一种可以增强我们的自主选择能力的化学物质。就这种药物扩大我们自我想象的心理空间以及延伸我们可以考虑的因素和范围而言，它将真正地增强人类能动性的道德品质，将准确地增强我们的自主决策过程中能将我们与动物和机器区分开的最宝贵的特征。当然，选择和服用增强药物的个人行为仍然具有所有道德主体的基本属性——其行为是不可预测的、不确定的。最终，实践可能证明这种增强人的抉择比非增强人的更明智、更有利，但情况也可能相反。它们本质上仍然是不可预测的。这正是完全健全的人格所行使的真正的自由意志的特点。

第十二章　共享隐私：监测和传递精神信息

想象一下，如果老师能够把数学证明直接传输到你的大脑之中，而不是通过语言……我们意识到，我们已经拥有了构建这一技术的基础版所需的所有设备。

——拉杰什·拉奥（Rajesh Rao）和安德烈亚·斯托科（Andrea Stocco），脑部研究人员，2014[①]

花絮：先兆

弗朗西斯卡向咖啡桌伸出手臂，用牙签扎起了一颗橄榄，然后又向后靠了回去。她抬眼看向他的时候，乌黑发亮的秀发就披散在她裸露的双肩上。

“你安装‘先兆’了吗？”

杰德点了点头：“昨天深夜安的。”

“我们现在试试吧。”

“好。”他说，又稍微停了一下，“你先吧。”

她瞥了他一眼。做完上一轮“回春”治疗之后，他看起来年轻了好多。他的头发剪得短短的，瘦削的脸上永远带着一丝不苟的表情。

“那……我该怎么做？”

“给我发点身体感觉吧。发点简单的，比如食物的味道？”

“好。你准备好了吗？”

他确认了一下自己的通信频道是开着的，然后回答道：“是的。”

稍做停顿之后，刚出炉的糕点的味道便排山倒海一般充满了他的意识，感觉就像他的舌头和嘴巴散发出来的。

他笑着说：“酷！”

“等等，”她说，“还没有完。”

突然间，他就到了清晨的罗马——至少看起来像罗马——站在咖啡馆外面的一条街上。他正准备坐在人行道边的一张小红桌旁，从他手里的白色纸袋拿出一个羊角面包。他的手指上沾着糖粉。桌面上，他的卡布奇诺还冒着热气，还没坐下就能闻到浓咖啡和热牛奶的味道。他看到排水沟里有两个烟头。他快要迟到了。一辆摩托车从街上呼啸而过。

“哇噢！”他看着坐在对面沙发上的她。

弗朗西斯卡笑了：“怎么样？是不是棒极了？”

“好像我就在那儿一样！”

“嗯，算是这样吧。这是从我上周二的早餐体验中直接提取出来的。”

他难以置信地摇了摇头。他肯定在电视上看过这些广告，他之前以为不过是寻常的炒作而已。但这个，非常了不起。

“我们只是碰了点皮毛。”她说，“‘先兆’可以让所有的记忆都联系起来。你会发现自己一个接着一个地顺着相互联系的链条往下走。就像普鲁斯特一样，‘先兆’这个名字是从神经科学里借用过来的。”

“那么……如果我一直用它的话，我就可以随意体验你的记忆链吗?”

“不，一定要我自己来体验，再传输给你才行。苹果的人非常小心地控制着人的记忆。原因也是显而易见的。”

杰德想，确实是啊，原因的确是显而易见的。这件事就是个炸弹。

“好了，现在该你了。”她说。

天啊，要是不小心给她发送了我大学宿舍里的那些事怎么办?

“我要怎么挑选想发送的记忆呢?”

“你没看说明书，也没上培训课吗?”

“我从来不看说明书。你知道的。”

她翻了个白眼，然后帮他回顾了一遍整个过程：打开“先兆”。在大脑中回想起一段记忆，给它加上标记。“先兆”会简短地重放这段记忆中的要素，好让你确定就是它。“先兆”会问：

“是否确定？”你选择“确定”。之后，这段记忆就会被加载到“发送”库里。点击发送。完成。

他深深地吸了一口气：我到底该选什么好？选择太多了。

出于某些原因，凯瑟琳出生那天出现了一幅图像。片刻之后，他就在脑海中回忆了起来，然后经过授权做了标记，把它发送了出去。

“先兆”的图标在她视野下方打开了。她闭上眼睛选择了它。

“她来了。”马特乌斯博士说。

先出来的是凯瑟琳的头。我的第一个想法是：她看起来也不全是那么糟糕。她的皮肤是一种可爱的淡粉色，上面有一层黏稠的液体和白色的粉状物质。但我没有时间去想她长什么样子，因为当医生、护士和我等着看她满脸通红的小脸时，房间里马上就会出现一个极度紧张的时刻。她吸进第一口空气的时候表情显得特别难过，她没有牙齿的嘴巴大张着，双手在空中握紧又松开，发出一长串咕噜咕噜的声音，那种声音虽然虚弱但特别费力。然后，她又把空气呼了出来，那是一声微弱的哀号、一声可怜的小哀号，像冲淡的茶一样稀薄。马特乌斯博士递给我一把剪刀，让我把脐带剪断。我发现它异常坚韧，很难剪断。

我把她抱在怀里，那个脆弱的小包裹就在我面前。她还是哭个不停，我柔声叫着她“凯瑟琳，凯瑟琳，凯瑟琳”。她立刻就不哭了。我看着她的眼睛，那双明亮的蓝眼睛睁得大大的看着我，看到了我的心里。

弗朗西斯卡睁开了眼睛。壁炉架上的时钟显示已经是4：40

了。才一个小时不到，感觉却好像整整一天一夜，甚至更长的时间过去了。

坐在对面的杰德还是闭着眼，脸上的表情有些怪异、有些平静。

她浑身一颤。太神奇了，太神奇了。

她整个人被倒进了一段图像和感情的急流。水流来了又回，向她逆流而来，涌入了她的身体——又是另一种轻柔和乐趣。

她感觉自己被完全掏空又被填满了。

在那个没有时间概念的空间里，他们互相发送那些你跟任何人分享都绝对不会感到舒服的奇怪的、感性的梦。若是有趣的回忆，他们两人就一起大笑一通。若是悲惨的回忆，她就想把那悲伤一分为二。

他们还给彼此发送了一些短暂的片段。那些说不上名字、转瞬即逝的面孔。是谁的脸？他的还是她的？她甚至都没有意识到自己还记着其中的许多事。当它们一个接着一个，像多年未见的老友一样一个呼唤着一个连续出现的时候，她才想了起来。

她又闭上了眼睛，随着呼吸的起伏，让回忆在她的脑海里肆意回荡。

窥探与分享

杰德和弗朗西斯卡经历的心灵感应沟通是很值得深思的，但这种技术有可能成为现实吗？毫无疑问，在科学家了解人脑的功能结构方面取得更大进展之前，我们将继续对这个问题保持沉默。[②]然而，在2013年和2014年的一系列研究中，有三组科学家成功地进行了一个实验，来验证这种直接的、脑对脑的通信概念——他们先以老鼠为实验对象，然后才是人体。

最早的突破发生在2013年杜克大学神经科学家米格尔·尼科莱利斯（Miguel Nicolelis）的实验室里。[③]在这个实验中，尼科莱利斯训练老鼠在灯亮起的时候按下笼子里的两个杠杆中的一个。然后，他将老鼠分成两组，分别放入不同的笼子里：一边是发送鼠（编码者），另一边是接收鼠（解码者）。之后，他把电极放进了两组老鼠的运动皮层中并与电脑连接。这个实验一共有两个阶段：首先记录下发送鼠在执行按压杠杆指令时的运动皮层的神经活动，然后把记录下的模式输送到另一个笼子里的接收鼠的运动皮层中。第一阶段，植入的电极从老鼠的大脑中“检索”信息；第二阶段，电极用记录下的模式“刺激”另一只老鼠的大脑。

令尼科莱利斯和他的同事惊讶的是，这种连接起作用了。接收鼠能够成功地复制指令，在60%到72%的时间内按压正确的杠杆。这些老鼠都看不到对方，接收鼠只能按照输送到其运动皮层中的记录好的神经活动模式活动。但事实证明，这足以让老鼠明白该按压哪一根杠杆。

同年晚些时候，哈佛大学医学院的一项实验也取得了同样令人印象深刻的成果：脑部研究人员柳承世（Seung-Schik Yoo）给实验室的六名人类实验者佩戴上脑电波（EEG）头戴式耳机，并通过电脑使其与另一个房间里经过麻醉的老鼠相连。人类“发送者”仅仅动一动想法就能产生刺激，让接受刺激的老鼠稳定地摇动尾巴。[④]

下一个验证这一概念的实验发生在 2014 年的华盛顿大学——这次的实验是在两个人之间展开的。计算机工程教授拉杰什·拉奥和心理学教授安德烈亚·斯托科组装了一种能够让他们大脑与大脑相连、一起完成一项简单任务的装置。[⑤]拉奥在一个房间里戴着一顶脑电极帽玩面前的视频游戏。斯托科则在另一个房间里带着经颅磁刺激装置，使电磁信号集中在他的大脑运动皮层的特定区域。这两个设备是通过电脑实现网络连接的。拉奥想象自己按下按钮，脑电极帽就可能获取相应的脑神经活动信息并将其传送到另一个房间里斯托科头顶的 TMS 设备中。TMS 用适度的电磁脉冲冲击斯托科的大脑，然后斯托科的手就按下了键盘上的一个按钮。拉奥和斯托科写道：

> 我们的游戏玩得越来越好，等到了最后一轮，我们几乎可以以 100%的准确率拦截海盗火箭。拉奥找到了想象以同样的方式移动他的手的方法，让电脑能够理解他的脑电图数据。斯托科知道他能感受到或看到，他都意识不到自己的手腕在动。我们又在其他的几个人身上重复了我们的实验……我们的下一组实验将会以大脑的其他区域为研究对象，希望能够使其产生有意识的思想。例如，我们相信我们可以实现大脑之间视觉信息的传送，而不是运动信息的传送。[⑥]

可以肯定的是，这些与科幻小说中描绘的人类心灵感应相差甚远。尽管如此，我们也算是入了门。现在，我们知道输送过程的两端都可以发挥作用：一个大脑记录突触活动，然后直接对另一个大脑产生相应的刺激，其准确度足以造成意义重大的结果。（请注意，这一成就虽然本身已是壮举，但并不等于在接收方的大脑中忠实地复制别人大脑中的刺激。要忠实地复制原本的刺激，那将是一个更加艰巨且难以实现的目标。）

这个复杂的拼图很有可能会在未来几年慢慢地拼凑完成。以动物和人类为对象的实验将会进一步发展检索和输送技术。对精神病患者的临床治疗也将使用更加安全和高级的技术，能够同时检测和改造人脑中的突触活动。神经科学家也会继续深入研究大脑的运作。总而言之，这些趋势指向了一个惊人的结论：在大脑之间实现精神内容的直接输送已不再仅仅是科学幻想了。如今已经有一些科学家认为这是一件有可能实现的事情，并以此为目标展开积极的研究。

为了方便论证，现在让我们想象一些更先进的事情。你和我背靠背坐在一起，技术人员给我们戴上脑电极帽，再接上电脑。你闭上眼睛，回想今天早餐吃了覆盆子羊角面包。你把注意力集中在这段记忆上，让脑电极帽提取这段神经模式。片刻之后，你按下了手上握着的手持装置上的“发送”按钮。

我接收到了什么呢？今天得到的证据表明，一个人的记忆并不存在于大脑之中，它们是分散的信息群，就好像以数字形式存储在电脑或 DVD 上的电影片段一样。好莱坞科幻电影带来了一种常见的误解[7]，相反，神经科学家和心理学家怀疑我们的记忆是由大脑以一种更加分散的方式存储下来的，这种神经模式与特定经历相关[8]，且有着很多重复和冗余的部分。特定记忆可能根本就不是以分散的实体形式存在的，而是互相连接的巨大网络中的部分元素，每个经历的不同方面都与其他经历的类似方面有联系。⑨

这表明，摆在记忆共享脑电极帽系统的设计者面前的任务确实非常艰巨。这种装置必须能够把一组与人有意注意的特定内容有关的神经模式归零，同时排除所有间接与该神经模式相连的同心圆。这足以让人知难而退。但更大的挑战在于，要把非常相似的神经模式输送到接收端大脑合适的回路中。

我们先假设这些障碍在某些时候都被克服了，大脑共享系统运作良好——你把羊角面包的记忆发送给了我。那么，我该怎样获得这种体验呢？我对你吃羊角面包的回忆的二手体验可能会与你自己的第一手经历大相径庭。我难免会把接收到的吃面包的记忆与我自己储存的记忆和联想联系在一起——我自己对糕点、覆盆子和早餐的理解，这一切都会使我得到的二手体验完全不同于你尝到的“味道”。我对你的记忆的体验会被重构——可能与你的经历的“相似程度”极高，但绝对不会一模一样。

纵使我们清楚地明白这一非常重要的警告，直接把大脑中的心理表征输送到另一个大脑仍然是一个质的飞跃。在自然界的历史中，还没有发生过任何类似的事情。在某种程度上，重构你吃覆盆子羊角面包的经历并在我的脑中再现你直接输送过来的内容，让我比其他共享人类文化的方式，更能贴近你体验世界的视角。

对于某些情况，这会是一件很美妙的事情。我能够以一种非常生动的方式感受别人的感情。恋人与伙伴之间可以在前所未有的程度上分享各自的回忆和感受。作为一名教师，我可以更有效地与学生交流，直接传达我自己的印象和理解，并收到他们反馈的独特的反应和想法。[10]来自不同文化背景的两个人可以互相体验彼此的世界，让他们发现从更深层次上联结彼此的共同点。[11]

这一切都似乎让人欢欣不已。即便如此，令人不安的问题还是会产生，记忆和我自己对那些记忆的独特感受是我们作为个体的自我感受的核心。[12]因此，很难说这种无中介的体验分享不会挑战——甚至是破坏——我们自我的界限。哪些记忆真的是我的，哪些是你的？即使是我接收到这些记忆，就留心给它加上“不属于我”的标记，或我已经注意将记忆标记为“不是我的”，但长时间广泛地分享私密、深入且主观的体验最终还是会模糊你我之间的界限。[13]

在今天的社会中，也正是因为两种思想在看待问题时始终有着明显的区别，所以我们把这样的思想交汇看作一种积极的进步。我们聚在一起，我们互相交流，分享感情。我们深入地了解对方看待这个世界的方式，然后再次分道扬镳，因为碰撞而稍做改变，但仍然是以前那个分散的个体。正是因为相互交流和分享感情的行为是有限的、不完美且不完整的，所以别人毫不怀疑我们谁是谁。

相比之下，记忆共享技术可能会（再一次）被证实是一件好事。在杰德和弗朗西斯卡的故事中，我描述了两人第一次进行这种给予和接受的记忆输送场景。但如果他们连续几个月每周都进行一两次这种亲密的会面，又会怎么样呢？是否有可能会看到他们作为个体的独特感逐渐崩塌？临床心理学认为，独立自我的发展和维持是心理健康的基本组成部分。当人们无法划分出“我”和“我的”的界限时，结果绝不会如他们所愿。他们会失去核心参照点，而他们的感受、欲望、恐惧、计划和动机都应该由这些参照点确定。维系其世界的中心分崩瓦解之后，一切都不再正常了。[14]

此外，再也没有什么理由来解释为什么这种共享必须仅限于两个坐在同一个房间里的人身上。这种人与人之间的记忆输送技术可以让我们通过网络发送和接收无数这样的体验。就像今天的人们在YouTube上上传日常视频一样，我也可以用同样的方式上传有关记忆的神经编码文件。然后，你——来自另一个大陆的陌生人——就可以下载我的体验并再次感受它们，在你的性格和生活世界中重构它。有了相互连接的人脑，我们可以购买、交换或者简单地赠送，自由地接受在世界上的任何地方记录下的体验。

法国耶稣会哲学家皮埃尔·泰亚尔·夏尔丹（Pierre Teilhard de Chardin）设想出了一种名为“心智圈”的现象——一种类似于地圈和生物圈的东西，包含所有人类思想和他们集体互动的总和。泰亚尔（逝世于1955年）认为，这种思想的领域已经存在于当代世界之中。过去的几个世纪里，它的整体性和强度一直在稳步增长，它是构成人类历史的隐藏命运，是内部的归宿。[15]如果可以的话，他一定会对网络充满热情并且沉迷于记忆共享技术带来的种种可能。我猜他会把它——无数个体逐渐模糊而成的更高级的元认同——当成世俗的奇迹。

当然，所有这些都是猜测。我们的大脑最后可能会让这种精神内容的检索和输送无法进行。又或者，即使有朝一日科学家会认可它原理上的可行性，但在实践中它可能依旧不过是一个妄想。21世纪的生物工程师可能永远都搞不明白怎样合理地运用必要的技术。

尽管如此，我们的社会还是投入了大量的资金、资源和聪明才智来研究以此为方向的科学知识和技术。所以，这种设备有朝一日成为现实的可能性值得我们仔细考量。

注　释

①Rajesh P. N. Rao and Andrea Stocco，“When Two Brains Connect：The Dawn of Brain-to-Brain Communication Has Arrived,” *Scientific American Mind*，November-December 2014，36.

②参考本书同步网站中 Rose，Dehaene，DiLorenzo 和 Bronzino，Katz，Moreno，Raeymaekers 有关大脑/精神/神经伦理学的在线书目，同时参考附件 B。

③Douglas Heaven，“Telepathic Animals Solve Task as One,” *New Scientist*，March 9，2013，8－9；Miguel Pais-Vieira，Mikhail Lebedev，Carolina Kunicki，Jing Wang，and Miguel Nicolelis，“A Brain-to-Brain Interface for Real-Time Sharing of Sensorimotor Information,” *Scientific Reports* 3，no. 1319（February 28，2013）：1－10，http：//www. nature. com/srep/2013/130228/srepo1319/full/srepo 1319. html；Miguel Nicolelis，*Beyond Boundaries：The New Neuroscience of Connecting Brains with Machines-and How It Will Change Our Lives*（New York：Times Books，2011）.

④Seung-Schik Yoo et al. “Non-invasive Brain-to-Brain Interface,”

PLoS One，April 3，2013，http：//www. plosone. org/article/info：doi/io. 1371/journal. pone. 0060410.

⑤Rao and Stocco，"When Two Brains Connect，" 36－39.

⑥同上，38－39 页。

⑦最近的一个例子是《记忆裂痕》（Paycheck）。在这部电影中，一个人为顶级机密项目工作，每个项目完成后，他会被选择性地删除记忆，以防止他泄露他所创造的设备的相关机密。这个故事通过细节丰富的场景，以线性的顺序直接描绘了记忆删除程序，在每个场景中，这个人的大脑中都有一秒钟的自觉意识。所谓的记忆删除，就是简单地删除记忆的时间片段，就像我们擦除录像带的一个片段一样。尽管我们对记忆如何运行并不十分了解，但我们至少可以肯定一件事：这种对记忆功能的描绘纯属故编乱造。John Woo，*Paycheck*，DVD（Paramount，2003）。

⑧参考本书同步网站中 Kandel，Tononi，Bear，Koch，Damasio，Edelman，LeDoux，Frith，Gazzaniga，Hooper and Teresi 有关大脑/精神/神经伦理学的在线书目。

⑨Joe Z. Tsien，"The Memory Code：Learning to Read Minds by Understanding How Brains Store Experiences，" *Scientific American*，July 2007，52－59.

⑩Andy Clark，*Natural-Born Cyborgs：Minds，Technologies，and the Future of Human Intelligence*（New York：Oxford University Press，2003），chap. 5.

⑪诚然，也有人会说，这种记忆共享只会更明显、更详细地揭露个人以及文化之间的深刻分歧。而我基本的假设是，人们之间的差异比相

似更明显：人们总能轻易地发现使别人显得不同、怪异、不相容和有差别的任何东西，但总是很难发现那些使他们与其他群体相关的深刻共性。在人们的相互接触中，记忆共享技术将会使这种不受重视的重叠和相似特征变得更突出。

⑫David DeGrazia，*Human Identity and Bioethics*（New York：Cambridge University Press，2005）；John Perry，ed.，*Personal Identity*（Oakland：University of California Press，1975）；Charles Taylor，*Source of the Self*：*The Making of the Modern Identity*（Cambridge，MA：Harvard University Press，1992）；Antonio Damasio，*Self Comes to Mind*：*Constructing the Conscious Brain*（New York：Pantheon，2010）；Derek Parfit，*On What Matters*，2 vols.（New York：Oxford University Press，2011）.

⑬机器人设计师汉斯·莫拉韦克在其两部著作中认可并推崇了这种可能的结果：*Mind Children*：*The Future of Robot and Human Intelligence*（Cambridge，MA：Harvard University Press，1988）；*Robot*：*Mere Machine to Transcendent Mind*（New York：Oxford University Press，1999）。

⑭Timothy Trull and Mitch Prinstein，*Clinical Psychology*（Independence，KY：Wadsworth，2012）；Andrew Pomerantz，*Clinical Psychology*：*Science*，*Practice*，*and Culture*（Los Angeles：Sage，2010）.

⑮Pierre Teilhard de Chardin，*The Phenomenon of Man*（New York：Harper，1959）.

第十三章　虚拟现实和另一个现实

鲍勃骑着金色狮鹫飞过蔚蓝的天空中去参军的时候，他才开始舒服起来。这才叫乐趣！事实上，这是鲍勃真正感到活着的第一天。

——爱德华·卡斯特罗诺瓦（Edward Castronova），《向虚拟世界的大迁徙》（*Exodus to the Virtual World*，2007）[①]

花絮：湿婆与柯基

“你要带我去哪儿?”

钱笑着说：“等会儿你就知道了。”

他开车带我去了市中心的“入口”。我们把车停进车位的时候，他说：“我订了早上11点的两人位。”

我不知道该说些什么。整个星期六我们都能待在一起，他却想让我跟他一起进入球体?

他看到了我的表情。

但他只是笑了笑，伸手拍了拍我的胳膊，“等会儿你就知道了，素玛立。不是你想的那样的”。

显然，我脸上的表情告诉他我并不相信。

“相信我。”他说。

“好，就一个小时。”我看着他说道，“之后，我们就直接沿着河滨去斯特伍德公园，去买一个给孩子们玩的风筝。然后，我们一起放，放真的风筝，飞在真正的风中的那种。”

他咧嘴一笑：“好，听起来很棒。”

我们躺回了玩家的安全带上，脑袋上紧紧地戴着头盔。接待机器人检查了与主机的连接，做了最后的调整。之前，我照看孩子的时候跟他们一起玩过几次，所以流程我都知道。

我瞥了一眼钱，他对我点了点头。于是，我闭上了眼睛。

我的视野中出现了一个红色的闪电图标。然后，我选中了它。

一个文本框打开了，上面写着：“请求宽带远程访问。是否授权?”

我选择了“是”，并给出了我的内部密码。

我的视野变黑了。一个声音从我的身体里响了起来：一个男性的声音，又大又洪亮。可能是系统机器人。“你好，素玛立。在进入之前，你需要选择一个形象。”

然后出现了一个菜单，里面有几十个人物形象，从童话公主到北欧战神。

老天啊，帮帮我吧。

我往下滚动，看到菜单里的选项越来越多样，我舒了一口气。先是穿着各种各样的服装的女人和男人，之后是动物，接下来是神话中的生物、奇怪的杂交生物，还有奇形怪状的外星人。

开始，我对一只红色的小狐狸很感兴趣，差一点就选了它了。它很漂亮而且看起来很机灵。但是，我突然反应过来：选了它，我就要用四条腿跑来跑去而且不能说话只能叫。我把它抛到了一边，继续往下选。真好奇钱选了什么。

最后，我找到了它——一位印度艺术家呈现出的湿婆。它有着蓝色的皮肤、四条胳膊、一头黝黑发亮的头发，脸上带着狡诈的表情，摆着跳舞的姿势。

好吧，不妨摆摆谱。

“我选这个。”

“湿婆，转换者。”机器人回答道。

菜单消失了。突然，我发现自己站在空旷的沙漠平原上，头顶是一片亮光色的天空，天上满是黑色的星星。正是黑夜与白天交替的时刻。地上光秃秃的，只有三三两两的几块大石头、一株仙人掌，还有远处雪山的轮廓。一种荒凉而又诡异的美。

我低头看了看我的身体和腿：皮肤泛着淡淡的蓝色，胸肌健硕，腰上缠着一条红色的丝绸。我动了动胳膊，果然有四只手伸了过来，在我面前张开了手掌。我动了动20根手指。

“还挺酷。是吧？”

我转身一看，旁边蹲着一只小小的柯基犬。

“钱?”

“没错。”柯基说。

我忍不住哈哈大笑。

“素玛立，看你背后。”钱轻轻地说道。

我转过身，抬眼看着天上。有一座城市悬浮在半空中，城市两边各有一块高达五百多米的巨石，那是整整一座城市。城市的建筑有点文艺复兴和地中海式的混合风格——有很多拱门，有斜顶、露台、公园、蜿蜒的小街、悬挂植物，还有带着样式精美的铁栏杆的小阳台。

还有城市里的人。我可以看到里面来来往往的人：广场上的小贩，自行车驶过铺着鹅卵石的街道，还有用头顶着篮子的老妇人。

我转身看着钱。我实在看不出他在想什么——柯基的面部表情是有限的。

“真美。”我终于问了出来，“我们在哪儿?”

“这是我创造的世界，素玛立。这就是我想让你看的。”

“你造的?”

“是我。”

柯基挥了挥爪子，一个小小的黑块就自动从悬浮城市中脱离了出来，迅速地滑向我们。那是一架有点像直升机的飞机，只是它没有螺旋桨。当它减速、轻柔地落在沙地上的时候，一点声音都没有。

钱和我爬了进去。

我们往上飞的时候一点声响都没有，就像坐电梯一样。

视野也开阔了起来，四面八方的景色一览无余，沙漠一望无际，山脉连绵起伏。我看到远处还有另一块有着悬浮城市的岩石。然后，我又看到左边远处还有一个大城市。我隐约可以看到那边的海景。

我指着远处的城市，给钱递了一个眼色。

“那是波特兰，”他解释道，“是我的一个朋友造的。我的市民和他的市民之间有很多贸易往来。”

啊哈。这就是鲜血和混乱的源头。

“他们打过仗吗?”

“这个世界里没有战争，素玛立。”

我看着他。他在球体里造了一个乌托邦?

“如果你的市民觉得波特兰人正在占他们的便宜怎么办?”

柯基用爪子做了个手势，“他们会谈判”。

“如果谈判失败怎么办?”

“继续谈判。”

我们穿过一扇巨大的拱门，飞进了一个机库，飞机稳稳地降落下来。

街道上的人们来来往往。小型电动车驶过铺着鹅卵石的街道。公园墙外，有一位老人在叫卖一大束花。

“我在那里看到的每一个人，他们……他们都是其他玩家的虚拟形象吗?”

“不，是操作构建世界软件的机器人在控制他们。”

“所以，这个地方是机器人做主?”

“不，是我。我才是设计了它的人。他们的行为参数都是我设置的。”

我们从直升机里下来，站在平台上凝望着面前的城市，一派蒸蒸日上的景象。街道，纷繁嘈杂的琐事，还有红砖的屋顶。不知怎么，它们让我想起了里斯本山边上的老街区。

“你造它用了多久?”

“差不多三年了。”

“三年!”

“大部分的描绘和编程都是在家里完成的，再通过网络上传到主数据库。”他稍微停顿一下，继续说道，“我没办法常来这里。”

“它花了你很多休息时间吗? 比如晚上和周末?”

“是的，没错。至少直到三周前我遇到你之前都是如此。自那以后，我就没再多做什么了。”

我会心一笑。尤其是第二次约会之后，我们花了很多时间聊天和打电话。

我伸手摸了摸我一只右手旁的藤蔓，用蓝色的手指摸着树叶的纹路。我能感受到每片叶子上的脉络，能感受到每个小细节。这是爱的成果。

“它真美。”

小狗看着旁边的街道，说：“对我来说，建立起一整个世界，满足它的需求，保证它运转良好，是一种满足。实际上，这并不容易。要有医生、清洁工、音乐节，有停车罚款、流浪狗、保龄球馆，还要有抢劫案件。”他挥了挥爪子，继续说，“这个世界上的事情总能给我惊喜。我经常有这样一个问题：我能维持它的运转吗？还是整件事会让我崩溃？”

我呆呆地望着熙熙攘攘的人群。那边有一位年轻女子在卖花的小摊前停了下来，买了很大一束红色和黄色的百日菊。

钱的世界。

“你的城市叫什么名字？”

柯基抬头看了看我，又把视线移开了。

“两个星期前，我才刚给它起了个名字。我就叫它‘城’。”

“为什么？”

“因为我想不出一个能够配得上它在我心中的特殊地位的名字。”

寂静。

“你会叫他什么呢？”

“你懂我的。”

今天，全世界有大约 6.6 亿人经常玩视频或网络游戏，平均每周花费 13 个小时在他们选择的虚拟世界中。[②]这一现象逐年扩大的规模和影响范围已经使得一些学者在谈及虚拟现实时提出了“大迁徙”的概念。[③]

今天的虚拟现实技术可分为三大类：通过耳机和复杂的交互式

控制台，提供完全投入式的视觉体验的昂贵实验室系统；通过电视、电脑屏幕和简单的手持式控制器制造感官的家用设备；用比实验室系统更实惠的价格提供身临其境的体验的 Oculus Rift 等新兴家庭设备。[④]使用实验室里的完全投入系统的人表示，他们的体验更接近现实。例如，如果要他们模拟走过一块架在深渊之上的窄木板，他们会真的感到害怕、心率上升、满头大汗，等到了另一边，他们又会兴奋狂喜，松一口气——虽然他们全程都非常清楚自己戴着耳机安全地站在实验室的地板上。显然，人类的思维很容易切换成投入式的体验，把感官信号当成现实并做出各种相应的身体、情感和认知回应。[⑤]

这种心理效应在很大程度上解释了近年来视频游戏和其他此类互动幻想技术已经发展成为价值数十亿美元的产业的原因。[⑥]玩这些游戏的人会感受到全套的强烈的情感——真正的恐惧、沮丧、快乐、友谊、羞辱和胜利。在某种层面上，旁观者可以把情感的来源准确地描述为“模拟”，但对体验它们的人来说，这种区别是无关紧要的：乐趣是真实的，因为“感觉”很有趣。[⑦]

未来几十年，这种“综合体验”的发展可能会以三种趋势为标志。

（1）逼真的现实。模拟技术会越来越让人完全投入且越来越逼真，让人很难把虚拟冒险与人们在现实生活中的经历和感受区分开来。[⑧]玩家可以选择详细地扫描自己的身体、表情和行为癖好，让虚拟形象的外表、行为和感觉像是真实自我的完全复制。[⑨]

（2）无缝的衔接。生物电子增强技术的日益精细可能会彻底改变我们与虚拟现实技术互动的方式。我们的动作、反应和意图将会被更加流畅地转化为虚拟世界中的细节行为。反过来，透明度的提升也将进一步夸大模拟的真实感和情感效果。[10]

（3）模糊的界限。基本现实——我们日常生活的实体世界——本身将被虚拟元素部分覆盖，这种现象被称为“增强现实”[11]。如果一个人佩戴适当的设备——类似高级版本的谷歌眼镜，他碰到的物体就会跟他“对话”，并以强有力的方式与他互动。比如他走在街上，街道会出现地图、方向和投影到他视野中的实际建议。他在超市里伸手去拿一盒麦片，麦片盒子上就会闪现营养成分和其他消费者的产品评价。[12]这相当于一种物理和虚拟的混合。我们有理由认为这一趋势将持续发展。[13]

虚拟的利益，真正的危险

每年，全世界的人会花费大约 4 420 亿小时的时间疯狂地点击互动网络游戏。[14]难道这不是一种对时间的巨大浪费吗？这不是对集体逃避现实的巨大纵容吗？研究人员和游戏开发员简·麦戈尼格尔（Jane McGonigal）认为，绝对不是如此——网络游戏根本不是冷漠、单纯的游戏。相反，优秀的游戏设计的标志是让玩家参与某种特定的高强度工作。[15]她坚持认为，最好的游戏会提供持续的反馈，通过不断增加的挑战和关卡切实可见地显示玩家的进步。这样的游戏既有成功的可能性，也有失败的风险。它们建立在社会环境中，个人的成就和功绩会得到他人的认可和称赞。最重要的一点也许是，最好的游戏既可以是问题也可以是任务——它们发生在故事情节中，让个人在做出决定和行动时带着强烈的自我超越意识。

但这还只是一个可能被否决的幻想。一退出游戏，你就不再是主人公了。麦戈尼格尔认为，或许人们对它的想法并非如此。对于经常玩这些游戏的数百万人来说，他们在虚拟冒险经历中得到的东西，比他们发现自己被迫在日常生活中一遍又一遍乏味地例行公事更有价值。[16]

但这并不意味着麦戈尼格尔在呼吁我们所有人收拾行李一起奔赴网络游戏的世界。恰恰相反，她认为我们应该利用从游戏研究中收获的实用的见解，改善基本的现实本身。如果我们了解了精心设计的游戏如此吸引人的原因，我们就能从中得到相应地改变我们日常生活的线索，从而使我们的工作、课堂、人际关系和日常琐事更加愉悦、充实。[17]

虚拟现实技术最迷人的方面之一，就在于研究员吉姆·布拉斯科维奇（Jim Blascovich）和杰里米·拜伦森（Jeremy Bailenson）所说的普罗透斯效应（Proteus effect）。[18]事实证明，模拟体验可以对人们在基本的现实世界中的自我认知和选择造成深刻的影响。以斯坦福大学和芝加哥大学的一系列实验为例，他们分别给予男性和女性测试者比他们真实的身材更高或更矮的虚拟形象。[19]虚拟形象在线上“生活”了一段时间之后，他们给测试对象呈现出了需要与其他玩家协商和妥协的虚拟情境。结果，具有较高形象的测试者几乎毫无例外地表现出比具有较矮形象的测试者更大的自信和支配倾向。这不足为奇，心理学家早已确定，在现实世界中，高个子往往会比较矮的人在人际交往中有更大的优势（和信心）。[20]

之后，更有力的证据出现了：摘掉耳机并退出模拟实验之后，测试者接受了另一轮类似的测试，这次是在实验室环境中。无论他们在现实生活中的真实身高是多少，无论他们是男是女，那些暂时使用较高的虚拟形象的人依旧比较矮形象的人更有信心。就像希腊的普罗透斯神一样，他们（在虚拟中）改变身体形状的能力带来了现实生活中人物和角色的相应转变。

这既可能是好事，也可能是坏事。它可以让人们在某种程度上从现实生活中的自我短暂地脱离出来，放一个短假，以全新、自由的方式体验世界。一个来自伊朗的穆斯林可以从以色列犹太人的角度暂时体验这个世界，反之亦然；一个香港的富人可以在里约热内卢的贫民窟和街上的顽童一起度过一天。虚拟的体验可以成为拓宽视野的有力工具。[21]

以雪莉·特克尔（Sherry Turkle）和杰伦·拉尼尔（Jaron Lanier）为代表的其他研究者的观点则没有这么积极。他们承认线上世界巨大的潜力，但认为我们在实践中使用这些技术的方式会导致社会关系逐渐退化。他们发现的问题是双重的。[22]

第一，有太多人倾向用这些技术替代他们的现实生活经验，而不是作为现实生活经验的补充。他们逐渐迷失了自我，与现实生活的关系和目标也在不知不觉中萎缩。特克尔得出了一个颇为讽刺的结论："我们对技术的期望越来越大，对彼此的期望越来越少。"[23]

这些技术的第二大问题是，它们难免会把世界过度简单化。数字环境只能是一种程式化的结构，是一张原理示意图，创作者已经对怎样排除场景的特征和主角做出了各种选择。[24]研究者爱德华·卡斯特罗诺瓦表示，正是这种简单带来了虚拟世界的强大吸引力。让我们回想一下本章的题词中描绘的鲍勃的故事，他把自己变成了英雄战士阿贝拉德，对战世界黑魔王阿兹冈斯。卡斯特罗诺瓦得出结论，正是由于网络游戏给出了直截了当的叙述，使善恶之间的界限清晰明了，所以它给像鲍勃这样的人提供了丰富的目标和自我认证的选择。在相对主义泛滥、唯物主义卑劣的后尼采时代，网络游戏为普通人营造了一个他们急需的神话和理想主义环境，给他们的生活提供了道德方向，否则生活好像就会变得空虚且毫无意义。[25]

卡斯特罗诺瓦提出的观点一针见血，但他最后对虚拟现实的精神防御却令人难以信服。这种固定类型的道德剧本，在短期内可能会让参与者感觉良好，但最终会导致扭曲的生活。现实世界充满了模糊性和复杂性，也常常找不到解决的方法，但正是这些特征为人类带来了最大的挑战，迫使我们为更高一层的理解和智慧奋斗。[26]如果你在这个世界里把时间花费在追赶阿兹冈斯这样的二维角色上，那么你就只能满足于愚蠢和幼稚的挑战。

由此看来，未来我们最好把模拟世界看作一个强大而又邪恶的发明。明智地应用这些技术可以为我们营造出能够扩展我们的技能并增强我们的品质的挑战。同时，这些技术也对我们有一定的诱惑，使我们与看似平凡的关系和追求渐行渐远，而正是这些关系和追求让我们的生活扎根于基础的现实世界。一不小心，它们就会切断我们与最重要的东西的联系。

注 释

①Edward Castronova，*Exodus to the Virtual World*：*How Online Fun Is Changing Reality*（New York：Palgrave-Macmillan，2007），200－201.

②Jane McGonigal，*Reality Is Broken*：*Why Games Make Us Better and How They Can Change the World*（New York：Penguin，2011），3. 同时参考本书同步网站中 Castrobova，Boellstorff，Nardi，Taylor 有关纳米技术、虚拟现实和合成生物学的在线书目。

③Edward Castrobova，*Synthetic Worlds*：*The Business and Culture of Online Fames*（Chicago：University of Chicago Press，2005），75.

④Jim Blascovich and Jeremy Bailenson，*Infinite Reality*：*The Hidden Blueprint of our Virtual Lives*（New York：Morrow，2011），chaps. 2－4.

⑤ McGonigal，*Reality is Broken*，chaps. 1－2；Blascovich and Bailenson，*Infinite Reality*，chaps. 2－4.

⑥2012 年，博彩业创造了约 680 亿美元的收入，这个数字超过了联合国中 140 个成员国的国内生产总值。McGonigal，*Reality is Broken*，4。

⑦这是 Mcgonigal，Castronova，Boellstorff，Nardi and Taylor 的著作中常见的题材。

⑧我将用“现实生活”和“基本现实”这些词来指代我们所出生的物质世界。当然，“基本现实”这个概念本身就是有问题的。从柏拉图、

康德、弗洛伊德到今天的结构主义者和认知研究者，哲学家和心理学家们一直在探讨这个难以捉摸的概念。在这里，我不会介入这些仍在进行中的讨论，它们涉及认知论、形而上学和本体论。相反，我会“跳过”这个问题，跟随有实用主义、批判现实主义和临时现实主义倾向的哲学家的脚步。在现实生活中，大部分人的存在都依赖于这一假设：存在一个独立的、外部的现实，其随意的过程和可观察到的规律决定了人类生物体生存以及社会存在的参数。同时，大部分有思想的人最终意识到，这种外部现实（在人类的体验下）也是可塑的——它的特征受观察者的视角以及特定的心理官能或文化性格的深刻影响。我们大部分人每天就在客观和主观这两极之间穿梭。当然，有关这一问题的文献非常多，例如：Paul Moser，ed. *The Oxford Handbook of Epistemology*（New York：Oxford University Press，2005）；Michael Loux and Dean Zimmerman，eds.，*The Oxford Handbook of Metaphysics*（New York：Oxford University Press，2005）；David Chalmers，David Manley，and Ryan Wasserman，eds.，*Metametaphysics：New Essays on the Foundations of Ontology*（New York：Oxford University Press，2009）。

⑨另外，随着神经科学和生物电子学继续快速发展，这两个领域无疑将对虚拟现实技术产生重大影响。一种可能是，研究者绕过外部感官，直接刺激大脑的各个感官中心。我们可以简单地把自己与脑机界面相连，让软件直接在我们的头脑中设定特定情形的体验，而不再在我们的身体上安装各种身临其境的模拟设备。当然，这个想法纯属猜想，但这种设备如果真的存在，就会成为哲学家罗伯特·诺齐克（Robert Nozick）曾描述过的“体验机器”。Robert Nozick，*Anarchy，State，and Utopia*

(New York：Basic，1977)，42－45。这种设备将提供完美的模拟体验，与现实体验完全没有区别。Steven Rose，*The Future of the Brain*：*The Promise and Perils of Tomorrow's Neuroscience*（New York：Oxford University Press，2005），chaps. 10－11；Mihail Roco and William Bainbridge，eds.，*Converging Technologies for Improving Human Performance*：*Nanotechnology*，*Biotechnology*，*Information Technology*，*and Cognitive Science*（Dordrecht，Holland：Kluwer，2003）；William Bainbridge and Mihail Roco，eds.，*Managing Nano-Bio-Info-Cogno Innovations*：*Converging Technologies in Society*（New York：Springer，2006）；Bruce Katz，*Neuroengineering the Future*：*Virtual Minds and the Creation of Immortality*（Sudbury，MA：Infinity Science Press，2008）。

⑩如今，远程呈现、机器人和触觉反馈系统可以让外科医生远程给病人做手术，它们将进一步增强模拟设备的效果。各种触感将补充我们的视觉和听觉，进一步增强体验的真实性。当你在虚拟世界里击败敌人时，你的双手和手臂也会有相应的感觉，而这种感觉是通过界面设备传回你的身体的。William Sherman and Alan Craig，*Understanding Virtual Reality*：*Interface*，*Application*，*and Design*（San Francisco：Morgan Kaufmann，2003）。

⑪Oliver Bimber and Ramesh Raskar，*Spatial Augmented Reality*：*Merging Real and Virtual Worlds*（Wellesley，MA：Peters，2005）；Rolf Hainrich，*The End of Hardware*：*Augmented Reality and Beyond*，3rd ed.（Booksurge，2009）；James Kent，*The Augmented Reality Handbook*（Tebbo，2011）.

⑫2012 年，谷歌公司发布的一段视频引起了轰动，该视频展现了戴上新的谷歌眼镜后的体验。谷歌眼镜是一种像眼镜一样的头戴交互式设备，参见其官网：https：//plys. google. com/＋projectglass＃＋project-glass/posts。视频参见：https：//www. youtube. com/watch? v＝JSn-Bo6um5r4。同样，麻省理工学院的两名研究者最近也发布了一款新的穿戴设备，名为“第六感”，可以充当“便携式的私人助理”。该设备由一个小摄像头、一个袖珍投影仪、一面镜子和一台联网的移动电脑组成，所有组成部分都可以作为单个单元的挂件戴在脖子上。界面操作十分简单：你在每只手的拇指和食指上戴上有颜色标志的小盖帽，移动电脑通过摄像头捕捉你的手部动作。用你的手指做出一个方框手势，把你面前的一部分画面框起来，该设备就会拍下该画面的照片；浏览报纸时，移动电脑会通过文字识别来朗读新闻标题，然后以网络上最新的信息来对报纸上的文章进行补充，将图片和文字投射在你所阅读的页面上；从书店里挑一本书，该设备就会在相应的页面上显示这本书的书评和评分。无论用户走到哪里，该设备都会在用户周围创造一个个性化的“信息空间”。Pranav Mistry，“SixthSense：Integrating information with the real world，” Fluid Interfaces Group，MIT Media Lab（2009），http：//www. pranavmistry. com/projects/sixthsense/index. htm＃PUBLICA-TIONS。

详细展示该设备功能的视频参见：“Pattie Maes & Pranav Mistry：Unveiling the ‘Sixth Sense，’ Game-changing Wearable Tech，” http：//www. ted. com/index. php/talks/pattie_maes_demos_the_sixth_sense. html。

⑬目前正在研究的一项非凡的技术将把这些功能融入隐形眼镜中。

2008年，华盛顿大学电气工程研究专家巴巴克·帕尔维兹（Babak Parviz）宣布，他和他的团队成功在兔子身上测试了一种“仿生隐形眼镜”，该设备融合了超薄发光二极管、嵌入式电子电路和一个小天线。该设备的原型尚不具备全部功能，但据帕尔维兹报道，他们的目标是开发一种能将电脑界面直接投射到人的视野中的设备，让人们能通过悬在半空的虚拟屏幕操控物体。如今，帕尔维兹仍继续在为谷歌公司的谷歌眼镜项目效力，参见：Bryn Nelson，“The Vision of the Future Seen in Bionic Contact Lens,” MSNBC. com，January 21，2008，http：//www. msnbc. msn. com/id/22731631/。我已经在上面所描述的“虚拟壁饰”中装点了今天的建筑。通过一个名为 Aurasma 的智能手机应用，你可以用图片、艺术品、文字或视频装饰你想装饰的任何实物或者任何人。你打开手机摄像头，把你想装饰的特定位置放入方框内，比如你刚刚去过的一家服务员特别无礼的饭店。当你离开的时候，你给这家饭店的照片贴上标签，给予它负分或者你想留下的任何评价，手机上的全球定位系统可以标记出它的地点，并记录下你的反馈。Aurasma 的用户只要经过这家饭店，你的评语就会在他们的苹果手机上弹出来。如果把这个应用和谷歌眼镜一起配合使用，当人们经过这家饭店的时候，它就会朝人们大喊：“这个地方很糟糕，快走吧!”（不用说，该技术将为物权法和言论自由带来新的问题。）参见：Catherine de Lange，“Reality Re-Spray：The Hidden Digital World Uncloaked,” *New Scientist*，May 25，2012。

⑭这个数字是这样计算出来的：全球游戏玩家的预计人数（6.6亿）乘以他们每周上网的平均时间（13个小时），计算时间为1年。统计数据参见：McGonigal，*Reality Is Broken*，“Introduction”。

⑮同上，chap. 3。

⑯同上，“Introduction”。

⑰例如，雇主可以设计一个系统，为工人提供持续的建设性反馈，通过工作熟练程度来进行结构化的晋升；教师可以把作业设计得更具协作性；室友可以重新安排日常家务，让它们变成规则神秘、好玩的竞赛游戏。而共同的目标是：利用游戏最吸引人的特征，将它们融入基本现实中往往无聊、沉闷的苦差事中。参见：McGonigal，*Reality Is Broken*，Part Ⅲ。2009 年，《卫报》（*The Guardian*）将“现实生活中的游戏”运用出了惊人的效果。对议员普遍滥用报销账单的指控浮出水面后，英国政府公开了一大堆数字化的支出文件，让记者们来调查。但里面藏着一个陷阱：这些文件完全没有条理，而总数达 458 832 份之多。必须逐一对每份收据或费用记录进行审查。处于困境中的《卫报》职员根本不可能完成这项任务，但他们并未放弃，而是求助于伦敦的一个知名游戏开发者，这名开发者简要地告诉他们：“让它变得像游戏。”（McGonigal，*Reality Is Broken*，222）当这项任务改头换面，作为“抓住议员，扒掉他的裤子”的竞赛游戏上线后，20 多万人热情地参与其中，疯狂地审查费用记录，寻找不当之处。最终结果是：一群议员辞职，并接受刑事诉讼，继而是政府审计程序的改革。锦上添花的是，被抓住的议员们必须向政府返还 110 万英镑。这是基本现实中最令游戏玩家轰动的一件事。

⑱Blascovich and Bailenson，*Infinite Reality*，102 - 108.

⑲同上。

⑳Timothy Judge and Daniel Cable，“The Effect of Physical Height on Workplace Success and Income：Preliminary Test of a Theoretical Model,”

Journal of Applied Psychology 89，no. 3（June 2004）：428 - 441.

㉑相关讨论参见：Kevin Kelly，*What Technology Wants*（New York：Viking，2010）。

㉒为简明起见，我在这里将下面这些著作中的复杂论点压缩、合并在了一起：Sherry Turkle in *Alone Together*：*Why We Expect More From Technology and Less From Each Other*（New York：Basic，2011）；Jaron Lanier，*You Are Not a Gadget*：*A Manifesto*（New York：Knopf，2010）。

㉓Turkle，*Alone Together*，295.

㉔重点参考 Lanier，*You Are Not A Gadget*，chap. 10。

㉕Castronova，*Exodus to the Virtual World*，chaps. 9 - 10.

㉖并不奇怪，有关这一主题的文献有很多，例如：Uri Merry，*Coping with Uncertainty*：*Insights from the New Sciences of Chaos*，*Self-Organization*，*and Complexity*（New York：Praeger，1995）；Donald Norman，*Living With Complexity*（Cambridge，MA：MIT Press，2010）；Philip Hodgson and Randall White，*Relax*，*It's Only Uncertainty*：*Lead the Way When the Way Is Changing*（London：Pearson，2001）；David Wilkinson，*The Ambiguity Advantage*：*What Great Leaders Are Great At*（New York：Palgrave-Macmillan，2006）。

第十四章　直到死亡我们才不再分开：极长寿命的影响

是的，他一直都在。

——杰夫·勒博斯基［Jeff Lebowski，杰夫·布里吉斯（Jeff Bridges）饰］，《谋杀绿脚趾》（The Big Lebowski，1998）[①]

花絮：与祖先约会

我躺在威斯敏斯特庄园酒店的床上，想着我的曾曾曾祖父。他的名字叫约翰·R.G. 温斯洛——我发现，英国人有两个中间名。

今天早上，我第一次见到他。上周，他刚过了141岁生日。他看起来比我大四五岁，大约35到36岁。抗衰老治疗在他身上真的起了作用。他看起来……很不可思议：身材高挑，肌肉结实，嘴唇上方留着小胡子，还有山羊胡，波浪起伏般的红发，可能最多37岁。

今天早上他来酒店接我的时候，我们来了一个大大的拥抱。我们站在酒店大厅里，紧紧抓着彼此的手。他抓住我的肩膀，眼神里满含激动。

“噢，曾孙女，”他说，“你身上还有温斯洛家的影子，毫无疑问。我看得一清二楚！”

他把我转向附近墙上一面镶着金边的镜子。我自己是娇小的亚洲人身材和卷曲的黑色爆炸头，而约翰站在我身边，脸上洋溢着灿烂的笑容。

我在床上翻了个身，抱着枕头。这是错误的，我一直对自己说。真是疯狂。

他把我带到他的车旁。在我上车的时候，机器看门人为我打开车门。

“你吃早饭了吗，圭子？”约翰问我。

我摇了摇头，“忘带时差药了。我半夜就醒了，直到10点才睡着”。

他点了点头，“很好。我知道要去哪儿了”。

他对汽车说：“马克思-斯宾塞商店。”

“总店还是分店，主人？”汽车问道。

“我去过分店吗？”约翰生气地问。

“只是核对一下，主人。”汽车飞速地上路，车流立即歪歪扭扭地停下来，好让我们驶入。

我以为马克思-斯宾塞不过是一家百货商店，结果大错特错。它有最神奇的小白面包三明治，每个直径六厘米，有各种各样的品种可供选择，多达几百种。我并不觉得饿，但约翰还是把我的托盘装得满满当当。我们端着托盘上了屋顶露台，那里满是盆栽植物和匍匐植物，戴着花帽子的女士正在喝茶、吃松脆饼，从下面的街道传来伦敦的背景噪声。

结果是，我们喜欢同样的东西——番茄鳀鱼、黄瓜蘸酱和莳萝奶油蘑菇。不是大部分，而是全部都一样。

有趣的是，我们相处起来毫不费力。从大阪飞来的一路上，我都很紧张。这次会面会怎么样？如果我们除了几句礼貌的寒暄外没有什么可聊的呢？

完全不是这样。事实恰恰相反。我们聊得很快，往往对方还没说出口就已经心领神会了。我们谈天论地。我们疯狂地大笑。一切都很轻松、舒服，毫不费力。

好在我穿的是短裤和衬衫，而不是棉质连衣裙。吃过早午餐后，我们租了两辆自行车，骑到了泰晤士河边，沿着河滨一路骑。我们在靠近几棵榆树的长椅上坐下，看着来来往往的驳船、游船和游艇。有那么一会儿，我们只是坐着，谁也没说话。我又一次感到惊讶——连沉默都那么自然、平静。沉默没有把我们隔开，而是把我们连在了一起。

我看着他，说：“你觉得是因为基因吗？所以我们才这么投缘？”

他耸耸肩，“五代了，基因都很远了”。

我紧接着说：“在当记者之前，你可是专搞生物学的。”

他轻声笑了笑，凝望着河面，“在那之前，还做过一大堆别的工作”。

我问他为什么没有再婚。他的解释很有道理：两段长期的婚姻已经足够了——和莫娜生活了30年，我家就是他们的后代；和苏珊娜生活了55年。他冲着我笑道：“很棒，两次都是。这是上帝的礼物，我很感激。”接着，他又耸耸肩，“我只是再试试单身生活”。

“那么，你一直在做什么呢？”

“我喜欢的任何事。我已经存了足够的钱，所以我每天可以制定我自己的规则。”

“什么样的事呢？”

“呃……比如，我在缅甸的寺庙里修了三年禅。”

我盯着他，“怎么样？”

“很慢。”

我等着他继续说。

“人们常常相信‘回春’治疗和抗衰老药物可以延长你在地球上生活的时间。但还有一种更简单的方法。你只用学会如何关注每个流逝的时刻。记得威廉·布雷克（William Blake）的诗‘一沙一世界’吗？”

我点点头，依稀记起这几行诗。

“去享受你拥有的时间，不需要什么花哨的技术。”

沉默。

然后，他转向我，“你呢，圭子？你在南非的堂姊妹告诉我，你从没结过婚”。

我笑了笑。我们家族的南非一脉——完全没经过改造的人。他们没有“回春”疗法，没有药物，没有表观遗传设计，没有生物电子植入装置，没有升级或增强，只有郁金香。整个大家庭都生活在德兰士瓦那个破旧的农场里，那里有着数公顷的温室。他们毫不关心周围世界的一切。

“所以，你一直跟他们有联系，对吗?”

他点点头，“人很多，对吧?”

我们都笑了。

我一时心血来潮，抬起手放在他的手臂上。我起身骑上我的自行车，说道：“看谁快!”我沿着河岸一路往前骑。

没过多久，我就听到他追了上来。他从我的身边冲过，速度是我的两倍，而且毫不费力。

没人告诉过我，他是全英业余自行车队的队员。

我的实际年龄是31岁。感谢“回春”疗法，我的外貌不错，感觉也很棒。但我完全不可能有他那样的身体。

最后，在绿树成荫的堤道尽头，我终于气喘吁吁地赶上他。他把自行车靠在栏杆上，在调整脚蹬上的什么东西。

“去参观一下泰特现代美术馆怎么样?”他问道，但并没有转身。

我坐在床上，开着灯。床头的时钟显示时间为2点33分，正是午夜。我坐在英国伦敦的这个地方，想着我的一位血亲，但却是以错误的方式。

我必须停下来。

我对着墙壁盯了一会儿：已经褪色的墙纸，笨重的酒店家具。我放弃了，关上灯，又躺了下来。

当然，我可以吃一颗情绪药丸，只需三四分钟就会感觉很好，平静、透彻、满足。

但这段经历太重要了，我不能那样镇静。我需要控制自己，把这些想明白了。

如果他知道我躺在这里想着他，他会对我说什么呢？

以这样的方式想他？

真的是错的吗？他自己也说“五代了”。经过各种混合之后，一切都被稀释了。

两个人的关系需要隔多远才不会构成乱伦呢？

在上床之前，我上网仔细研究了这个问题。法律是一团乱麻，每个国家有不同的法律，但基本的标准似乎是——至少四代。

所以，从法律意义上来说，我们没有问题——勉强没有吧。

但我的这些感觉呢？如果向他坦白，他会怎么想呢？

要是他没长这么帅就好了。

俗话说，人生唯一确定的两件事就是死亡和税。然而，事实上，税是两者中更不可动摇的。如果最近你在投资殡仪馆的股票，可能你需要重新考虑一下。

在第二章中，我说明了我们的身体随年龄退化的几个原因。[②] 如今，科学家了解到，衰老这个过程涉及各种相互作用的细胞核代谢机制，而且他们正在集中精力研究一个个改变这些机制的策略，从而逐渐对人类的平均健康寿命形成显著的影响。[3]在本章中，我们将探讨如果他们成功了，结果会是什么。

为了把我们的讨论连贯起来，我会做出以下假设。首先，我假设未来几十年的医学进步逐渐会使富裕国家大部分人的健康寿命达到160岁左右——大约是今天的两倍。[4]其次，我假设这些进步会使我们积极、健康、有活力地活到145或150岁，在那以后，我们的身体将迅速退化，而且不能缓和。衰老专家用一个有趣的术语——“压缩发病率”[5]来指代后者。我的观点是，没有人愿意在身体和精神不断衰弱的条件下多活几十岁。人们想要的是更长的健康寿命，而不仅仅是寿命。

当然，这些假设在某种层面上是随意的，但或多或少符合某些科学家在被问及未来一百年人类健康寿命能延长多久时所做的猜想。[6]把这些可能列出来，探讨一下它们可能的结果，会是一件很有趣的事。

生态后果

如果人们活到这么长，每天还有新生儿降生，地球如何能承载这么多代人呢？几十亿人难道不会疯狂地争夺更加稀缺的资源吗？实际上，答案并没有人们想的那么残酷。一切取决于两个变量——生育率和地球承载力。[7]

过去几百年，全球生育率一直稳步下降，目前的水平是平均每个妇女 2.55 个孩子。据联合国预测，到 2050 年，生育率将进一步下降到每个妇女 2.02 个孩子——大致相当于美国目前的生育水平。[8]芝加哥大学衰老研究中心人口学家雷奥尼·加夫里洛夫（Leonid Gavrilov）和娜塔莉亚·加夫里洛夫（Natalia Gavrilov）对未来的人口增长进行了大量的计算机模拟。令他们惊讶的是，他们发现：一旦生育率下降到 2.0 以下，人们的寿命就会越来越长，而且不一定会面临大规模的过度拥挤。[9]他们的研究表明，如果目前全球所有人口都服用“长寿药”，健康寿命延长至 160 岁，并且保持当前 2.55 的平均生育率，长期的结果或许的确会是灾难性的。70 亿具有生育能力的人将逐渐使地球陷入困境。但如果我们假设人类寿命是十年十年地逐渐延长，而生育水平继续保持当前整体下降的趋势，最终的结果将不会令人这么失望。如果全球生育率下降到 2.0 以下，160 岁的寿命未必会导致大规模的过度拥挤和经济崩溃（实际上，只要每个人在 160 岁左右终究还是会死亡，那么随着时间的推移，低于 2.0 的全球生育率将导致总人口逐渐减少）。

这就引出了我的第二个观点：真正重要的不是有多少张嘴要吃饭，而是怎么吃。如今，普通美国人的“生态足迹”大约是普通莫桑比克人的 20 倍。[10]所以，如果地球上的 70 亿人都像普通美国人这样消耗资源，而不是像普通莫桑比克人那样，那么总的生态影响将是截然不同的。所以，问题就变成了政治问题和伦理问题，而不是数学问题或生态问题：地球能够承载相对更多的人口，前提是人类能找到办法限制他们的生活需求，并采用新技术，让他们更加生态、可持续地生活。[11]

当然，说起来容易做起来难。但如果未来一百年，生育率逐渐下降到 2.0 以下，可持续的经济实践变得更普遍，那么延长 1 倍的健康寿命未必会带来灾难。相反，普遍繁荣、健康、充满机会和生态平衡这样的愿景中可能还会加入健康寿命这个要素。[12]

多代同堂家庭

未来一百年，随着人类健康寿命迈向 160 岁大关，婚姻和家庭形式或许会首当其冲受到冲击。[13] 在这样的新情况下，两个人一起站在圣坛前说“我愿意”会是什么样子呢？对某些人来说，和同一个人生伴侣一起生活 130 年无疑是上帝的恩赐（我很愿意说我自己就属于这一类，亲爱的）。但是，对其他很多人而言，就并非如此了，就像花絮中的人物约翰·温斯洛一样，他们一生可能要结很多次婚。[14]

对这样长寿的人来说，家庭会是什么样子呢？不妨假设有这么一个家庭，他们是俄亥俄州代顿市关系亲密的布朗/史密斯/琼斯一家。

我们在这里看到的是，大部分传统的生命阶段被明显地掺杂在一起了。想象一下，他们全家人围坐在餐桌前共进感恩节晚餐：12 口人年龄从 137 岁到 3 岁不等——由于“回春”治疗，所有的成年人看着都相对年轻（但相貌还是各不相同）。奥德丽的年龄是她姑姑爱丽丝的两倍。小杰拉尔德有两个妈妈，其中玛丽亚比她的祖母玛丽大 17 岁。汉克·史密斯与西尔维亚·布朗跟他们的女婿年纪一般大。梅纳德·布朗雕刻着大豆火鸡，冲着坐在旁边高脚椅上的曾曾曾孙子杰拉尔德笑。梅纳德心想：“只要再过四年，就可以真正让他开始打网球了。”

布朗/史密斯/琼斯家谱

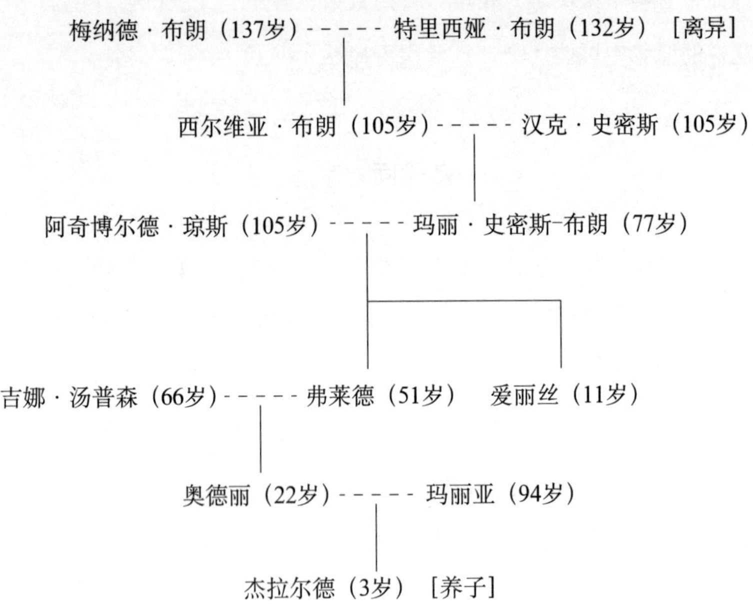

与今天的核心家庭相比，这种“后核心”家庭各有几个优点和缺点。从正面来看，长辈可以通过各种各样的方法为年轻的成员提供相当大的帮助。多年来，他们可能积累大量的财富（更多信息见下文）。在子孙的事业起步期，长辈不仅能为他们提供直接的资金援助，还能为他们提供宝贵的建议和广泛的人际关系网。因此，家庭将会形成一个累积的资金和经验资本库，远远超过今天的水平。[15]

从个人的层面来看，个人将拥有前所未有的跨代邂逅和结合的机会：像 22 岁的奥德丽这样的年轻人可以直接认识她的祖父母、曾祖父母和曾曾祖父母，因为她将频繁地与这些祖先接触。这对人们“家庭归属”感的影响将是深刻的。另外，对于妇女而言，新的长寿模式可以让她们更灵活地安排生育和抚养孩子的时间。对于一个生物衰老过程被大大减缓的妇女，其更年期也可能显著地延迟，从而让她可以更晚地生育，一切全凭她自己的选择。[16]

从负面来看，兄弟姐妹和夫妻之间巨大的年龄差将造成新的问题。比如51岁的弗莱德，将错过与比他小40岁的妹妹爱丽丝共同成长的无数经历（或好或坏）。虽然严格意义上说爱丽丝是他的妹妹，但他与她的关系更像是父亲或叔叔，而不是哥哥。[17]同样的经验差异也会将跨越数十年年龄差距的两个人分开，就像奥德丽和玛丽亚一样。这些人可能看起来年龄相对接近（由于“回春”治疗），但在表面之下，两个人拥有截然不同的记忆、知识、文化和情感。当最初的激情退却后，许多这样的跨代爱情将完全恶化或崩溃。

事业与经济生活

“事业”这个概念本身或许将发生巨大的变化。[18]今天的新闻记者可能会换一份写广告文案或编辑稿件的工作，但21世纪后半叶的职业转变可能是从律师变成生物学家、从农民变成飞行员。做了40年医生之后，我可能会去尝试完全不同的东西，比如天文学或按摩疗法。由于健康寿命达到了160岁，我完全有时间来实现这一切。

伴随此模式的将是多个职业阶段，中间穿插着休息、再教育和再培训。[19]你在公司里工作30或40年，小心地把工资存进特殊的再教育年金。[20]等时机成熟的时候，你辞去工作，告别同事。休息一段时间后，你取出再教育年金，回到大学再读三四年书——无论是住校还是函授或网络学习。通过上课，你学习各种各样的新东西（选修足球运动、啤酒乒乓、布拉圈）。毕业后，你重回就业市场，渴望开始下一份工作。[21]

然而，有些人无疑会拒绝这种模式。他们经过几十年的辛勤工作最终晋升到公司顶层，是不会放弃这一切而重新开始的。他们或许更倾向于坚持干 100 年，力图从 50 岁到 150 岁一直处于领导层。即使这些年逾百岁的领导者能通过某种方法成功地更新和创新其领导风格，但他们几十年如一日地占据着领导职位，使得年轻员工没有什么上升的空间。的确，这个问题或许会威胁整个经济，因为大部分企业的上层将逐渐饱和，全是非常老（但仍然思维敏捷、容貌年轻）的男男女女。最终，唯一的解决方法将是为高级管理岗位设置某种“任期限制”，一旦超过任期，就不得不退休或者开始其他新的事业。[22]

当然，退休这个概念本身也和今天截然不同。假如在 90 或 100 岁退休，你仍然有 50 年朝气蓬勃的日子，并且还有一大笔存款，如果处理得当的话。假如你每月存 500 美元进银行，利息为 5%，从 25 岁开始，那么到 65 岁的时候，你将有 76.6 万美元的存款。如果你再多存 40 年，到 105 岁退休，你的账户里将有 640 万美元的巨额存款。假如再多存 20 年，到 125 岁，你将有 1 750 万美元。

这笔钱大概够买很多的高尔夫和游艇消费。不过，我怀疑许多退休人员将认为他们自己仍然充满活力，所以会拒绝任何所谓的退休——空闲和消遣的时间。如果他们愿意，他们可以将自己 50 年的自由时间花在应对各种个人和社会挑战上，从自我教育到旅游，从指导年轻人到为全球各种紧急项目提供专业知识。总的来看，他们对国际事务的影响将是巨大的。

如果厌倦了怎么办呢？有些描写极端长寿故事的作家相信，厌倦会是一个重大的问题，人类最终将会厌倦十年又十年地重复相同的基本行为和功能——用牙线清洁牙齿、做饭、遛狗等。[23]这是一个合理的担忧，我们长寿的子孙后代能找到办法从他们的日常活动中寻找目的和意义（了解第六章中描述的超越的价值）。如果他们学会不断地改变自己的生活，有新的追求，解决新的实际问题，将他们的精力用于解决人类无疑依旧会面临的各种问题，那么单调和全球疲倦的苦恼将被有效地遏制。

注　释

①Joel Coen and Ethan Coen，*The Big Lebowski*（Working Title Films），1998.

②参考本书同步网站中 Stipp，Medina，Overall，Rattan，Post and Binstock，Hall，De Grey，Arrison，Zey，Maher and Mercer 的著作，以及永生研究所（Immortality Institute）有关美容、延长寿命和身体增强的在线书目。

③有关这些策略的描述，参见本书同步网站上的附件 C。Suresh Rattan，ed.，*Modulating Aging and Longevity*（Dordrecht，Holland：Kluwer，2003）；Michael Rose，"The Metabiology of Life Extension，" in *The Fountain of Youth：Cultural，Scientific，and Ethical Perspectives on a Biomedical Goal*，ed. Steven Post and Robert Binstock（New York：

Oxford University Press，2004)，chap. 7；Robert Arking，“Extending Human Longevity：A Biological Probability，” in *The Fountain of Youth*，chap. 8；Richard Miller，“Extending Life：Scientific Prospects，” in *The Fountain of Youth*，chap. 10；Aubrey De Grey，*Ending Aging*：*The Rejuvenation Breakthroughs That Could Reverse Human Aging in Our Lifetime*（New York：St. Martin's，2007）。

④一些抗衰老研究的支持者总爱指出这样一个事实，即人类的平均预期寿命近来已经翻了一番：直到1850年，人类的平均预期寿命还徘徊在31岁左右。但这一统计数据具有误导性：自那以后，平均预期寿命的增加几乎完全是因为婴幼儿死亡率的降低，而不是因为人类成年之后寿命的大幅增加。在维多利亚时代的英格兰，一旦你平安活到了20岁，如果你能照顾好自己，就很有可能活到60岁甚至70岁。从那时开始，一旦进入成年期，科学和医学的进步只会对人的预期寿命造成较为温和的影响。相关内容参见：Thomson Prentice，“Health，History，and Hard Choices：Funding Dilemmas in a Fast-Changing World，” World Health Organization，August 2006，www. who. int/global _ health _ histories/seminars/presentationo7. pdf。

⑤Steven Post and Robert Binstock，“Introduction，” in *The Fountain of Youth*，2－3.

⑥例如，参见：Michael Rose，“The Metabiology of Life Extension，” in *The Fountain of Youth*，chap. 7，罗斯是加州大学欧文分校进化生物学教授；Robert Arking，“Extending Human Longevity：A Biological Probability，” in *The Fountain of Youth*，chap. 8，阿金是韦恩州立大学的生物学

和老年学教授；Richard Miller，"Extending Life：Scientific Prospects，" in *The Fountain of Youth*，chap. 10，米勒是密歇根大学的病理学教授和老年病学中心副主任；John Medina，*The Clock of Ages*：*Why We Age*；*How We Age*；*Winding Back the Clock*（New York：Cambridge University Press，1996），梅迪纳是华盛顿大学的分子生物学家。

⑦Joel Cohen，*How Many People Can the Earth Support*?（New York：Norton，1995）；Ian Angus and Simon Butler，*Too Many People*? *Population*，*Immigration*，*and the Environmental Crisis*（Chicago：Haymarket，2011）；Charles Kenny，*Getting Better*：*Why Global Development Is Succeeding—and How We Can Improve the World Even More*（New York：Basic，2011）.

⑧Sonia Arrison，100 *Plus*：*How the Coming Age of Longevity Will Change Everything*，*from Careers and Relationships to Family and Faith*（New York：Basic，2011），53.

⑨例如，瑞典如今的生育率是每一个妇女生育1.8个孩子，近几年来这个国家的总人口一直在缓慢减少。但是，如果所有的瑞典人突然都被喂下了"长生不老药"，让他们的年龄不再超过健康的成年期，并且这些永远"年轻"的人会一直能够保持现在的生育率，那么，即使到2100年该国的总人口也仅仅将增加22%。低生育率大大减少了死亡率大幅度下降的影响（一些"长生不老者"还是可能会因为意外、自杀和无法治愈的疾病死亡）。加夫里洛夫解释道："如果'长生不老者'继续繁殖，常识和直觉就预测到将要发生一场人口大灾难，这也正是我们最初相信的事情。然而，深入的数学分析得出了与之矛盾的结果。如果父母平均生

育少于两个孩子，那么他们的每下一代都会按照公比（R<1）减少，那么，即使所有人都长生不老，人口的规模也不会随着时间的流逝无穷无尽，相反，它只会比初始的人口数字大1/（1－R）倍。例如，每家只生一个孩子只会让不老人口的总数增加一倍，因为1/（1－0.5）＝2。换句话说，一群不老的繁殖生物可以在时间上无限增加（不一定在数量上无限增加），因为……当公比（R）的绝对值小于1时，无限等比级数会收敛。令人吃惊的结论是，人们基于常识和未经引导的直觉得出的人口过剩的担忧实际上被过度夸大了。”Vicki Glaser，“Interview with Leonid A. Gavrilov，Ph. D. and Natalia Gavrilova，Ph. D.，” *Rejuvenation Research* 12，no. 5（2009）：373；Leonid A. Gavrilov and Natalia S. Gavrilova，“Demographic Consequences of Defeating Aging，” *Rejuvenation Research* 13，no. 2－3（April 2010）：329－334。

⑩ Worldwatch Institute，“The State of Consumption Today，” http：//www. worldwatch . org/node/8io.

⑪Cohen，*How Many People Can the Earth Support*?；Angus and Butler，*Too Many People*?；Kenny，*Getting Better*.

⑫还有一个因素可能会影响这个等式。那些期望活160岁的人对生态政策的态度，可能会与那些预计在80岁左右死亡的人非常不同。作为一种支持绿色观念的动力，了解到自己会亲身经历今天的环境做法的后果，可能会非常有效地引起人们的注意。虽然代际环境责任的观念带来了一种深刻且值得称赞的想法，但悲惨的事实是，在大多数人的眼中，中期未来的社会依旧不过是一种朦胧的抽象概念。没有人能够真正知道他们的曾曾曾曾曾孙会是什么样的，但是你对自己（和跟你一样长寿的孩子）

有一天要应对严重缺水和大规模气象灾害的想象可一点都不抽象。这也许会为采纳宏大的长期绿色战略提供了急需的动力。寿命更长的人可能会成为更加绿色的公民。参见：Zey，*Ageless Nation*，chap. 8；Arrison，*100 Plus*，63－64。

⑬Elizabeth Abbott，*A History of Marriage*（New York：Seven Stories，2010）；Stephanie Coontz，*Marriage，A History*：*From Obedience to Intimacy*，*or How Love Conquered Marriage*（New York：Penguin，2005）.

⑭作家德鲁·马格里（Drew Magary）在他充满趣味的科幻小说《死亡之后》（*The Postmortal*）中构想出了一个人们可以被"治愈"并完全停止其生物衰老的世界。在马格里的推测中，"直到死亡将我们分开"的规则因此走到了终点。与此相反的是，许多情侣自愿选择了30或40年的固定期限婚礼合约。但在我看来，这种结果似乎不太可能。大多数人都有着更加浪漫的爱情观，这种观念排除了看着伴侣的眼睛说出"你是我接下来35年的爱人"的可能性。关于当今社会上的婚前协议的统计数据也证实了这一点：只有3%的婚姻受这种文件的约束，其他人都更加充满希望地选择了"付出一生"。Drew Magary，*The Postmortal*（New York：Penguin，2011）；Laura Petxecca，"Prenuptial agreements：Unromantic，but important，" *USA Today*，March 11，2010；Coontz，*Marriage*：*A History*。

⑮Zey，*Ageless Nation*，chap. 5.

⑯Arrison，*100 Plus*，chap. 5.

⑰Zey，*Ageless Nation*，chap. 5.

⑱总体而言，寿命更长的人口很可能会更富裕。研究生产力和生活

质量的经济学家总结出，一国公民的健康状况和预期寿命相对较小的增长也会影响整体繁荣的巨大增长。这一方面是因为健康的人很明显要比不健康的人更有生产力，另一方面则与教育和经验的积累有关。平均而言，寿命长的人比寿命短的人更有可能接受更高水平的教育，他们也能把从多年的亲身实践中学到的经验，带到自己的工作中去。参见：Kevin Murphy and Robert Topel，"The Value of Health and Longevity，" *Journal of Political Economy* 114，no. 5（October 2006）：871－904，书末的在线拓展书目。

⑲Zey，*Ageless Nation*，chaps. 4，8.

⑳同上，201 页。

㉑当然，该情形假设一百年之后大学仍然存在——这一点尚不可知，但无论身体状况如何，教育事业的主题——重唱生命阶段的主旋律这一基本原则仍然适用。

㉒Zey，*Ageless Nation*，chap. 8；Arrison，*100 Plus*，chap. 6.

㉓参见 Jay Rosenberg 在"Reassessing Immortality：The Mak-ropoulos Case Revisited，" in *The Good，the Right，Life and Death：Essays in Honor of Fred Feldman*，ed. 中的精彩论述。Kris McDaniel，Jason Raibley，Richard Feldman，and Michael Zimmerman（Burlington，VT：Ashgate，2006），227－240。

第十五章　老调重弹：性、食品、隐私、艺术和战争

警察局局长："你在扮演上帝！"

迈克医生："必须有人这么做！"

——迈克医生［Dr. Hfuhruhurr，史蒂夫·马丁（Steve Martin）饰］，《绝智奇才》（The Man with Two Brains，1983）[①]

花絮：邂逅

一个人和他的机器人从人行道上走来。机器人是一个有点老掉牙的家庭机器人，不到 1 米高，比它的主人慢了一步。这个人 40 多岁，又高又瘦，短短的棕色头发蓬乱无章。

"要在这里停车吗，先生？"停车计时器问道。这个人翻了翻白眼，瞥了一眼他的机器人伙伴。

"格里斯沃尔德，它怎么会觉得我有车？"

“问倒我了。”机器人说。他们继续往前走。

“停车 8 小时有优惠哦，先生。”又一个停车计时器说道。

天哪，他心想。他没有朝旁边看，就说：“让它们滚蛋，行吗？”

机器人打开了网络连接，获取了整条街上所有计时器的代码，把所有计时器变成了哑巴。“没有广告了。”它发出信号。

整条街都安静了。

他们走到了沃尔格林（Walgreens）* 旁的拐角处。自行车托架旁站着一个女人，她的手提包靠在墙上。她朝他们的方向瞥了一眼，然后假装没看到他们。

哇，他心想。以前没在这儿见过她。

她真美。

“去跟她说点什么。”机器人私下鼓励他。

他没有理它。机器人注意到，他的压力变大了。

“快点。”机器人催促道。

他们走近的时候，她又朝他们瞥了瞥，然后扭头看向别处。

他犹豫了。她真的很美。

没时间了。机不可失。

他在无干扰的频道上开启了微波链接，小心翼翼地对准她。她微微笑了笑，但没有抬头看。

他又朝她发出微波，强度大了一点点。现在，他离她只有几

* 美国最大的连锁药店。——译者注

步远了。

仍然没有回应。她或许在笑，但从这个角度他不敢肯定。

再试一次，不行就算了。他小心地调了调微波。

这次，令他惊讶的是，她开启了链接，虽然她的眼睛仍然盯着路面。

当他走过的时候，他们相互交换了信号。

只有匆匆的几秒，没有对话，但很强烈。

反反复复，来来回回，信号逐渐增强。

信号断了。

她笑了笑——漂亮纯净的笑容。她的脸红了。

他也朝她笑了笑，然后一直往前走。药店门“吱呀”一声打开了——可能是不想看到这一切。

当他大步走进药店和从人行道上走来的时候，他咧着嘴笑，心跳得很快。他漫不经心地朝旁边的机器人看去。

“荡妇。”机器人说。

他笑得更开心了。“不关你的事。”他幸福地说。

几十年以后，大部分人可能都会同时用上各种各样的设备、药物和基因修饰技术。表观遗传修饰会和增强功能的药物相互作用，二者反过来又会和脑机界面相互作用，同时与朋友和家人联网的植入装置和设备动态互动。这些技术是混合在一起的，螺旋式地相互干扰、相互促进。这些技术的某些协同效应是可以预测并加以管控的，其他的则可能会像天气一样不可控。总会有意外的，我们应该会料到。

我想简单地从五个方面探讨一下这种协同效应，推测一下它的实际情况会是怎样的。

生物增强人类的性行为将会怎样呢？[②]我们可以想象一下：

（1）药物可以暂时绕过理性，增强纯粹的感觉，便于两个人进行更深的交流（不会像饮用酒精饮料那样恍惚或失去自我控制能力）。

（2）体细胞基因包或表观遗传修饰技术能够增强人的触觉，或者形成新的性感带［印度《爱经》（*Kama Sutra*）可能需要进行大量的补充了］。

（3）药物可以从各个方面增强男性和女性的性能力。

（4）生物电子设备（就像本章花絮中描写的那种）可以提供新的性接触形式。

（5）人们将有能力更轻易地调换性别和性别特征，或者将不同的性别和性别特征重新组合。

（6）人们可以通过脑机界面技术同时和两个以上的伴侣性交，达到“群体高潮”[③]。

（7）脑机界面可以让人完全绕过身体，实现心与心的直接交流。

机器无疑将在人类性行为中发挥比今天更大的作用。虚拟现实技术和脑机界面相结合，或将产生极为逼真的交互式色情产品，并且可以从网上下载。[④]随着机器人和人工智能变得日益精密，高级机器人性伴侣很可能会替代如今使用的各种无生命的性爱玩具。作家大卫·莱维（David Levy）在《与机器人的爱与性》（*Love and Sex with Robots*）一书中提出，人类最终会和机器人形成充分的情感关系，因为这些机器人伴侣将充分精密地模拟人们不自觉喜爱的人类行为。[⑤]但是，莱维的观点最终并没能说服我们。对陪伴你无数旅程和经历的老别克车有一种说不清的喜爱是一回事，对一个“模拟人”高度浪漫的喜爱则是另一回事——无论这些机器人的制造多么巧妙。大部分人并不愿意对他们明知道是一台精密机器的东西投入真正的感情。[⑥]

人类性行为史上的另一个分水岭将是体外发育的发展——人造子宫技术。[⑦]在这方面，我们的社会已经取得比大部分人想象的更大的进展。自 20 世纪 70 年代起，人类就已经可以在子宫外受孕（通过体外授精），新生儿医学的稳步发展使得早产儿可以越来越早地生存下来。目前的记录是 21 周，出生体重 1 磅 6 盎司*（最终健康成长）。[⑧]可以肯定的是，这与完全成熟的体外发育相距还很远。有关妊娠的生物学十分复杂，要完全在人工装置中实现受孕和生产可能还需要几十年。不过，如果这种技术能够广泛使用，无须女性子宫就能生出健康的孩子，其社会影响将是深远的。

围绕堕胎的争论也会发生巨大的转变，因为意外怀孕的女性不用再通过结束胎儿的生命来终止妊娠。[⑨]相反，她可以通过早期手术将胎儿取出，并放入人造子宫内，最终健康地生产。新生的婴儿可以由别人收养。这项技术可以增强女性的生育权及其对身体的控制。

母亲身份也会经历深刻的变化。在生孩子这件事上，女性和男性的角色差不多：她们提供两种配子中的一种，在此基础上产生孕体（在这里，我假设卵子和精子仍然分别来自女人和男人，尽管有一天我们可能会发明出合成配子）。从那时起（至少从生物学的角度来看）

---

* 1 磅＝0.453 6 千克，1 盎司＝28.349 5 克。——译者注

男性和女性在养育儿女上将扮演同样的角色。这么希望的人可以忽略传统生物学对男性和女性各自在生育中的角色界定：两三个或更多的男人可以共同养育一个孩子，三个或更多的女人也可以如此，或者通过任何组合形式。[10]

由于人类的生育与性行为和性别角色完全脱离，两性间的社会分工很可能有史以来第一次实现真正的平等。女性可以自由选择更彻底地改变自己的身体，因为她们不再需要满足生孩子和哺乳的解剖学要求。久而久之，女性的外表和能力都会发生巨大的变化。[11]生活的不同……将不复存在。

食　品

如果你想改善身体获取营养和能量的方式，可以通过两种途径：改变你吃的食物，或者改变你的代谢系统。未来数十年，人类很可能对这两种途径都进行大量的尝试。

新的转基因食品会出现在超市的货架上。如今，科学家已经在试验培育非养殖肉。我们有理由相信，到21世纪下半叶，带T形骨的腰部嫩牛排将不再需要从被屠杀的动物身上获得。[12]相反，它可以通过体外培养，并以你最喜欢的切口形状来切。它可能很美味，并具有各种健康的营养物质。厨艺大师和生物工程师将深入合作，最终开发出“香蕉-香菜-金橘”或“鳄鱼-牛羚烩牛膝”这样的创新型杂交食品。新型辣椒也会为一天的菜肴增加辣味。同时，也会有自制的饭，有些还可以通过生物工程来延长保质期。对于喜欢冒险的吃货，可能还会有直接利用灭绝物种DNA开发出来的肉类和蔬菜——翼手龙翅汤或者利用始新世红萍蕨类植物制作的沙拉。

在不远的未来，制药公司将开始出售能部分改变代谢系统的药物，可以让你吃一个大号的冰淇淋圣代也不会发胖或威胁你的健康。[13]还有其他药物或许能模拟剧烈运动的生理化学作用，如果你愿意的话，可以让你成天躺在沙发上看电视（但我怀疑要保持基本健康还是需要某种经常的锻炼）。表观遗传干预或基因干预可以极大地增强味蕾的作用或者（更直接地）调节舌头和鼻子向味觉皮层传递的脑神经信号。结果将是，人们对各种食物和饮料的味觉会变得更强烈或者更敏感。

某些增强研究或许由军队资助，将探索人类如何能通过新的方式摄取生命能量和营养。[14]受雇于美国国防部的食品科学家近年来一直在研发“食品药”——在战场环境下通过这种压缩和耐用的方式为士兵提供营养。[15]但在这方面最具创新性的设想应归于加州帕洛阿尔托市分子制造研究所的纳米技术专家罗伯特·弗雷塔斯（Robert Freitas）。弗雷塔斯观察到，我们之所以进食，是为了让身体能够摄取动植物为我们从太阳身上捕获的能量。他问道，那为什么不能绕过动植物这个阶段，在我们的代谢系统内直接植入一种不同的能源呢？他提出的能源是放射性同位素钆-148。[16]如果我们能制造出能穿过血管、辅助人体细胞进行基本代谢的纳米机器人，并且我们能安全地为数百万的微型机器人提供能源——钆-148。那么，理论上这个系统就足以支撑人体进行日常活动。“由于钆的半衰期长达75年，”弗雷塔斯解释道，“人类可能50年或者更长时间都不需要吃饭。”[17]试想一下这个场景：

“嗨，想吃东西吗？”

“不，谢谢。11 年前，我吃了点零食。”

（委婉地说）这种设想的可行性不高，但未来一百年我们的社会在寻找方法来供养增强型人类时，的确可能会去探索这些非正统的可能性。餐食的制作和分享一直在人类文化中发挥着核心作用——一种将个人、家庭和整个社区联系起来的宴饮交际仪式。随着生物技术被越来越多地应用于食品消费中，这种仪式可能会被动摇甚至瓦解。

隐　私

2006 年，作家大卫·霍茨曼（David Holtzman）做了一个小实验：他上网尝试能从公开渠道收集多少有关他自己的信息。没过几天，他就收集到了自己的各种信息：详细的身体特征（包括照片），家庭住址（包括照片），教育背景，工作性质及公司名称，出版物，家庭状况，医疗情况（包括血型和主要疾病），警方记录，信用评分，未偿还的个人债务和按揭贷款，政治性捐款，最喜欢的电影、书和音乐，上网行为模式（包括日常邮件数量），性格类型，以及由安全机关评定的威胁指数。[18]当然，有些人是自愿将大量这样的个人信息上传到社交网站的，而霍茨曼想说明的是这些数据都是未经他同意就被公开的。

随着我们生活的方方面面逐渐移动到网络上，这些似乎孤立的方面实际上变成了公开或半公开的信息，被国家资助的监控技术和公民个人使用的无处不在的信息化产品收集起来，形成巨大的数据库，通过网络向大家公开。只需点几下鼠标，0.001 3 秒内，你就可以在大海里捞出这根针。

无疑，这是人类历史上意料之外的主要后果之一。就像“一战”对女性社会经济地位的影响一样，就像汽车对城市社会地理的影响一样，任何个人或团体都没有追求过这种结果，但它就是这样发生了。我们买了各种各样的信息化产品，开开心心地使用它们，有一天却突然发现这些产品一起使用的最终结果是我们失去了隐私。它就这样不可改变地溜走了。[19]

未来几十年，我们周围的机器和设备将变得日益交互和“智能”，继续自动地为我们处理无数的小杂务。很多这样的技术如今已经有了原型。自动驾驶汽车[20]、能与你对话的手机、嵌入芯片的衣服[21]、具有人的外貌和性格的机器人[22]、联网的交互式家居[23]、能分析粪便的厕所[24]，所有这些设备要么已经上市，要么正在准备上市。信息学设计师亚当·格林菲尔德（Adam Greenfield）用“无处不在的物品”（everyware）这个词来指代这种现象。“我们思考的是，”他说，

> 信息传感、信息处理和联网能力能延伸到从前我们不认为是“技术”的各种东西上，包括衣服、家具、墙壁和门廊这样的人造物品……设计者们正在探索如何用射频识别、全球定位系统和网状网络这些信息技术来彻底改变日常物品。[25]

无处不在的物品扩散——被某些观察者称为新兴的“物联

网”——无疑将为我们的生活带来新的便利（和苦恼）。同时，它也将大大提高有关你和你周围世界的可搜索数据的数量和质量。在无处不在的物品时代，没有什么东西是“离网”的。你永远是某台或者多台设备雷达荧光屏上的一个物体光点，这些设备可以追踪和记录你的行动、身体状态、语言和行为，同时还能相互通信。

当然，你可以试着打败或者绕过这些技术：放弃你的手机，开自己该死的破车，拒绝穿“智能衣服”。但无处不在的物品比你更聪明。当你走在街上，即使不佩戴任何设备，路口、银行或停车场的监控摄像头还是会拍下你的照片，主机上的人脸识别软件可以识别你并跟踪你的行动。即使你坚持自己买食品杂货，使用不可追踪的现金，结账机还是能够记录你买了什么，通过门廊、杂货店走廊和收银处的摄像头的识别功能，将它与你的消费记录连接起来。[26]假如你在树林里散步，企图躲开这一切，其他徒步旅行者的各种交互式设备也会伸出探头识别你，它们的联网功能将忠实地记录你的踪迹。

好吧，这听起来像是妄想。但要看清全局，我们不一定要做一个黑鹰直升机阴谋论者。作为一个社会人，我们享受着无处不在的交互式信息技术的实际效益，除非我们集体同意放弃这些效益，否则我们不得不以减少隐私为代价。

有些学者建议，我们的社会或许可以通过建设性的法律措施来缓解这个问题。[27]我们必须确保信息只能用于规定的用途：如果机场安检的传感器检测到我的腹部有肿瘤，这不应该影响我的医疗保险。如果软件代理“决定”把我列入某类名单（如禁飞名单或低信用名单），我应该有解释和上诉的权利。对于包含我的个人信息的数据库，必须有严格的公共监督。所有数据库应遵循“日落原则”：如果按照最初收集信息的目的不再需要这些信息，应将这些信息永久删除。

这些都是我们应当采用的明智措施。然而，它们对某些人是没有意义的——如在沙滩上堆砌沙堡、在大浪打来的时候疯狂地建造围墙和壕沟的孩子。这种监管使得我们不可避免的隐私损失变得可以容忍，这可能就是我们最多能实现的。

艺　术

1849 年，德国作曲家理查德·瓦格纳（Richard Wagner）产生了一个很酷的想法。在一篇名为《未来的艺术作品》（*The Art-Work of the Future*）的随笔中，他描述了所谓的“全艺术品”[28]。这个概念很简单：为什么不在一件作品中把所有创造性表达都和谐地融合在一起，而不是单独地进行诗歌、音乐、雕刻、戏剧、建筑设计等创作？随着 21 世纪不断向前推进，增强技术将为人类带来新的可能性，让人类进行比瓦格纳想象的更加天马行空的全艺术创作。试想一下：

（1）艺术媒介能利用虚拟现实技术来创造远超电影院的完全身临其境的体验，就像电影的体验远超静止的照片一样。

（2）新的感觉形式，比如第三章中感觉空间中的“磁场”维度，将补充和延伸艺术作品中的四种感官。

（3）药物能精细地改变人们对外界刺激的直觉反应和情绪反应，为艺术家提供新的方式来引导受众进行审美体验。

（4）睡梦记录（如果可行）交织在艺术作品中，为人们提供新的视角来观察意识体验和潜意识体验的相互作用。[29]

（5）生物电子植入装置或耳机的高级交互功能将使创新型受众参与和反馈系统成为可能，改变艺术家和受众之间的传统界限。

（6）新的集体创作形式，类似大型多人在线游戏的合作式创作。

（7）脑机界面可以使艺术家通过直接传输和调节主观记忆、情绪、印象或感觉来表达自我，从而形成接近于精神分析式邂逅或精神交流的艺术交流形式。

这种令人振奋的新审美表达形式的出现，不仅将改变我们体验艺术和相互交流的方式，同时也将更深刻地影响我们的身份认同感——个人特征的界限以及社会关系的秩序。[30]不幸的是，这未必意味着 21 世纪中期文化的各个方面都会经历创新和创造。很多情况下，高级设备只会加剧我们的贪婪和愚蠢。例如，在小说《喂养》（*Feed*）中，作家 M. T. 安德森（M. T. Anderson）想象到，未来大部分人将通过植入的脑机界面永远地与网络相连——90%的信息流包含白痴似的广告，不断侵入每个人的意识流。[31]

当然，后者是一种刻意夸张的情景，但安德森不是唯一一个提醒我们要谨慎的人，因为互联网和苹果手机这样神奇的技术已经带来了各种烦恼。尼古拉斯·凯尔（Nicholas Carr）在《浅滩》（*The Shallows*）中提出，网络文化已经严重破坏了我们的专注力和深度思考能力，用模糊、快速、浅薄的东西改变纸媒体时代人们平静、持久的注意力。[32]劳伦斯·莱西希（Lawrence Lessig）在《代码：2.0 版本》（*Code*：*Version* 2.0）中解释了网络背后的架构如何形成一个默许的“法律”框架，从而严重限制我们的自由。[33]雪莉·特克尔（Sherry

Turkle）在《群体性孤独》（*Alone Together*）一书中强调了在无处不在的信息时代里，人类关系所面临的孤立和意义丧失。[34]杰伦·拉尼尔（Jaron Lanier）在《你不是个玩意儿》（*You Are Not a Gadget*）一书中提出，网络没有实现它最初的承诺：

> 匿名的博客评论、无聊的视频恶作剧、轻量级的混搭式应用似乎是琐碎的、无害的，但总的来说，这种广泛碎片化、没有人情味的沟通贬低了人际互动的价值……新一代人已经成年，他们降低了对一个人能成为什么样的人和每个人能成为什么样的人的期望。[35]

这些网络文化的批评者并不赞成回到卢梭式的自然田园状态。他们实际上提倡的是："小心，因为这些强大的工具最终可能把你变成你并不想成为的样子。"

战争和恐怖主义

未来几十年，人类无疑仍然会像过去一样具有独创性，会想出各种方法来伤害同类。我们或许会看到纳米武器、表观遗传武器、生物电子武器、制药武器、人工智能武器、天基武器或者机器人武器的出现。[36]这些发明中有的杀伤力或许将超过如今的核子武器。其中很多发明将十分昂贵，很难隐藏；不幸的是，其他的相对便宜，并很容易隐藏。

后者对国家安全的影响很难夸大。譬如，核武器就属于"难以制造和部署的”这一类：它的原料是稀有的，需要大规模的工业设备来提纯和浓缩，并且会留下放射痕迹，相对容易定位。但是，其他新兴种类的先进武器则截然不同。举个例子，高传染性的生物工程微生物可以从任何高中或大学生物实验室的材料中合成。处理它们并不需要特别精密的设备或高深的知识，它们可以被密封在无法检测到的小型器皿中，直到准备好释放出来。[37]未来几十年，这种便于使用的现象将出现在各种日益强大的军事技术上。它将造成大规模杀伤性武器不可避免的“大众化”。心怀怨恨、疯狂的极端主义分子将对成千上万甚至数百万的无辜者造成有史以来最巨大的伤害。

我们的社会如何应对这个问题，将是未来一百年甚至两百年间的一项主要挑战。民主国家的公民将面临一个令人不快的抉择：要么授予政府前所未有的权力，让它们以预先打击恐怖主义的名义来监控人民的私生活，要么尽可能坚持自由，同时接受某些疯狂的少数派对普通百姓的屠戮。这个抉择从来都不好做，但当数百万生命危如累卵时，这个选择会更不好做。

未来的士兵会是什么样子呢？这里，我们要介绍一下美国国防部高级研究计划局（DARPA）所做的工作。[38]为应对苏联发射的人造卫星，美国于 1958 年成立了这一联邦研究机构。该机构每年的经费预算为 320 亿美元（大约占美国国防总支出的 0.5%）。它取得了令人瞩目的成就：隐形技术、电子邮件、互联网、鼠标、大规模并行计算机处理器、全球定位系统、手机、气象卫星、燃料电池、激光武器、各种机器人，甚至捕食者无人机等发明研究，均得益于该机构的资助。2008 年，该机构在其官网上是这么介绍自己的：

> 美国国防部高级研究计划局的宗旨是通过支持革命性的高回报研究，弥补基础研究和军事应用之间的差距……保持美国的军事技术优势，防止未知的新技术损害国家安全。从一开始，高级研究计划局就可以包容那些有着太疯狂、太前卫、太有风险的想法的人才。[39]

美国国防部高级研究计划局的大部分项目重在创造未来的超级战士。[40]在这方面，该机构的假设很明确：佩带着枪支四处战斗的人类战士如今已经过时了，能够打赢未来战争的将是那些能够将人类与先进的机器——包括武器、通信、后勤保障、传感设备、机器人、无人机、隐蔽技术等方面的——广泛、无缝衔接的军队。这些机器将使人类变得比以往更强、更快、更健壮、更隐蔽、更致命。而人类将使机器变得更智能。

不久的未来即将发生的这种情形包含五个要素[41]：

（1）体能：士兵血管里流的是改造过的血，能够极大地增强他们的持久力和耐力，让他们能够在极端恶劣的条件下长时间有效地行动。他们将具备更强的敏捷力和协调力，使他们能够更敏捷地行动，处理更复杂的手工任务。他们可以长时间地行动，不需要睡眠，而且几乎不会影响他们的机敏和效率。必要时，他们可以戴上灵活的体外骨骼，帮助他们轻而易举地长途搬运三百磅重的物件[42]。

他们将变得更强壮、更能抵御创伤和疾病。受伤时，他们能够生存更长的时间；抵达医疗设施后，他们能够更快、更完全地愈合伤口。

他们将具备各种增强的感官，能够准确发现周围环境中存在的危险。虽然很难预测这样的感官能力会带来什么后果，但我们可以试想一下红外夜视、伸缩变焦、图像锐化电路、自动减少亮度和眩光、加强嗅觉、能够检测各种化学痕迹、增强触觉灵敏度，以及直接接入无线电场、磁场或电磁场这些感官能力的有用之处。未来战士将学会如何在这种增强的“感官世界”中生活，不断侦测其他微小的感觉维度。最终，他们对自我以及自己在物质世界中的地位的认识将会发生巨大的变化。

（2）认知能力：士兵可以更长时间地集中注意力，有效抵抗精神疲劳。各种药物干预和生物电子干预将增强他们构建行动环境的心理模型、分析抉择以及快速有效地做出行动决策的能力。他们将具备更强的空间感，能对非常复杂的情况和行动次序进行预想、心理旋转和分析。

（3）情绪控制：士兵将对压力、创伤和恐惧有更强的抵抗力，极端危险的情况不会再强烈地影响他们的心理。药物和生物电子刺激将增强他们区分心理状态的能力，使他们暂时抛下心理情绪，从而将精力集中于需要处理的情况。

（4）与机器相连：士兵将配备尖端的生物电子设备，包括侵入性的和非侵入性的，使他们能与机器、武器系统、无人机和机器人无缝沟通，通过意识对它们进行操控。士兵的部分训练就是要让他们习惯于持续的信息要求，而这是完全无缝地控制机器所必需的。

有的专业战士还配备生物电子武器系统。举个例子，他们或许可以通过干扰磁场屏蔽特定通信频率，从而让对手的生物电子设备失灵。我们还可以想象一些更强大的设备，让单兵通过发射能量束或电磁脉冲，使对手的生物电子植入装置"短路"。

（5）通信：士兵之间以及士兵和军官之间可以通过生物电子植入装置或耳机保持不断的联系，帮助他们彼此迅速、安全地进行通信。这些改进的实时通信技术能帮助士兵集成信息、感知情境，让他们做出比今天最优秀的精英突击队还要协调的集体行动。

对于那些选择军事行业的人，我在第八章中探讨的职业化现象将变得格外重要。军事机构的使命就是把每个战士都变成最有效率的杀人机器。然而，在退役时，就会产生一个现实的问题：当他们脱下军装，重新成为别人的丈夫（妻子）、父母或同事，这些杀人机器将无法适应平民的生活环境。将他们变成惊人的战争武器的增强技术只会让他们更加难以回归从前的平民生活。

性、食品、隐私、艺术和战争，对这些领域的简略探讨让我们实际地了解了生物增强这条路的不可思议之处。这些技术将为我们带来令人振奋的、光明的前途。但我们如果一点也不感到害怕，那就未免太愚蠢了。如果你认为你的苹果手机是一种革命性的设备，那就等着它们打开你的脑机界面时再看吧。

注　　释

①Steve Martin，Carl Reiner，and George Gipe，*The Man with Two Brains*（Warner Brothers，1983）.

②过去的二十年中，有来自不同学科的学者探索了性别的本质——

它与解剖特点和生物过程的关系、它在不同文化和历史时期所具有的意义，以及它在支持一系列社会等级和权力结构中扮演的角色。他们提出了一个颇具说服力的案例，即我们的生物身体与我们的性别意识之间的关系要比大多数人认为的更加灵活。例如，1992 年，历史学家托马斯·拉奎尔（Thomas Laqueur）在其作品《制造性》（*Making Sex*）中提出，把“男性”和“女性”当成两个不同性别的概念实际上是非常近的历史发展的产物：在 18 世纪的启蒙运动之前，女性在西方文化中被分类为单一人类性别的（次级）从属，而男性是最高的化身。关于这个问题的文献资料很多。推荐从以下作品及其参考文献开始阅读：Thomas Laqueur，*Making Sex*：*Body and Gender from the Greeks to Freud*（Cambridge，MA：Harvard University Press，1992）；Anne Fausto-Sterling，*Sexing the Body*：*Gender Politics and the Construction of Sexuality*（New York：Basic，2000）；Judith Butler，*Gender Trouble*：*Feminism and the Subversion of Identity*（New York：Routledge，2006）；Margaret Lock and Judith Farquhar，eds.，*Beyond the Body Proper*：*Reading the Anthropology of Material Life*（Durham，NC：Duke University Press，2007）；Ian Hacking，*The Social Construction of What*?（Cambridge，MA：Harvard University Press，2000）。

③我是在一个名叫“性别未来”（*Future of Sex*，http：// futureofsex. net/.）的网站上看到了这个新奇的概念。

④Regina Lynn，“Ins and Outs of Teledildonics，” *Wired*，September 24，2004；David Levy，*Love and Sex with Robots*：*The Evolution of Human-Robot Relationships*（New York：Harper，2007），266－268.

⑤Levy，*Love and Sex with Robots*.

⑥这里也许与“恐怖谷”的概念有关。研究人员发现，当机器人在外形上和人类相差甚远的时候，大多数人都不会有与机器人相关的问题，但当机器人看起来和人类“几乎完全”一样的时候，人们就会产生厌恶感。如果机器人看起来太像人类并且带有肉眼可见的人工特征，比如皮肤过度有光泽或面部过于对称，大多数人都会不约而同地感到非常不安。参见：Masahiro Mori，“The Uncanny Valley，” *IEEE Robotics & Automation Magazine* 19，no. 2（1970/2012）：98－100，doi：10.1109/MRA.2012.2192811。

⑦ Scott Gelfand and John Shook，eds.，*Ectogenesis：Anificial Womb Technology and the Future of Human Reproduction*（Amsterdam：Rodopi，2006）；Frida Simonstein，ed.，*Reprogev-Ethics and the Future of Gender*（New York：Springer，2009）.

⑧Canwest News Service，“Miracle Child，” Canada. com，February 11，2006，http：// www. canack. com/topics/bodyandhealth/story. html? id＝dh8f33ab-33e9－429f-bedc-b6ca8of6ibdc.

⑨更多文章参见：Gelfand and Shook，eds.，*Ectogenesis* 和 Simonstein，ed.，*Reprogen-Ethics and the Future of Gender*。

⑩同上。

⑪Simonstein，ed.，*Reprogev-Ethics and the Future of Gender*.

⑫Josh Schonwald，*The Taste of Tomorrow：Dispatches from the Future of Food*（New York：Harper Collins，2012），chap. 19.

⑬同上。

⑭Noah Shachtman, "DARPA Offers No Food for Thought," *Wired*, February 17, 2004; Michael Belfiore, *The Department of Mad Scientists: How DARPA Is Remaking Our World, from the Internet to Artificial Limbs* (New York: Harper, 2009).

⑮Schonwald, *The Taste of Tomorrow*, chap. 18.

⑯罗伯特·弗雷塔斯引用自"2010 Solutions for a Better Future," ed. Patrick Tucker, *The Futurist*, January-February 2010, http://www.wfs.org/Deco9-Jan1o/solutions.htm。参见弗雷塔斯的网站，webpage, http://www.rfreitas.com/和 Schonwald, *The Taste of Tomorrow*, 264-270。

⑰弗雷塔斯引用自"2010 Solutions for a Better Future"。

⑱David Holtzman, *Privacy Lost: How Technology Is Endangering Your Privacy* (San Francisco: Jossey-Bass, 2006), xii-xiv.

⑲我们生成的信息可分为"有意数据"和"无意数据"两大类。第一类包括我们每天花大量时间有意创建和记录的所有数字产品，不管我们是在工作还是休闲放松：从电子邮件和短信、电子表格和文字文档、照片和视频，到社交媒体入口。第二类则包括我们无意识中生成的所有数据（或者，即使我们确实意识到我们正在生成数据，它们也是我们行动的附加行为而不是主要目的）。例如，当你访问一个网站时，你的电脑就会在网站的服务器上留下一个 cookie 来标记这次访问，这样就会产生"无意数据"；当你用手机给某人打电话时，你所在的确切位置就会通过 GPS 和通信路由的手机信号塔 ID 被记录下来；当你在 Google 上搜索某些内容时，你的搜索会无限期地被存储在 Google 的主机上；当你因眼部

感染去看医生时，你的这次问诊将会成为归你的保险公司所有的永久数字记录；当凶手在不知情的情况下，在受害者身体附近留下了自己的一块皮肤或一根头发时，就为调查人员提供了一份揭示他身份的 DNA 资料。参见：Holtzman，*Privacy Lost.*，David Brin，*The Transparent Society: Will Technology Force Us to Choose Between Privacy and Freedom?*（New York：Basic，1998）。

⑳Heather Kelly，“Self-Driving Cars Now Legal in California，”CNN，September 27，2012，http：//www. cnn. com/2012/09/25/tech/innovation/self-driving-car-california/index. html. To clarify the headline：a human co-driver is still legally required to be on board.

㉑参见“Wearable Technology，”*Wikipedia*，http：//en. wikipedia. org/wiki/ Wearable_technology#Prototypes。

㉒Cynthia Breazeal，*Designing Sociable Robots*（Cambridge，MA：MIT Press，2002）.

㉓Richard Harper，ed.，*Inside the Smart Home*（New York：Springer，2003）；Danny Briere and Pat Hurley，*Smart Homes for Dummies*（Hoboken，NJ：Wiley，2007）.

㉔Serkan Toto，“Japanese Toilet Analyzes Stool，Beams Results to Cell Phones via Personalized URLs，”*TechCnmch*，April 1，2009，http：//techcrunch. com/2009/04/01/japanese-toilet-analyzes-stool-heams-results-to-cell-phones-via-personalized-urls/.

㉕Adam Greenfield，*Everyware：The Dawning Age of Ubiquitous Coinputing*（Berkeley，CA：New Riders，2006），18－19.

㉖Robert Scoble and Shel Israel，*Age of Context*：*Mobile*，*Sensors*，*Data*，*and the Future of Privacy*（Patrick Brewster Press，2013）；David Rose，*Enchanted Objects*：*Design*，*Human Desire*，*and the Internet of Things*（New York：Scribner，2014）.

㉗Holtzman，*Privacy Lost*，chaps. 12－13；Lawrence Lessig，*Code*：*Version* 2.0（New York：Basic，2006），chap. 11.

㉘Richard Wagner，*The Art-Work of the Future*，trans. William Ellis（London：Kegan Paul，1895）.

㉙2008年，日本东京国际电气通信基础技术研究所的计算神经科学实验室使用fMRI技术从人类实验者的视觉图像中检索出了他正在看的单词"neuron"（参见第三章）。有一些观测者便立刻激动地跳进了还未实现的解读心智或在睡眠中监测人脑活动的世界。该项目的一位科学家指出："这项技术的应用也许会使记录和重放人们在梦中感知的主观图像成为可能。"引自："Have You Been Dreaming of a White Christmas? Scientists Could Soon Watch It on a Screen，" *Daily Mail Online*，December 11，2008，http://www.dailymail.co.uk/sciencetech/article-1093770/Have-dreaming-white-Christmas-Scientists-soon-watch-screen.html。

㉚马歇尔·麦克卢汉（Marshall McLuhan）在其最具影响力的作品《了解媒体》（*Understanding Media*）（1964）中提出，在特定时代中盛行的通信媒体有力地塑造和约束了人们思考、交流和安排生活的方式。例如，以口述为主的文化表现出的自我、社会界限、时间性和艺术可能性的概念与印刷文化截然不同；相反，它还会以同等重要的方式与电子文化（广播和电视）区别开来。麦克卢汉的观点通常可以概括为"媒介就

是信息”，指传达信息的形式本身对采用它的人产生了变革性的影响，远远超越信息传递的特定“内容”。Marshall McLuhan，*Understanding Media*：*The Extensions of Man*（repr.：Cambridge，MA：MIT Press，1994）。

㉛ M. T. Anderson，*Feed*（Cambridge，MA：Candlewick Press，2002）.

㉜Nicholas Carr，*The Shallows*：*What the Internet Is Doing to Our Brains*（New York：Norton，2011）.

㉝Lessig，*Code*：*Venion* 2.0.

㉞ Sherry Turkle，*Alone Together*：*Why We Expect More from Technology and Less from Each Other*（New York：Basic，2011）.

㉟Jaron Lanier，*You Are Not a Gadget*：*A Manifesto*（New York：Knopf，2010），4.

㊱参见本书同步网站在线书目中 Tucker and Danzig，Gray，Moreno 和 Singer 有关法律、政府和军事应用的著作。

㊲参见在线书目中 Tucker and Danzig；Koblentz；Gray；Guillemin；Alibek and Handelman；Miller，Broad，and Engelberg；Luther，Lebeda，and Korch 有关法律、政府和军事应用的著作。

㊳Michael Belfiore，*The Department of Mad Scientists*：*How DARPA Is Remaking Our World*，*from the Internet to Artificial Limbs*（New York：Harper，2009）；Joel Garreau，*Radical Evolution*：*The Promise and Peril of Enhancing Our Minds*，*Our Bodies—and What It Means to Be Human*（New York：Doubleday，2004），22-44；Jonathan Moreno，

Mind Wan：*Brain Research and National Defh/sc*（New York：Dana，2006）.

㊴引用自 2008 年访问的 DARPA 网页版本。引用段落的最后一句近来措辞有所缓和："DARPA 从一开始就是那些有创新想法者的天地，创新理念可以带来突破性的发现。"DARPA 的网站提供了大量有关其众多计划的信息。参见：http：//www. darpa. mil/About. aspx。

㊵Belfiore，*The Department of Mad Scientists*.，Garreau，*Radical Evolution*，22－44；Moreno，*Mind Wars*.

㊶这五个要素是我从内容庞杂的 DARPA 网站和以下其他来源得出的：Belfiore，*The Depaitment of Mad Scientists*；Garreau，*Radical Evolution*，22－44；Moreno，*Mind Wars*；Singer，*Wired for War*。可参见 2007 年 2 月被提交给美国国会的 DARPA 总体展望，"DARPA：Bridging the Gap，Powered by Ideas，"http：//oai. dtic. mil/oai/oai? verb＝getRecord & metadataPrefix＝html & identifier＝ADA510795。也可参见：Mihail Roco and William Sims Bainbridge，eds.，*Converging Technologies for Improving Human Peifonnance*：*Nanotechnology*，*Biotechnology*，*Information Technology*，*and Cognitive Science*（Dordrecht，Holland：Kluwer，2003）；William Bainbridge and Mihail C. Roco，eds.，*Managing Nano-Bio-Iufo-Cogno Innovations*：*Converging Technologies in Society*（New York：Springer，2006）；iBruce Katz，*Neuroengineering the Future*：*Virtual Minds and the Creation of Immortality*（Sudbury，MA：Infinity Science Press，2008）中的军事部分。

㊷2009 年，伯克利仿生科技公司（Berkeley Bionics）推出了一款由

便携式背包提供动力的可穿戴式机械腿，能够让人们在崎岖地形上负重200磅长途跋涉。这一轻巧且外观惊人地简化的设备由便携式微型计算机控制的两条机械腿组成。这两条机械腿就像细长的外部拐杖一样穿戴在人腿上，感知并伴随着人的一举一动，灵活性和运动自由度惊人。它还能吸收行走和跑步时的大部分承重力，让一个身背能够压碎骨头的沉重背包的人，比一个什么都没有携带的步行者更不容易感到疲劳。当旅程结束时，只需快速解开几个机械卡扣，就可将该设备拆卸下来。伯克利仿生科技公司成立于2005年，2011年更名为克索仿生科技公司（Ekso Bionics），http：//www. eksobionics. com/about-us。机械腿操作视频可参见“Berkeley Bionics Human Exoskeleton,” YouTube，http：//www. youtube. com/watch？v=EdK2y3lphmE。

第四部分

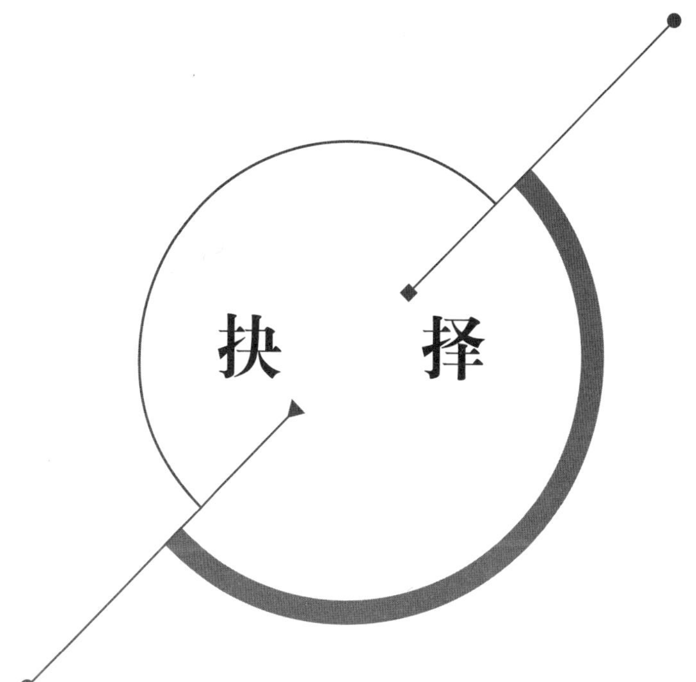

抉 择

第十六章　为什么要推迟极端的改造

“就像你的造物主一样，随心所欲地塑造你自己的形象。”上帝对亚当如是说。

——皮科·德拉·米朗多拉（Pico della Mirandola），《论人的尊严》（*On the Dignity of Man*，1486）[①]

掌控人类的进化

假设你是一个17岁的学生，正在为大学做计划。你知道你的决定将改变你余生的道路，但你不能让这个影响深远的选择把你吓倒。你要选择申请哪所大学、生活在哪座城市、读什么专业。在做这些计划的时候，你很清楚接下来几十年你的价值观、目标和爱好可能会发生某种变化。这条路本身会改变你，而你的目的地毫无疑问也会多次改变。但是，不管怎样，你今天必须做出这个决定，并且制定具体的原则来指导你做出决定。因此，你要做出暂时的判断，尽力估计你是什么样的人，以及未来几年你想成为什么样的人。

我们人类今天也处于同样的处境。生物增强技术的出现意味着未来一百年人类身份可能会发生巨大的变化。不论我们是否已经准备好，我们都面临着相似的有关未来的抉择：我们想成为什么样的人类？另一个同样重要的问题是：我们不想成为什么样的人类？[②]

在人类社会踏上这条变革之路时，我们需要明确的伦理准则——即便是暂时的——来增强这些意义深远的决定的一致性和意义。[③]在我看来，最好的伦理框架就是第六章“人类繁荣的十大关键要素”下的十个概念：安全，尊严，自主权，自我实现，真实，追求实践智慧，公平，人际联系，公民参与，超越。[④]在我们努力做出增强技术为我们带来的长期关键选择时，这些价值观可以指导我们：我们想在改变人类这条路上走多远？我们应该接受哪种改造，拒绝哪种改造？

现在，我将开始探讨这些“关乎整个人类”的问题，评估人类能动性在决定人类未来的生物和文化属性中的空间。

假如我们拒绝

为了进行论证，我们不妨假设大多数美国公民认为生物增强这条路是错的，人类社会应该拒绝走这条路。那么，我们能阻止这些技术的开发吗？这种全面的废止需要我们怎么做呢？

答案是发人深省的。由于少数人希望继续进行自我改造，所以需要严格的新法律来阻止他们这么做。这时，我们可能会看到到处存在的增强设备及技术黑市，仿佛回到了20世纪20年代的禁酒时代。另外，禁止所有主要的增强技术需要我们选择性地取缔我们高度重视的关键研究领域，如计算机和信息学、遗传学、机器人技术、神经科学、纳米技术、认知心理学、制药学和尖端医学。执行禁令所需的监控装置必须达到极权程度，同时还要细致、精密。最后，要想这种禁令能奏效，全世界所有国家必须同时严格地贯彻这种限制制度，否则相关研究和创新只会流向海外监管最松的地方。[5]

由于上述原因，全面禁止增强技术将毫无希望成功。[6]不过，有关全面禁止的这个假设本身就是牵强的，更有可能会发生的情况是：无数人会急切地渴望进行这种改造，并且（一旦其安全性和可靠性得到证明）会满怀热情地购买和使用增强技术。我们将听到有关未来一百年人类增强的各种意见——从完全拒绝到热情接受。有的增强技术（如抗病能力）无疑将会吸引所有人（除了大部分顽固的纯粹主义者），也有的增强技术只能吸引特定人群。因此，立法者和决策者需要决定允许或禁止（如果需要的话）哪种改造。同时，他们也需要想办法对这些广泛使用的改造技术进行有效监管。

要走多远

人类社会将会面临的一项最艰难的抉择就是：坚持相对温和与有限的自我改造，还是勇往直前地进行更极端的改造。如果人类有能力不仅微调我们的生物属性，同时也能完全对它进行重新设计，那么我们应该这样做吗？我们是否应时刻提防哪些红线和门槛呢？

要回答这个问题，需要区分人类增强的三个层面。[7]

（1）低级改造：今天人类能力范围内的高端能力。如果你打网球的水平跟我一样（我身上唯一像运动员的地方就是脚癣），低级增强可以让你打得像罗杰·费德勒（Roger Federer）一样好。如果你的IQ是110，低级增强可以让你拥有和爱因斯坦或毕加索一样的智商。你的寿命可以延长到100或110岁，但你还是会有衰老的痕迹。

（2）中级改造：远远超过今天人类能力范围的能力，但仍然具备人的特征。你可以比费德勒打得更好——更像是我在第一个花絮中描写的虚构人物，有着猫一样的反应、超人的力量等。你的认知能力将远远超过爱因斯坦和毕加索，达到今天人类难以想象的高度。但经过耐心的解释后，你的想法仍然可以被今天的物理学家和艺术家理解。你的健康寿命将延长到150岁以上，"回春"疗法会让你看起来就像40岁，你感觉自己也像40岁，尽管你的实际年龄已经很大。

尽管这些特征是前所未有的，但没人可以合理地质疑你潜在的人性，因为你整体的能力和传统的人类行为、经验与愿望仍然是相称的。

（3）高级改造：完全超越人类属性的能力。你根本不想打网球，因为任何人类选手都无法与你相比。这项运动对你而言是极为无聊的，就像连续三个小时反复装订纸张对今天的人类而言。你的思维将变得非常高级，就连如今最聪明的人也无法理解你的思维：你敏捷的思维能力、精确的计算能力、超强的工作记忆和复杂的构思能力将远远超过人类的理解范围。

最后的高端改造形式是很多超人类主义者渴望实现的。所以，

“超人类”（H^+）在其网站上做出了这样的设想：“新人类或许愿意彻底抛弃自己的身体，就像信息一样生活在浩瀚无垠的超高速计算机网络中。他们的思维不仅更强大，而且将采用截然不同的认知架构。”[8]

试想一下，2099年，你准备好了改造自己。你走进“人类$^+$装置”中，外面的技术人员启动控制装置。改造过程开始了。你感觉自己旧有的属性迅速消融了。你的力量变强了，思维变开阔了，心情对外开放了。为了便于论证，我们不妨假设改造程序能为你安装一个巨量并行认知架构，让你能同时处理不同的信息流。因此，现在你可以同时开展以下十项活动：

在网上阅读约瑟夫·康拉德（Joseph Conrad）的《黑暗之心》（*Heart of Darkness*）；

结算自己的收支；

练瑜伽；

和一个朋友进行电话交谈；

做一道数学证明题；

规划花园里的花花草草怎么摆放；

研究以枫叶为装饰配料的南瓜馅饼的做法；

修改自己昨天写的一首有关雨点的诗；

练习汉语普通话；

幻想和爱人来一个长时间的美妙的吻。

这里需要强调一下：不是迅速地来回切换，单独地关注每项活动，再迅速转换到另一项活动，而是真正并行、同步地处理每项活动。

“此处”和“此时”这两个概念对这样的智力意味着什么呢？这两个概念恰恰是普通人类意识的特征，一定时间只能集中注意力处理一件事：“此时，我在这里，坐在电脑旁，思考着这个特定的问题。”相比之下，这种并行结构的智力将以完全不同的方式来帮助你产生和体验自己的意识。它所催生的意识不会只存在于此时此地，而是同时发生的，就像甲壳虫乐队的歌里唱的：“这里，那里，无论何地。”

这种分布式意识能与人的属性兼容吗？[9]可能不会。它没有适当的中心，所以没有统一的自我。它只有多个子中心，每一个都能独立运行，有自己的经历，与周围世界有着自己的互动。而人类意识的一个主要特征在于有一个独一无二的参考点，即任何人类语言中的“我”，一个人所有的经历和行为都与这个词有关。[10]神经学家和哲学家所生产的知识虽然存在诸多不同，但都符合“集中于自我”这个基本原则。[11]智力能同时完全投入多项不同的活动中的人类，其意识将是没有中心的、分散的，从而使得这种集中的、统一的自我不复存在。

换句话说，人的属性产生于能力和限制的特定配置。我们的无能、盲点、弱点以及功能制约和我们那些正面的能力一样决定着我们的属性。对于人类的属性而言，不能同一个时间在多个地点存在与我们的逻辑思考和情感体验能力同等重要。[12]

实际上，超人类主义者的主张是：“要是在保持自我的同时又能彻底扩大我们的认知架构，该有多好。”[13]他们显然没有理解这个事实：要获得这些惊人的能力，我们必须深刻地改变我们的身体和头脑，而这些改变也会改变我们人的属性，最终结果将远远不再是自我。这种情形涉及一项不可避免的选择：要么彻底增强能力，要么保持人的属性，二者不可兼得。换句话说，超人类主义者真正的主张应该是："要是能结束自我、创造一种完全不同的有知觉的物种，该有多好。"[14]

推迟极端形式的改造

自由主义者或许会主张，进行自我改造就像协助自杀：社会也许不支持，但它不能干预个人对自己的生命所做的决定。如果我想死，并且充分运用个人智慧进行长期慎重的思考后做了这个决定，那么别人就不能阻止我这么做。[15]我们不能确定极端改造是否会导致我们生物学意义上的死亡，但如果我们愿意承担这种风险，社会就没有权利阻止我们——只要个人的彻底改造不损害其他人。

啊，问题就在这儿！不同于个人的协助自杀——不会给社会上的其余人带来直接的危险[16]——极端改造会不可避免地给进行改造的人以及其他人带来严重的风险。这样的创造行为会产生可能极端强大和不可控制的"新人类"。我们不知道这些新人类会怎么对待其他生物，包括地球上的众生。但我们有理由相信，他们的能力将远远超过今天的人类；作为一个整体，他们的力量也将远远超过全人类。

由于他们的头脑和我们的截然不同，我们不能确定他们是否会有跟我们一样的伦理标准，是否会好好对待同类和其他物种。他们可能会珍惜我们这些老掉牙的人，满怀仁慈地对待我们；他们可能忘记我们，就像我们对待肠道系统里的微生物一样；他们也可能将我们的身体视为方便获取微量元素的源头，就像山上的矿脉。一个明显的事实是，在我们真的把他们创造出来并与之接触之前，我们无法知道他们会是什么样的。当然，到那时，如果事情朝不好的方向发展，一切都将为时已晚。

在我看来，这件事似乎不用费脑筋就能想明白。盲目地拿地球上所有生命的未来来赌博并不是一个好主意。在我们进一步了解这些新人类，确保与他们和平共处之前，就继续把他们创造出来，这将是极为愚蠢和不负责任的。所有这些伦理问题都可以归结为一项简单、谨慎的论断：回报太不确定，风险太大。[17]有一天，我们或许能确定我们充分了解了创造这些新人类的风险和收益——我们的公民经过反思和民主决定达成一致，继续下去是明智的。但在那一天到来之前，我们应该推迟创造新人类。[18]

避免人类分裂

除了这些基本的安全之忧以外，我们还有一个合理的理由来推迟极端改造：改造的文化后果可能会导致人类社会走向分裂。不妨假设一下，几十年后，全球数百万人已经开始探索增强事业，正如我在第八章中探讨的，一个可能的结果是：随着时间的推移，这些增强人会根据其特定的性状和能力自发地将自己划分成不同的社会集群。一开始，这样的分类可能只是对所选性状具有基本凝聚力的个人松散的非正式的集会。几十年过去以后，他们会形成日益自觉和明确的分类，通过共同的兴趣、价值观、文化和意识形态联系在一起。

如果增强人发生这种集聚效应，继续辨别人类彼此共同的人性将变得极其重要。即使你和我属于不同的集群，你的增强能力和我的迥然不同，我仍然还会把你看成同类——你我的人性、尊严和基本价值仍然是基本一致的。如果人类社会在彻底和奇异的改造上进展过快，这种潜在的共性就会难以维持。或许其他集群的人不仅和我们不同，而且完全是陌生的物种。结果可能产生一种新的、极端的“身份政治”——一个逐渐被消极的成见、怨恨、敌对和直接冲突撕裂的全球社会。

我们有两个好理由来放慢生物增强：创造强大的新人类可能会将我们的社会秩序推向崩溃点，同时也可能威胁人类的生存。但这两个理由足以阻止人类继续沿这条路走下去吗？

答案尚不明确。个人层面和社会层面的冲动无疑都将发挥作用，促使许多人进行更加强大的自我改造。这些推动因素中，有的反映了人类的劣根性——贪婪、竞争、嫉妒以及对权力的欲望；也有的反映了人类高尚的情操——希望看到我们所爱的人成功，渴求新奇的事物，渴望获得更高层次的成就、知识和感觉。这些因素本身就令人难以抗拒，而大规模企业利益的介入更会扩大这些因素的影响，对于这些企业而言，“增强行业”将是其主要的利润点。有影响力的自由意志主义者的观点将使问题进一步复杂，因为他们提倡人们具有不可剥夺的权利来自由地改造自己的身体和头脑。这些推动力、理念以及社会经济因素综合作用，将给人们带来不可抗拒的压力，促使人们在增强之路上走得越来越快。

正如我主张的一样，克制将是一条更高明的途径：刻意推迟彻底的自我改造，直至人类社会能够评估和适应增强的后果。不幸的是，人类历史一次又一次证明，人们不会仅仅因为某项选择明显更高明就选择它。人类常常不顾一切地投资，未能提前谋划，从而污染自己的生活环境，耗竭所有的资源——这条愚蠢的道路是人们常常会走的一条路。

为了便于论证，我们不妨假设人类社会的大多数公民和团体最终相信我们需要谨慎和克制。那么，他们应该实施什么样的具体政策呢？一条路是逐步暂停彻底的生物增强——介于彻底禁止增强技术和允许它们不受管制地自由发展之间的一项选择。这项政策从很多方面来说都是难以贯彻的，但从大局来看，它不失为一条出路。

人类社会或许会通过立法，允许进行低级改造——发展今天人类能力范围内的高端能力的增强技术，其参考标准是费德勒和爱因斯坦。这样的法律限制是暂时的、渐进的，而非绝对的、永久的。一段时间（可能几十年，也可能更久）以后，公民和立法者可能会再次讨论这个问题：我们的社会经济和文化体系是否已经很好地适应了略微增强的新一代人类所带来的问题？如果发生了集聚效应，它是否仍在可管控的范围内？

如果我们对这些问题的集体回答是肯定的，那就可以逐渐解除对增强技术的限制，逐渐使某些中级改造合法化，让人们具有超过今天人类能力范围的能力。[19]彻底的改造仍然属于禁区，但人们将开始探索第七章“花絮”中虚构的网球运动员费利佩·卡多佐那样的新能力。某些尖端的脑对脑沟通媒介可能会面世（如果可行的话）。认知增强技术将把以往伟大的天才才有的能力进一步增强，探索新的未知的维度和风景。

不可否认的是，实施这样的逐步暂停政策将会带来重大的法律问题和实际问题。一小部分人仍然可能会尝试自我改造，所以会形成买卖这些强大的尖端技术的黑市。警察和刑事司法系统将面临一个新的斗争领域，就像今天的缉毒战，以高昂的代价来不断打击某些危险的人类行为。法学专家无疑将难以定义合法改造和非法改造之间的界限，因为大部分情况下，这个界限将是模糊的、不固定的。[20]许多科学家和医学研究者将不得不接受政府对其实验室进行的更严密的监控，以免他们秘密地进行危险的改造。

这些困难足以令人却步，而在全球范围内有效地逐步暂停低级增强以外的其他所有增强技术，还会带来一个更大的问题。领先的国家必须组成一个强大的联盟，所有国家形成共识——逐步暂停增强对他们的未来至关重要。为了达成这样的共识，这些国家的公民和领导人需要一致同意：围绕机器人技术、人工智能和彻底的生物增强进行的不受管制的国际军备竞赛，违背长期的国家利益。这样的共识很难达成，但也并非没有先例，军备控制谈判和协定就是证据。[21]如果能形成这样的联盟，其成员国可以对其他国家施加外交和经济压力，促使它们效仿。随着越来越多的国家踏上同一条船，拒绝效仿的国家将成为“流氓国家”，如果继续顽固地拒绝加入联盟，它们将付出被制裁和被孤立的高昂代价。但如果“流氓国家”公然藐视国际共识而继续研发超级智能机器人或变异战士呢？在这种情况下，先发制人地发动战争，继而进行侵略和强制政权更迭是根本不可能的。如果其他国家发现不遵守国际共识的威胁变得足够大，它们可能会认为这种严厉的执法行为是正当的。不用说，这种先发制人的战争必须在技术开发早期发起，必须在超级机器人或超级战士为不遵守共识的国家带来决定性的军事优势之前发起。[22]

这样的全球治理制度将导致我在第十五章中探讨的现象——隐私减弱。21 世纪的未来几十年，人类社会将遍布许多交互式的、半智能的信息设备，一个人的行为、言语或活动很难再对外人保密。可以肯定的是，这是一件令人不快的事。另外，很多非法形式的活动也日益变得难以隐藏。如果不法的生物学家决定在自己家的地下室里开一家店，从事赚钱的非法增强技术买卖，他将很难在地下运营很长时间。即使他能成功让自己的尖端技术躲过雷达的搜索，他的很多顾客最终也会被发现并被起诉。警方可以追查他们既往的活动踪迹，不用多久就能查出非法改造的源头。被抓的高概率使得那些藐视逐步暂停政策的人不敢妄动。

仍然可以想象出，有些聪明的个人或团体或许能成功躲过这个无处不在的信息网，继续创造超级智能的人工智能或强大的新人类。因此，各级执法机构——国际、国际和市级机构——需要有应急预案，以迅速、严厉地应对非法开发。而这也会为本已困扰 21 世纪人类社会的一系列威胁增加一个基本的不确定因素——一项无法阻挡的新技术或生物增强技术创造或将横空出世，统治世界。

所有这些困难、障碍和挫折都表明，克制这条高明的路也是一条难走的路，即使大多数公民都赞成走这条路。它也将是错乱的、引起争论的、令人挫败的，充满各种棘手的实际问题和法律问题。而另一个选择呢？敷衍了事，全速推进，没有任何指导原则？把政策调控保持在最小限度，让市场去做决定，看看会发生什么？这些技术背后的风险可能是灾难性的：处于危险中的是社会秩序的完整性，甚至是人类的生存。当背后的风险如此巨大时，我们绝不能袖手旁观。我们必须倾尽全力去一个一个地克服这些困难和障碍，逐渐制定克制政策，对这一过程进行组织和管控。

注　　释

①Pico della Mirandola，*On the Dignity of Man*，trans. Charles Wallis（Cambridge，MA：Hackett，1998），5.

此处提及的先驱著作是 Jonathan Glover，*What Sort of People Should There Be*?（New York：Penguin，1984）。更多近期作品参见本书同步网站中有关遗传学的在线参考书目，作者分别为 Baillie，Burley and Harris，Chapman and Frankel，DeGrazia，Glannon，Heyd，McGee，Newma，Stock。

②弗里曼·戴森（Freeman Dyson）在 *Imagined Worlds*（Cambridge，MA：Harvard University Press，1997），chap. 4 中，以其习惯性的洞察力思考了这些问题。同样可以参见：Derek Parfit，*On What Matters*，vol. 2（New York：Oxford University Press，2011）的最后一章，以及 Arthur C. Clarke，*Profiles of the Future*：*An Inquiry into the Limits of the Possible*（London：Indigo，1999），chaps. 17－19。

③同样可参见本书同步网站中“公平与伦理”标题下的参考书目。

④关于国际监管所带来的挑战的简要概述，可见 Jonathan Tucker Richard Danzig，eds.，*Innovation*，*Dual Use*，*and Security*：*Managing the Risks of Emerging Biological and Chemical Technologies*（Cambridge，MA：MIT Press，2012），305－340。同样可参见 Graeme Hodge，Diana Bowman，and Andrew Maynard，eds.，*International Handbook on Regulating Nanotechnologies*（Cheltenham，UK：Edward Elgar，2010），chaps. 23 and 24。

⑤需要注意的是，这个结论并不等同于某种“技术决定论”。我并“不是”说增强技术有着强有力的发展势头，不管我们愿意与否，它们都会到来，所以人类别无选择，只能接受它们进入自己的社会生活。相反，我认为，如果我们确实想这么做的话，我们的确可以阻止所有这些技术的发展，但是这种做法所带来的社会、经济、科学和政治成本必然会非常高。这需要经过非常多的痛苦的权衡，大多数人可能都会选择拒绝。

⑥以下是两部有关激进增强的精彩论著：Nicholas Agar，*Humanity's End*：*Why We Should Reject Radical Enhancement*（Cambridge，MA：MIT Press，2010）；Allen Buchanan，*Beyond Humanity*？*The Ethics of Biomedical Enhancement*（New York：Oxford University Press，2011）。阿加（Agar）和布坎南（Buchanan）都倾向于使用术语“激进增强”来描述我归类在“中级改造”下的大部分内容。我归类为“高级改造”的内容则更加深刻地转化了雷·库兹韦尔和汉斯·莫拉韦克以及其他超人类主义者描述的实体。

⑦完整的描述如下：“许多超人类主义者希望按照迟早需要成长为‘后人类’的轨迹生活：他们渴望达到远远高于如今的天才人类、高于其

他灵长类动物的智力高度，渴望拥有无限的青春和活力，渴望控制自己的愿望、情绪和心理状态，渴望避免因琐事而感到疲倦、厌恶或烦躁，渴望提升快乐、爱、艺术鉴赏和宁静的能力，渴望体验今天的人类大脑无法达到的新的意识状态……一些‘后人类’可能会发现，完全抛弃他们的身体，并且作为庞大的超高速计算机网络上的信息模式生活是有利的。他们的思想不仅可能比我们的思想更强大，还可能采用不同的认知架构或者拥有可以更多地参与虚拟现实场景的新的感官形态。”http：//humanityplus.org/philosophy/transhumanist-faq/#answer_20。

⑧有关人性的最佳著作之一是 Christian Smith，*What Is a Person? Rethinking Humanity，Social Life，and the Moral Good from the Person Up*（Chicago：University of Chicago Press，2010）。

⑨有关这种意识聚集的颇具启发性的论述，可参见：Thomas Metzinger，*The Ego Tunnel：The Science of the Mind and the Myth of the Self*（New York：Basic，2009）。还可参见：Douglas Hofstadter and Daniel Dennett，*The Mind's I：Fantasies and Reflections on Self and Soul*（New York：Basic，1981）。

⑩Derek Parfit，*Reasons and Persons*（New York：Oxford University Press，1986），chap. 12.

⑪Smith，*What Is a Person?*；Metzinger，*The Ego Tunnel*；Parfit，*Reasons and Persons*；Hofstadter and Dennett，*The Mind's*；Marvin Minsky，*The Emotion Machine：Commonsense Thinking，Artificial Intelligence，and the Future of the Human Mind*（New York：Simon & Schuster，2006）.

⑫例如，雷·库兹韦尔在他的著作《奇点将近》中试图向他的读者保证，所有激进变化出现后，我们还是会在基本方面保持可以辨认的人类特点。"'奇点之后'产生的智能将会继续代表人类文明——机器人类的文明。换句话说，未来的机器即使不是生物也是人类。这将会是进化的下一步……我们的文明的大部分智能最终都是非生物的。到21世纪末，它将比人类的智慧强大数万亿倍。但令我们放下常有的担忧的是，即使生物智慧已经被赶下了其进化顶端的位置，也并不意味着生物智慧的终结。非生物的形式也可以源于生物设计。实际上，我们的文明还是人类文明，与今天相比，它将在许多方面更能代表我们所认为的人类，尽管我们对这个术语的理解将会超越其生物的起源。" Ray Kurzweil，*The Singularity Is Near*（New York：Viking，2005），30。

⑬有关超人类主义者把人类的意识载入机器体内的想法的讨论，参见本书同步网站中的附件K。

⑭Tom Beauchamp，*Intending Death：The Ethics of Assisted Suicide and Euthanasia*（Zug，Switzerland：Pearson，1995）；Demetra Pappas，*The Euthanasia/Assisted-Snicide Debate*（Santa Barbara，CA：Greenwood，2012）.

⑮有些反对协助自杀的人认为，这种行为将潜在地降低人类生命的价值，从而对所有人类造成伤害。这一观点值得我们认真考虑，但它建立在对"间接"伤害形式的评估之上。而自由主义者表示这种对社会的伤害并不是一种直接且明确的危险。

⑯相关论述请参见：Julian Morris，*Rethinking Risk and the Precautionary Principle*（Oxford，UK：Butterworth/Heinemann，2000）；Cass

Sunstein, *Laws of Fear*: *Beyond the Precautionary Principle* (New York: Cambridge University Press, 2005); Thomas Coleman, *A Practical Guide to Risk Management* (Charlottesville, VA: CFA Institute, 2011); Kerry Whiteside, *Precautionary Politics*: *Principle and Practice in Confronting Environmental Risk* (Cambridge, MA: MIT Press, 2006)。

⑰我在本书的同步网站中的附件 P 中，讨论了这种推理方式如何同样适用于创造人类级别的人工智能的方法。参见：Nick Bostrom, *Superintelligence*: *Paths*, *Dangers*, *Strategies* (New York: Oxford University Press, 2014); Stuart Armstrong, *Smarter Than Us*: *The Rise of Machine Intelligence* (Berkeley, CA: MIRI, 2014); Hugo De Garis, *The Artilect War*: *Cosmists vs. Terrans*: *A Bitter Controversy Concerning Whether Humanity Should Build Godlike Massively Intelligent Machines* (Ottawa, Canada: ETC, 2005); James Barrat, *Our Final Invention*: *Artificial Intelligence and the End of the Human Era* (New York: Thomas Dunne, 2013)。

⑱延长人类健康寿命可能根本就不需要受到法律的监管，因为其发展的渐进性本质将会导致某些实际的、阶段性的暂停。

⑲参见本书同步网站附件 A，我在其中说明了今天的学者在定义增强是什么时所面临的困难。

⑳有些公民或许会说，这种分阶段暂停的道德和经济成本高于它想避免的坏处。那么，分阶段暂停的捍卫者就需要证明——至少对某些极端的生物增强来说——危险的可怕程度超过这些成本。

㉑有关这一题材的文献有很多。例如：Michael Bess，*Realism，Utopia，and the Mushroom Cloud：Four Activitist Intellectuals and their Strategies for Peace*（Chicago：University of Chicago Press，1993）；David Kearn，*Great Power Security Cooperation：Arms Control and the Challenge of Technological Change*（Langham，MD：Lexington，2014）；Jonathan Tucker and Richard Danzig，eds.，*Innovation，Dual Use，and Security：Manageing the Risks of Emerging Biological and Chemical Technologies*（Cambridge，MA：MIT Press，2012）；Graeme Hodge，Diana Bowman，and Andrew Maynard，eds.，*International Handbook on Regulating Nanotechnogies*（Cheltenham，UK：Edward Elgar，2010）。

㉒人工智能研究者雨果·德·加里斯（Hugo de Garis）也指出，达到人类水平的人工智能的出现有可能导致这种先发制人的战争。如果某个国家或一群国家迅速具备制造达到人类水平的人工智能的能力，那么其他国家就会将它们视为严重的技术威胁，从而采取先发制人的军事行动。参见：Garis，*The Artilect War*。

第十七章　适度增强世界中的人文价值

我已经带着这副躯体尽我所能地走到最远了。

——琳达·雷茨克（Linda Litzke），《阅后即焚》（*Burn After Reading*，2008）[①]

现在，我们将探讨未来几十年我们的子孙后代可能体验的相对温和的生物改造，即上一章中介绍的低级改造和中级改造——今天人类能力范围内的高端能力（费德勒和爱因斯坦）以及超过今天人类能力范围的能力（但仍然具有人的特征）。当然，没有人知道我们的后代会采用哪些生物增强技术，但我们有必要推测一下可能发生的情况，提出最可能产生的问题以及缓解这些问题的对策。

生物增强技术的效应可能是深远的。身心重新恢复活力、更好地控制我们的身体和情绪、更强的认知能力、新的通信方式、不同的人机交互形式，这只是即将发生的一些可能性。[②]同时，这些新能力所带来的问题和缺陷无疑也将是重要的：我们可能会破坏人类社会秩序和个人精神中我们最珍视的某些品质。那么，问题就变成了：人类社会能否在获得收益的同时避免或减少危险？

避免人类分裂

根本的不平等

如果最有效的增强技术价格贵得离谱，只有社会精英才能使用，就可能产生一种不能逾越的不平等现象。有的人可能大大地超越其他人，在基本卫生、身体健康、思维敏锐度、沟通和人机交互方面轻易取胜。在第七章中，我将这种结果称为生物学本身导致的阶级制度——一种基于不可超越的超强能力而非个人经济社会成就的等级制度。如果发生这种“生物层级”现象，机会平等原则——任何真正民主的社会的主要特征——将永远无法实现。我认为，由于大多数公民无法接受这种可怕的结果，人类社会将别无选择，唯有普及增强技术，通过补贴形式为所有公民提供基本的增强技术。在这样的体制下，没有人会被迫去采用增强技术，但如果愿意，每个公民都有权使用所有合法的增强技术。

国家和政府或许不得不在建立增强技术普及制度中发挥重要作用，要么直接负责分配增强技术，要么负责监管（及部分资助）自由市场环境下的分配机制。随之将出现四个基本问题。

（1）政府如何出资？如果这些技术价格昂贵（其中有些很可能如此），如何向所有人提供增强技术，同时又不会给政府造成巨大的财政赤字？我们可以从欧洲部分地区，包括瑞典、丹麦和德国等社会福利国家寻找这个问题的答案。全面教育和医疗也很昂贵，但这些国家找到了协调处理的办法——向所有人提供各种高质量的基本服务，同时每年又保证合理的支出。[③]一切只是优先顺序的问题。增强技术很有可能也需要通过这种协调的方式来处理。如果公民强烈认为有必要避免社会出现等级制度，那么他们就必须在国家预算中为普及增强技术留出经费。可能需要重新调整传统支出的优先顺序，例如，削减社会福利、公共项目或军事方面的开支。另外，很多生物增强技术或许将极大提高人们的整体健康和生产力，从而扩大未来社会可以用于普及增强技术的经济资源基础。

（2）避免优生学。增强技术补贴政策无疑只适用于特定的主流增强技术。如果个人希望安装奇特的或秘传的改造装置，他们或许得自己承担费用。必须建立严格的指导政策，确保人们采用的性状和能力不会对他人造成重大威胁。比如，一种武器化的生物电子植入装置，可以通过发射强烈的电磁脉冲使他人的植入装置短路，它就属于这一类。虽然军事人员可以使用这些装置，但绝不能允许平民使用（如美国步枪协会）。

在这种情况下，中央政府发挥着关键作用，作为增强技术的提供者或监管者，它不可避免地能够引导公民的选择，鼓励某些改造，同时阻止其他改造。这实际上是一种国家支持的优生学政策，就像20世纪上半叶西方各国政府所采用的政策一样。[④]后来几十年，人们认为这些早期的优生学计划过分违背了人性尊严，所以有必要建立制衡制度，进行严格的监督，确保政府能够保持中立。对政府监管者来说，目标应该是尽可能扩大个人和家庭的安全选择，同时重点强调选择的自由。[⑤]需要有一个强大和独立的监管机构，与公民团体和其他非政府组织通力合作，监督政府的政策和监管决策。只有这样，社会才能避免再次发生早期优生学运动中的道德悲剧。

（3）全球差距。富裕国家将很难找到资源来负担普及增强技术的经费。而对于贫穷国家，前途更是相当残酷。许多第三世界国家甚至无法为公民提供基本的营养、医疗和教育支持，而为这些勉强糊口的人民提供先进的药物、生物电子学设备和基因技术简直是荒谬。[⑥]

可能有两种结果。噩梦般的结果是人类从生物学上被分成两部分：富裕国家的增强人逐渐享有更高层次的能力和繁荣，而第三世界的非增强（或弱增强）人只处于历史的边缘地位，深陷于相对的停滞和绝望之中。也可能发生充满希望的结果。或许前面那种恐怖的结果终于能激励全球各国有效地解决全球贫困问题？

在这方面，一个有趣的先例是1987年签订的《蒙特利尔议定书》（Montreal Protocol）。[⑦]该公约由197个国家先后签署，是国际团结合作的一个成功案例：有效解决了某些喷雾剂和制冷系统释放的氟氯碳化物在地球大气层中造成的臭氧空洞问题。富裕国家不仅逐渐在国内停止了氟氯碳化物的使用，而且也设立了专项基金来帮助贫穷国家实现这一目标。英国的玛格丽特·撒切尔（Margaret Thatcher）（她对穷人并不仁慈）带头落实该公约。她意识到，氟氯碳化物危害很大，而第三世界国家缺少必要的资金，没有外界的帮助根本无法淘汰氟氯碳化物并进行经济转型。总而言之，面对这个严重的全球威胁，富裕国家共同出资来帮助贫穷国家应对共同的挑战。[⑧]

可以想象，前面所说的恐怖结果可能足以激励人们像 20 世纪 80 年代应对臭氧空洞问题那样来解决全球贫困问题。如果发生这种情况，那么富裕国家或许会共同制定新的“马歇尔计划”（Marshall Plan），以彻底使第三世界摆脱贫困。[9]这样的干预将需要——就像当初的“马歇尔计划”一样——对富裕国家的公民特别地动之以利。[10]或许这只是一个傻瓜的希望，但 1947 年人们向马歇尔提出了同样的建议。[11]无论情况朝哪个方向发展，有一点是清楚的：在增强技术方面的全球不平等将会严重威胁整个人类的继续团结。

（4）管理增强型人类和非增强型人类的关系。即使建立普及制度，很多个人和家庭仍然会坚定地拒绝主要的改造技术。我猜这类人可能只是全人类的一小部分，尤其是几十年之后，对新生代的人来说，增强技术已经是他们成长环境中的一种“常态”。然而，人类社会应将个人拒绝生物增强的选择视为一项基本人权。人类需要强有力的政府和政策来保护非改造型人类免受大部分人的歧视，确保他们及家人能享受基本的经济社会条件。

物种分化

即使实施逐步暂停彻底增强的政策（参考第十六章），未来的适度增强人仍然会产生集群效应。为避免这种不良的结局，或者至少将其降到可控的范围内，人类社会需要采取各种“抗集聚”措施。以下是两项有用的措施。

（1）在治理中使跨集群合作制度化。历史上曾有无数成功的例子，在这些例子中，不同的民族和文化群体长期和平地生活和工作在一起[12]，如19世纪的哈布斯堡王朝，比利时或瑞士这样的国家，或者新加坡这样的城市国家。在这些例子中，尽管存在强大的离心力，但明智的政策成功地将不同的选民团结在一起；没有任何一个单一的民族占主导地位，甚至完全没有感觉到有某个民族占主导地位；严格实行法律面前人人平等的原则，日常治理遵循包括所有主要利益相关者在内的权利共享机制进行。

当然，我们也能在历史上找到很多多元文化秩序最终土崩瓦解的案例——常常以大屠杀结束，南斯拉夫和卢旺达就是最近的例子[13]。但如果增强技术最终导致上述的集群效应，那么很可惜人类没有借鉴历史上多民族融合的成功案例。明智的领导和精心设计的制度将大大减弱生物分化国家的离心力。

（2）积极促进集群间的包容和尊重。由于增强导致的形态多样性比今天的种族分裂影响更深刻，人类社会需要更积极地教育所有公民摒弃偏见和歧视。[14]《哈克贝利·费恩历险记》（*Huckleberry Finn*）这样的小说教会了美国黑人和白人儿童基本的人性尊严；有关犹太人大屠杀和其他大屠杀的教育项目让1945年后的几代人知道了当偏见肆意横行时会发生什么。[15]未来一百年的学校课程仍须进一步努力，针对增强技术可能导致的新的分裂加以改进。[16]

就这一点而言，一种强有力的工具可能是生物增强本身。正如第十三章中提到的，在不远的未来，价格实惠的虚拟现实装置可以提供极为真实的模拟体验，让人们暂时进入被隔离集群的世界，从他们的角度体验世界。我可以暂时卸下我自己的改造装置，戴上你们的装置进行体验：这种截然不同的增强是什么样的？如果能系统地开展，再加上批判性的讨论和反思，这种对他人生活的体验将大大增强人们感同身受的能力。至少对某些人来说，它可能有利于促进两个集群间的相互同情和理解。

新的苦难

在第九章中，我描述了人类干预动物的身体和大脑可能会导致的各种痛苦。由于认知能力被提升到类似人类的水平，哺乳动物或其他复杂生物可能会经历前所未有的痛苦。人类社会应优先考虑防止这样的暴行发生。第一步将是建立政府伦理委员会，为动物的人性改造制定明确的指导原则，这些指导原则将作为新法律的基础，而新法律将对研究型的实验室和商业性的企业均有约束力。需要有一个专门的机构来监督新法律的执行，同时也要鼓励非政府组织进行参与和监督。

假如一家生物科技公司要制造几百只“增强型大猩猩”，就像我之前描述的杰里米一样。这种生物可能会表现出一种新的人格，所以道德上我们有责任根据“他们”的思维、能力和情感为“他们”提供重要的权利。而我怀疑人类现在还远远没有准备好为这种新型公民——动物人——让地方。因此，在人类自己在心理和哲学上准备好与这种混合生物共同治理国家之前，我们最好先推迟这种改造。[17]

捍卫精神隐私

科学家们可能永远无法成功——因为单纯的技术原因——创造一种未经别人同意就能读取其思想的装置。近年来，神经科学、认知心理学和生物医学工程学领域的迅速发展让人们异常担忧。如今，相对粗糙的思维扫描技术已经诞生，其效能和准确度每年都在提高，日益接近对人们心理活动内容的监控。秘密或强制的读心技术未必会产生，但我们有充足的理由来重视这种可能。

没有基本的精神隐私，我们的生活会是什么样？个人自我依赖于主观的内心世界和客观现实（我们与现实世界中的实物和他人进行互动）之间的区别。[18]强制或秘密的读心装置将严重减少这种区别，它们将捕获我们内心最深处的情感或思考——我们的计划、欲望、记忆、个人的想法、自发的印象，把后者摆在桌面上让所有人来看。每时每刻，你都有可能泄露你的意图和判断，从而导致恶劣的后果。因此，你需要更警惕、更谨慎地“管理”自己的思维过程——“老板来了，我最好不要去想我知道的他的风流韵事。”这种技术（不夸张地说）将彻底公开我们熟悉的内心世界，破坏对我们的个性至关重要的独立内在性的基础。我们不能允许这些东西被拿走。

强制或秘密的读心能力明显将成为美国联邦调查局（FBI）或中央情报局（CIA）等政府机构手中一项革命性的工具。即使这种设备能让安全机构偶尔挫败恐怖袭击，拯救大量的生命，人类社会也仍然应该划清界限，斩钉截铁地予以拒绝。当技术严重破坏所有人的生活质量时，拯救特定人的生命还有什么意义呢？精神隐私权是一项绝对宝贵的品质，永远不应被置于任何成本效益的权衡中。这是一个最好的例子，说明一项技术虽然能带来短期的效益，但总体上会给我们的世界造成可怕的结果。任何人都不允许掌握这样的装置——没有漏洞，没有例外。[19]

商品化

“买不到我的爱。”甲壳虫乐队的歌这样唱道。这四个披头士显然掌握了有些经济理论家没有掌握的一个基本事实：有些东西是不应该拿出来销售的。[20]麦克尔·桑德尔（Michael Sandel）和黛布拉·萨兹（Debra Satz）最近出版的两本书很好地解释了这个观点：[21]

结婚蛋糕可以买，但如果你是伴郎，就不应该找人替你给新郎和新娘写祝酒词。祝酒词表达的是你和新郎长期的友谊和感情，而不是别人能替你表达的一般感情。你努力去表达这种感情，绞尽脑汁地寻找合适的措辞——不论多么不完美，正是这一仪式的意义所在。[22]

你可以给孩子买一本书，但即使孩子没日没夜地打游戏，从来不愿意拿起这本书，你也不应该给她 20 块钱来让她读这本书。你想让她体验阅读本身的乐趣，而不是用钱来激励她去做这件事。[23]

唐纳德·特朗普(Donald Trump)很有钱，但如果他想把自由女神像买下来，在神像的火炬上放一块燃烧的"特朗普"标记牌，大部分美国人都会站出来阻止他。有些东西属于全体社会成员，如果只服务于某一群人的利益，它们的象征意义就会被大大削弱。[24]

这些例子说明，当人们混淆两种不同的价值时会发生什么，即工具价值和内在价值。[25]比萨的主要用途是解决饥饿，令人获得满足：由于它的价值是工具性的，所以付钱让人为你做一个比萨并没有什么错。在上面的三个例子中，我们遇到的现象对我们也很重要，但原因是截然不同的。友谊、阅读的乐趣以及我们对自由思想的象征的感情，这些都是在我们的生活中自发形成的，能为我们的体验增加丰富的意义。它们不具备狭隘的功能，却构成了让我们的生活变得有意义的重要品质。这些体验没有量化的价值，因为它们是独一无二的、有意义的、自由产生的馈赠。

用钱来衡量这些具有内在价值的东西，不仅无法实现它们的用途，反而会削弱它们的效能，剥夺它们令人动容的力量。这样只能说明它们和任何常见的东西一样是可以比较、衡量、购买或出售的，从而会贬低它们的价值。商品化的本质就在于此。[26]当我们用工具价值去衡量这些宝贵的品质——把它们当成没有人情味的产品来结算和交易，它们便失去了意义。

不幸的是，增强技术就是这方面的主犯。从本质上来说，它们常常模糊“人”和“产品”之间的界限，原因很简单：生物增强技术是产品。如果安装了增强装置，新的身体和大脑将具有特定的功能和用途。而这些装置会逐渐过时，需要定期更新或迭代。

在这种情况下，人们将忍不住开始不害臊地把自己和别人当成产品。“我来升级。”“莎拉这些天的表现超越了珍妮特，对吧？”当数百万人都开始采用生物增强技术时，每次你达到某个改造型号的极限，发现自己想要一种新的改进款，你的心里都会这么想。由于不断追求更高层次的增强功能，人们的个人和职业关系也将大大改变，这种竞争将直接影响人们的社会经济状态以及在社会等级中的地位。总而言之，你的增强装置将使你的存在商品化，而且不仅仅是超凡的和“哲学意义上的”商品化。增强装置将渗透进现实的生活世界中，让你偶尔觉得自己就像极力在充满竞争的市场上追赶同类产品的一款产品。

我们该怎么对抗商品化呢？一种解决办法是坚决不改造。但在前面的讨论中我们看到，这需要我们做出许多个人和家庭可能不愿意接受的牺牲。因此，对于那些选择继续生物增强事业的人，下列对策或许有所帮助。

（1）选择增强技术时着眼于整个人的发展。在选择特定的增强技术时，不能过于关注特定的性状或能力，而应关注它对人格和生活世界整体性的影响。你不应该问：“它能让我做到什么我之前做不到的事？”而应该问：“这种新能力对我的整体生活质量有什么贡献？”你不应该问：“有了这些新能力，我下一步应该做什么？”而应该问：“我是否真的需要这些额外的能力，它们有什么间接或隐藏的缺点？”通过不断反观全局——着眼于整个人——你自己将远离商品化的工具价值。

（2）抵制量化性状的冲动。增强技术固然会招致对本不应该进行衡量的特征的量化。虽然我的力量、敏捷度和智力可以评价，但构成人格价值的品质是独立存在的，不应通过量化逻辑来评价。就这一点而言，我们应该牢记：“我和我自己的能力是两回事，我的价值不在于特定的能力，而在于基本的人格尊严。”

（3）牢记每个人的独特性。商品化的核心是比较，它来自这样的工具性判断：“这款比那款好；这个性状不如那个性状有价值。”但人类的本质是独一无二的，不应该相互比较。因此，我们必须十分警惕，在考虑个人的价值时，不能滑向比较逻辑。

（4）不断对增强技术进行批判性评估。人类属性是一项动态的、不断变化的品质。结果是，经过改造的人格特征和构成部分在今天可以和谐共存，但未来就可能产生有害的影响。举个例子，你在六个月前安装了高科技大脑植入装置，一旦你搞清楚怎么正确使用它，结果将是不可思议的。你可以访问网络，通过意识控制机器。你可以通过心灵感应与周围的人交流。你的整个体验和信息世界突然向外扩大了，这一切令人激动而又愉快。

但几个月后，你开始意识到，这个装置对你的生活产生了预料之外的负面影响——信息流不断侵入你的意识，与你相连的无数机器的信息和问题不断干扰你，与你保持心灵感应的朋友、熟人和陌生人永远需要你的注意和互动——这些逐渐变成一个真正的问题。[27]你在最亲密的关系中饱受痛苦。你发现自己渴望安静和孤独。你渐渐明白，是你在为机器服务，而不是机器在为你服务。

最后，你做出决定。你打开植入装置的设置菜单，断开了85%的功能的连接，严重限制装置的运行。当朋友们听说这件事时，他们嘲笑你，叫你勒德分子*。你只是微笑着说："这是我的选择。"

在社会冲向新技术时重新肯定自己的价值并不容易，你需要留出时间，不断评估这些疯狂的创新对你最珍贵的东西的影响。但如果能将它推迟，你就不可能掉进商品化的陷阱。

自我机械化

（适量饮用）一杯咖啡或红酒会对你的心理造成散漫的、不确定的、温和的影响，但它不会影响个人人格的自发性和不可预测性。然而，随着化学药品和生物电子设备的出现，人类将掌握一种强大的同时又标准而精确的工具，用来调控自己的情感和情绪。不同于咖啡和红酒，这些新的改造技术可以把你变成一个有感情的木偶，外界随时

---

* 勒德分子指19世纪英国工业革命时期由于机器代替人力而失业的技术工人。现在引申为持有反机械化以及反自动化观点的人。——译者注

可以调控你的情绪，不管这个牵动丝线的人是你自己还是其他人。我在第十章中提出，这些自我改造技术可能对我们的人性产生不良影响：控制权越大，结局的可预测性越清晰——你把自己变成像人的高级 AIBO 机器人的风险就越大。

如何避免掉进这个陷阱呢？以下是几项对策。

（1）公众教育。使自我机械化的生物增强技术可能会成为香饽饽。我想起前面“花絮”里的胡安，他不时取出“点亮”“舒宁”“解忧”“流动”或“消除”药。有多少人能抵制那种精细的情绪控制，尤其是当这些超级精密的化学药物不仅会产生令人愉快的、可靠的结果，而且只有微不足道的副作用时？

不幸的是，这种自我控制的缺点可能是微妙的和渐渐增加的——至少一开始是这样，很多人甚至不会意识到它对我们会有什么害处。因此，就需要我们的教育、宗教和文化机构来让人们清楚地知道：自我机械化的代价究竟有多大。毫无疑问，我们需要通过有效的活动来增强公共意识，就像今天预防校园霸凌或让公众了解高脂肪食品和烟草的毒副作用的举措一样。[28]

（2）抵制机械化。感到有压力？坐立不安？不能承受你的工作量？这些理由足以让医生为你开药：“给，吃了这些药就好了。”[29]我们要清楚这是一种慢性的自我机械化，正是因为化学药物快速替代了过时的“品格培养”，如反省、自律和勤勉。[30]因此，我们坚持医疗行业应建立更严格的指导原则，阻止医生将药物作为解除任何心理障碍的速效办法。假如我们无法改革这一日常的医疗实践，未来几十年快速发展的高效药物将像化学海啸一样席卷人类社会，其中将涉及巨大的经济利益，进一步推动这一现象的发生。如果医疗行业也以其影响力和权威性来煽动这一过程，那么人们几乎不可能抑制逐渐的自我机械化。

(3) 谨防“道德增强”。我在第十一章中提出，唯一真正的道德增强即对批判评价、复杂判断和反思选择能力的增强。任何限制人们完全发挥这些能力、引导人们走上预先设置的“利他”道路的生物技术改造都应被视为对自由意志的部分劫持。[31]真正的选择需要人们有能力认真考虑全部替代选择，而非某些狭隘的“预先经过批准”的选择。这类改造将形成极具误导性的干预，使得自我部分机械化，贬低具有道德意义的行为的先决条件。

远离基本现实

未来数十年，先进的虚拟现实设备将带领我们躲进远离日常生活的虚拟世界。药物和生物电子设备可以让我们有选择地过滤掉令人不快的个人经历。我们越沉迷于自我欺骗，就越可能不知不觉地逃离维持我们生命的地球、我们天生带来的身体，以及构成我们的存在的家庭和社会关系。[32]今天，在城市居民的生活世界中，我们已经能看到这种问题的存在。当你在荧光灯下没有窗户的小隔间封闭工作八小时的时候，黑夜和白天就变成了抽象的背景。通勤方式又进一步加深了这个问题，因为往返于家和办公室之间的地铁走的是不见天日的地下隧道。当你可以和全球的人即时、生动地互动时，实体空间变得不再真实。你的食物也变成了一个概念：在你的脑海里，带 T 形骨的腰部嫩牛排和它的来源——农场、农民、土地、气候以及为了获得肉片而被宰杀的动物——之间不再有任何联系。[33]

在试图解释这一令人不安的趋势的众多作家当中，哲学家、农民、诗人温德尔·佩里（Wendell Berry）是最有说服力的。佩里引人瞩目的散文、小说和诗歌并不容易进行分类——更不容易进行总结，但整体上提供了一整套深思熟虑的想法，按照这些想法，每个人都能找到一种在现代社会生活的不同方法。[34]在佩里提倡的价值框架中，某些主题反复出现。

（1）生活的地方。你待的时间越长，观察得越仔细，能学到的就越多。你的感官逐渐开始适应季节的节奏。你为这块土地上的生物的挣扎和苦难而动容。你开始具备这块土地上的人的个性。即使是在东京或伦敦这样庞大的城市里，你也能注意到支撑生物的底层物质：人行道的裂缝里有尘土，小花园的角落里生长着顽强的杂草，昆虫和啮齿类动物在城市的下水道里自由行动。培养对居住地——不管这个地方是哪里——的热爱，能使你重新在现实中找到归属感。

（2）社区。你、家人、邻居和家乡人之间不断变化的纽带，这些都是人们产生感情的原因。和某个人——无论是家人还是朋友——一起成长，就是去发现性格的局限和潜力，而这种局限和潜力需要几十年（或者几代人）才能展现出来。

（3）选择使用的工具。不论是铁铲还是电脑，都有必要问一下，在你选择这种工具来实现自己的目的时，这种工具在多大程度上服务于你对它的需求。

（4）获得和消耗日常食物的方法。生活不只是工作，它体现着你和他人以及脚下的土地之间相互依赖和互惠互利的基本关系。你所吃的食物体现了你与生活的地方以及社区里的人之间最明显和最直接的联系。

(5) 花些时间来反思。工作的压力时常使我们陷入盲目和无尽的活动中。有必要尽量每天暂停一切活动，评估现状，重新找到重心，暂时喘一口气。只有这样，你才能重新与更深层次的直觉和目的建立联系，寻找未来几小时甚至几年的工作方向。[35]

当然，这里我只进行了肤浅的介绍。但佩里并不是说你一定要像他那样生活在偏远的农场才能从中受益。他养成的静静沉思的习惯，以及与他存在的物质和社会基础建立正面的、直接的联系，有助于有效地矫正上述断裂趋势。

注　　释

①Frances McDormand in Joel Coen and Ethan Coen, *Burn After Reading* (Relativity Media, Studio Canal, Working Title Films, 2008).

②生物增强可能的优劣性，详见本书同步网站附件 Q。

③Francis Castles, *The Social Democratic Image of Society: A Study of the Achievements and Origins of Scandinavian Social Democracy in Comparative Perspective* (New York: Routledge, 2009); Francis Sejersted, *The Age of Social Democracy: Norway and Sweden in the Twentieth Century*, trans. Richard Daly (Princeton, NJ: Princeton University Press, 2011); M. Donald Hancock, ed., *Politics in Europe*, 5th ed. (Washington, DC: CQ Press, 2011); Mary Hilson, *The Nordic*

Model：*Scandinavia since* 1945 (London：Reaktion，2008).

④有关优生运动的探讨参见本书第四章。

⑤有些人或许会说，在选择资助或取缔哪些增强时根本没有所谓的“中立”。在这种观点下，政府在为公民提供增强选择时采用的任何限制标准——即使是最慷慨的选择——实际上也将成为一种不言而喻的优生形式。当然，这一立场有其优点，但实用主义者的回答是：政府最后别无选择。作为资助者和监管者，政府别无选择，只能设置限制标准。没有任何政府能够不加选择地为公民提供他们梦寐以求的任何和所有增强。另外，必须排除某些增强，因为它们将明显破坏其他公民的安全或福利。

⑥David Hulme，*Global Poverty*：*How Global Governance Is Failing the Poor* (New York：Routledge，2010).

⑦Richard Benedick，*Ozone Diplomacy*：*New Directions in Safeguarding the Planet* (Cambridge，MA：Harvard University Press，1998).

⑧马歇尔计划是另外一个有力的先例。从 1948 年到 1952 年的四年时间里，美国政府共提供了 120 亿美元帮助“二战”后的欧洲国家恢复经济。这是一个巨大的数字——占联邦政府一年预算的三分之一。而这项计划背后的发起人——国务卿乔治·C. 马歇尔提出的理由是：1945 年和 1946 年的欧洲人民几乎饿死；欧洲经济萧条，政府摇摇欲坠。马歇尔知道，在这种情况下，欧洲将成为共产主义和极端主义意识形态的沃土。他的结论是，要防止欧洲再次陷入混乱，最好的方式是由美国政府来为欧洲经济的迅速恢复提供资助。这次打赌回报丰厚。马歇尔的干预成功拿下了可能是全世界最有活力、最繁荣的地区，使它坚定地追随美国的

价值观和制度——从长期来看，所有参与马歇尔计划的欧洲国家都仍然是民主和资本主义国家。Greg Behrman，*The Most Noble Adventure*：*The Marshall Plan and How America Helped Rebuild Europe*（New York：Free Press，2008）。

⑨该方案详见 Jeffrey Sachs，*The End of Poverty*：*Economic Possibilities for Our Time*（New York：Penguin，2006）。同时参考 Abhijit Banerjee and Esther Duflo，*Poor Economics*：*A Radical Rethinking of the Way to Fight Global Poverty*（New York：Public Affairs，2011）。

⑩Behrman，*The Most Noble Adventure*.

⑪Ed Cray，*General of the Army*：*George C. Marshall*，*Soldier and Statesman*（New York：Cooper Square，2000），chap. 35.

⑫Joseph Montville，*Conflict and Peacemaking in Multiethnic Societies*（Lanham，MD：Lexington，1991）；Frances Stewart，ed.，*Horizontal Inequalities and Conflict*：*Understanding Group Violence in Multiethnic Societies*（New York：Palgrave-Macmillan，2010）；Karen Barkey and Mark Von Hagen，eds.，*After Empire*：*Multiethnic Societies and Nation-building*：*The Soviet Union and the Russian*，*Ottoman*，*and Habsburg Empires*（Boulder，CO：Westview Press，1997）.

⑬William Schabas，*The UN International Criminal Tribunals*：*The Former Yugoslavia*，*Rwanda and Sierra Leone*（New York：Cambridge University Press，2006）.

⑭有关此话题的三本优秀著作，分别为：Parker Palmer，*Healing the Heart of Democracy*：*The Courage to Create a Politics Worthy of the*

Human Spirit（San Francisco：Jossey-Bass，2011）；Jonathan Haidt，*The Righteous Mind*：*Why Good People Are Divided by Politics and Religion*（New York：Pantheon，2012）；Robert Talisse，*Democracy and Moral Conflict*（New York：Cambridge University Press，2009）。

⑮Maha Shuayb，*Rethinking Education for Social Cohesion*：*International Case Studies*（New York：Palgrave -Macmillan，2012）；Bradley Levinson and Doyle Stevick，*Reimagining Civic Education*：*How Diverse Societies Form Democratic Citizens*（Lanham，MD：Rowman & Littlefield，2007）；Norman Nie，Jane Junn，and Kenneth StehlikBarry，*Education and Democratic Citizenship in America*（Chicago：University of Chicago Press，1996）.

⑯澳大利亚艺术家帕特里克·皮西尼尼（Patricia Piccinini）为所需的这种思维提供了很好的范例。在过去的几十年里，她的雕塑、素描和油画系统地探索了人、动物和机器之间的界限，以令人惊讶的方式对它们进行重构。她所想象的混合生物，比如，一部分是人、一部分是奶牛、一部分是海牛，被有意地放在强调它们的人性和尊严的情况下。她的“兽人”在怪异的外表上常常令人不安，但同时又具有清晰可见的人类属性，如温顺、胆怯、脆弱、母爱、好奇心等。在皮西尼尼的世界里，“异类”的确是非同寻常的异类，但她不懈地向我们展现：在它们奇怪的外表下，我们所见的这些生物具有许多人类自身最宝贵的品质。人们看完她的展览后会觉得，“异类”并不一定像我们最初想的那样令人不安，我们应该敞开胸怀，接纳那些在很多方面与我们完全不同的生物。“寻找根本的共性”，这可能会成为新时代公民教育的口号。参见：Piccinini’s website，http：//www.patriciapiccinini.net/。同时参考：Donna Haraway，"Speculative Fabulations for Technoculture Generations：Taking Care of Unexpected Country，" on Piccinini's website；Donna Haraway，*When Species Meet*（Minneapolis：University of Minnesota Press，2008），chap. 12；Kim Toffoletti，*Cyborgs and Barbie Dolls：Feminism，Popular Culture，and the Posthuman Body*（London：I. B. Tauris，2007）。

⑰在这样的世界里，动物权利的捍卫者将继续捍卫所有动物物种的利益，但他们也需要指定新的指导原则来保护现存物种界限的完整性。在第九章中，我提出人类干预动物基因组可能导致新的苦难。因此，有关动物权利的法律体系需要设立牢固的屏障，防止不负责任或残忍的动物改造。例如，转基因宠物的创造可能会让人觉得是相对较好的基因干预，但这并不算不言而喻的正当行为。未来一百年的伦理和法律学者仍然需要思考这种无节制混合的影响。参见：Tom Beauchamp and R. G. Frey，eds.，*The Oxford Handbook of Animal Ethics*（New York：Oxford University Press，2011）；Donna Haraway，*Primate Visions：Gender，Race，and Nature in the World of Modern Science*（New York：Routledge，1989）；Haraway，*When Species Meet*；Cass Sustein and Martha C. Nussbaum，eds.，*Animal Rights：Current Debates and New Directions*（New York：Oxford University Press，2004）；Kelly Oliver，*Animal Lessons：How They Teach Us to Be Human*（New York：Columbia University Press，2009）。

⑱Raymond Gibbs Jr.，*Embodiment and Cognitive Science*（New York：Cambridge University Press，2005）；Antonio Damasio，*Self*

Comes to Mind：*Constructing the Conscious Brain*（New York：Pantheon，2010）；Robert Kane，ed.，*The Oxford Handbook of Free Will*，2nd ed.（New York：Oxford University Press，2011）；John Perry，ed.，*Personal Identity*（Oakland：University of California Press，1975）；Debra Matthews，Hilary Bok，and Peter Rabins，eds.，*Personal Identity and Fractured Selves*：*Perspectives from Philosophy*，*Ethics*，*and Neuroscience*（Baltimore：Johns Hopkins University Press，2009）.

⑲唉，在当代社会中，这一趋势恰恰相反！许多公民非常愿意政府以打击犯罪或防止恐怖袭击的名义来进行更强的监控——“反正我又不做什么坏事，所以政府监控我也没关系。”相关探讨参见：Glenn Greenwald，*No Place to Hide*：*Edward Snowden*，*the NSA*，*and the US Surveillance State*（New York：Metropolitan，2014）。

⑳关于这些经济学家观点的评论，参见：Michael Sandel，*What Money Can't Buy*：*The Moral Limits of Markets*（New York：Farrar，Straus and Giroux，2012）；Debra Satz，*Why Some Things Should Not Be for Sale*：*The Moral Limits of Markets*（New York：Oxford University Press，2010）。

㉑Sandel，*What Money Can't Buy*；Satz，*Why Some Things Should Not Be for Sale*. 在接下来的阐述中，我从这两本优秀的书中借鉴了很多东西。

㉒Sandel，*What Money Can't Buy*，chap. 3.

㉓同上，chap. 2。

㉔Satz，*Why Some Things Should Not Be for Sale*，chap. 4；Sandel，*What Money Can't Buy*，chap. 5.

㉕Michael Zimmerman，*The Nature of Intrinsic Value*（Lanham，MD：Rowman & Littlefield，2001）；Noah Lemos，Intrinsic，*Value*：*Concept and Warrant*（New York：Cambridge University Press，2009）.

㉖Arlie Hochschild，*The Managed Heart*：*Commercialization of Human Feeling*，2nd ed.（Oakland：University of California Press，2012）；Martha Ertman and Joan Williams，*Rethinking Commodification*：*Cases and Readings in Law and Culture*（New York：New York University Press，2005）；Zygmunt Bauman，*Consuming Life*（Cambridge，MA：Polity，2007）；同时参考 Sandel，Satz，Zimmerman，Lemos 的著作。

㉗有一本科幻小说探索了这一假设：M. T. Anderson，*Feed*（Cambridge，MA：Candlewick Press，2002）。

㉘有关这类改造公众行为的伦理探讨，参见：Sarah Conly，*Against Autonomy*：*Justifying Coercive Paternalism*（New York：Cambridge University Press，2012）；以及该书的书评，Cass Sunstein，"It's for Your Own Good!" *New York Review of Books*，March 7，2013，8-11。

㉙Alan Schwarz，"Drowned in a Stream of Prescriptions，" *New York Times*，February 2，2013.

㉚这并不是否认注意缺陷多动障碍对患者具有破坏性影响，或者利他林和阿拉等药物能有效改善该障碍的很多症状，而是说我们的社会对这种诊断过于冷漠，在把药物作为这种微妙症状的解决办法时太过自由。参见：Peter Conrad，*The Medicalization of Society*：*On the Transfor-*

mation of Human Conditions into Treatable Disorders（Baltimore：Johns Hopkins University Press，2007）；Adele Clarke et al.，eds.，*Biomedicalization*：*Technoscience*，*Health*，*and Illness in the US*（Durham，NC：Duke University Press，2010）。

㉛Ingmar Persson and Julian Sevulescu，*Unfit for the Future*：*The Need for Moral Enhancement*（New York：Oxford University Press，2012）；John Harris，"Moral Enhancement and Freedom，" *Bioethics* 25，no.2（2011）：102－111；Lenny Moss，"Moral Molecules，Modern Selves，and Our 'Inner Tribe，'" *Hedgebog Review* 15，no.1（Spring 2013）：19－33；Peter Singer and Agata Sagan，"Are We Ready for a 'Morality Pill'?" *New York Times*，January 28，2012，http：//opinionator. blogs. nytimes. com/2012/o1/28/are-we-ready-for-a-morality-pill/.

㉜这是文明崩塌的关键原因之一，参见：Jared Diamond，identifies in *Collapse*：*How Societies Choose to Fail or Succeed*（New York：Viking，2005）。具体地，他指出了三个反复出现的问题：社会的行为导致灾难性的后果，或者因为他们在问题出现前未能提前预测到；或者因为他们在问题出现时未能意识到；或者意识到问题的存在后，未能采取强有力的行动来解决问题（参考本书第十四章）。

㉝Michael Pollan，*The Omnivore's Dilemma*（New York：Penguin，2006）；Steve Striffle，*Chilcken*：*The Dangerous Transformation of America's Favorite Food*（New Haven，CT：Yale University Press，2005）.

㉞如果要求一名从未读过佩里作品的读者来解释他的世界观，我会

推荐一个只有六页的小故事，“Pray Without Ceasing,”首次发表于1992年，见 Wendell Berry，*Fidelity*：*Five Stories*（New York：Pantheon，1992），以及三部有关佩里的书：Matthew Bonzo and Michael Stevens，*Wendell Berry and the Cultivation of Life*（Grand Rapids，MI：Brazos，2008）；Mark Mitchell and Nathan Schueter，eds.，*The Humane Vision of Wendell Berry*（Wilmington，DE：ISI，2011）；Fritz Oehlschaeger，*The Achievement of Wendell Berry*：*The Hard History of Love*（Lexington：University Press of Kentucky，2011）。

㉟当然，有关根性的见识不只见于佩里的著作，而是一条贯穿于许多有关灵性和幸福生活本质的文献中的共线，涉及这一主题的著作有：Leo Tolstoy，*The Death of Ivan Ilych*，trans. Aylmer Maude（New York：Signet，1960）；Thich Nhat Hanh，*Being Peace*（Berkeley，CA：Parallax，1987）；Shunryu Suzuki，*Zen Ming*，*Beginner's Mind*（New York：Weatherhill，1970）；Jack Kornfield，*A Path With Heart*（New York：Bantam，1993）；Steven Levine，*A Gradual Awakening*（New York：Anchor，1979）。

第十八章　今天的你我能做什么

第一个分裂原子的人是卢瑟福（Rutherford），在一张照片里，他双手扶着放在双膝上的仪器。后来，当著名的回旋加速器在加州大学伯克利分校制造出来时，我一直记着这张照片，所有人都坐在回旋加速器的“膝盖”上。

——莫里斯·戈德哈贝尔（Maurice Goldhaber），美国布鲁克海文国家实验室主任，1979[①]

技术进步可能让人偶尔觉得非常渺小和无助，就像竹筏上的人，在湍急的河流中被迫向下漂流。但这种印象是错误的。不论是作为个人还是作为大的团体，人类在决定历史走向时都有发言权。可以肯定的是，我们在这方面的力量是不完全的、不完美的，但却是真实的，低估它将大错特错。[②]

举一个实实在在的例子——过去 50 年生态理念对人类社会的影响。[③]在第二次世界大战后的几年，几乎没有人考虑“生态”或“环境”。到了20世纪60年代，绿色理念逐渐兴起，逐步取得小胜利：一个新的国家公园，一部禁止某些杀虫剂的法律，一个再循环项目，地方超市里新的有机食品和生态友好型产品。在接下来的几十年里，这些理念的发展在加快。有的工业公司认为，树立绿色形象对公司有利。美国成立了国家环境保护局，法国成立了环境部，联合国设立了世界地球日，开始定期举办生态可持续国际会议。这些新机制的成立反过来又增强了绿色理念的可信度，让它们成为主流思想，提高了公民对其重要性的认识。④到了21世纪的前几十年，你很难再找到任何一个民主的工业国家未受绿色理念的影响。

可以肯定的是，要实现与自然界之间的可持续的平衡，人类文明仍然有很长的路要走。⑤但是，我们不应该低估自雷切尔·卡森（Rachel Carson）《寂静的春天》（*Silent Spring*）出版50多年以来所发生的转变。发生的当然不完全是最初环保人士所希望的转变——九十度大转弯。我们经历的先是更温和的转变，继而朝一个截然不同的方向发展。如果那些积极分子没有做那么多工作，人类社会可能会有不同的发展轨迹。今天的社会肯定没有20世纪60年代的积极分子所希望的那么“绿色”，但显然比他们撒手不管的结果更好。⑥

这个例子对未来几十年生物增强技术的发展有着直接的影响。我们可以决定这些技术将采取什么形式以及人类如何利用这些技术。如果我们至少能在希望捍卫的某些价值上达成一致，我们将能有效地引导增强技术按照这些价值“流动”。

人类能动性：力量与局限

通常，公民可以通过三种途径影响科技发展：政府行为，民间宣传，以及科学家和工程师自我管理。第一种途径可能有多种形式，不仅包括法律、条约和明确的条例，也包括专利、税收政策、非正式的指导方针和研究资金。通过这些行政手段，国家和政府可以极大地影响人们做什么科学研究、设计和生产什么产品，以及以什么速度进行创新。[7]第二种途径是通过民间的直接行为和宣传来促进科技进步。这方面的经典案例出现在20世纪50年代晚期和60年代早期，当时，拉尔夫·内德（Ralph Nader）致力于提高美国的汽车安全，最终促使底特律和华盛顿都进行了意义深远的改革。[8]

科学家和工程师本身构成了技术进步管理的第三个重要因素。举个例子，1975年2月，140名科学家齐聚加州蒙特利市附近的阿西洛玛海滨，探讨当时一项尖端的生物技术创新——DNA重组技术。经过几天的讨论，参会者最终自愿确立了有关生物危害的基本原则。[9]这次会议树立了一个令人瞩目的先例：在实践中证明了，当他们选择这么做的时候，研究一个可能有害的新领域的科学家有能力进行成功的自我管理。[10]

不幸的是，这三种科技管理途径受到各种同样关键的局限和障碍的制衡。首先是不确定性问题。对早期阶段的简单技术而言，这个因素尤其重要。举个例子，如果政府管理者禁止研发某些可能有害的新技术，可能会扼杀创新和破坏经济增长。但如果朝相反的方向走下去，则最终可能会给社会造成巨大的危害。[11]

第二个主要的局限在于达成共识的难度。某些生物伦理问题，如堕胎权或协助自杀，并不容易折中，因为它们所蕴含的尖锐的二选一问题，必然会使少数派遭遇不可调和的反对。[12]不幸的是，这种两极分化的趋势很可能出现在人类增强的许多问题中。由于某些技术对人类属性影响深刻，人们对它们的认识可能会出现与宗教或道德相关的两极分化：好或坏，美好或丑恶。政府官员很难在不疏远少数人的情况下制定有关这些技术的政策。

这又给我们带来了另一个问题——知情决策。正如我在前几章中所讨论的，生物增强背后所涉及的科学问题范围很广，复杂而又微妙。如果未来的公民和领导人要做出有关这些技术的明智决策，他们所受的教育就至少需要让他们了解各个专业领域的基本知识。[13]他们需要努力掌握遗传的因果本质或者脑化学的基本知识。如果人类社会想继续贯彻杰斐逊的理念——由知情的公民来做关乎未来的关键决策，未来的学校和老师就需要针对这些人来改进工作。[14]

一个相关的问题来自对短期思维的歧视，而这正是人类事务的特点。[15]消费者倾向于主要关注产品的直接效益。不少当选官员的任期为两至六年，实践证明他们很难做出更长远的计划。不幸的是，要制定明智的生物技术管理政策，需要的恰恰正是这种明智的、面向未来的思维，而这种思维是人类社会最难掌握的。

由于技术封锁，这个问题变得尤其严重。[16]大部分复杂技术在早期研发阶段最容易成形，尽管基础的技术参数尚待计算。随后，随着技术走向成熟和量产，其基本设计就开始难以改进，因为那时已经牵涉太多人（和企业利益）。如今，增强技术尚处于“形成期”。今后30到40年，如果有关其设计和使用的很多基本选项已经确定，就更难对这些技术进行重新配置了。

切实的举措

我总结了人类能动性发挥作用的几个因素以及这种能动性可能会遭遇的各种障碍，但这并不意味着这两股力量就是简单地相互抵消。正相反，最近几十年里，即使是在主要的障碍面前，人们依然展示出了相当大的促进科技发展的能力。我们可以驾驶这艘船——虽然不完全、不完美，但是是有效驾驭。人们在试图影响生物技术发展的时候，可以追求以下五个切实的目标。

（1）强制进行科学、技术和社会（STS）基础教育。除非你能理解增强技术是如何工作的以及它们给你的身体和大脑所带来的变化的本质，否则你很难做出有关这些技术的明智决策。扎实地准备好基础的科学和工程学知识——并且了解它们的社会影响——将是一项宝贵的资产。STS这个交叉学科领域只存在了几十年，但它发展很快，如今，全世界数百所大学都提供这类课程。[17]一项明智的政策将是把这类课程要求融入高中和大学的核心课程中。熟悉必要的STS理念的公民更能做出知情的生物增强选择，这些选择将反映出他们的价值观——无论这些价值观是什么。[18]

（2）建立跨越左右翼分歧的“生物伦理联盟”。自由主义和保守主义知识分子对于增强技术前景的反应超越了目前政党政治的分界线：比尔·麦吉本和迈克尔·桑德尔这样的进步人士和利昂·卡斯、弗朗西斯·福山（Francis Fukuyama）等保守主义者一样强烈反对增强。共同支持增强的思想家也无法纯粹地归为左派或右派。[19]这就为介于左派和右派之间的温和派提供了机会，好让他们建立广泛的联盟，共同寻找实际的办法来管理这些增强技术。[20]因此，我们应该敦促政治家不要一边站地选择“支持增强派”或者“反对改造派”。只要公众讨论关注特定增强改造技术的利和弊——而非不加选择地谴责或颂扬所有增强技术——我们就有希望制定长远和有效的政策。

（3）成立强有力的政府技术评估机构。1972年至1995年，美国国会设立了一个名为技术评估办公室（OTA）的机构，其任务是分析技术进步对今天以及中长期未来的社会影响。[21]美国技术评估办公室被盛赞为一个开创性的机构，后来，很多国家都借鉴了它的设计和功能。在23年的存在时间中，美国技术评估办公室发布了数百份报告，深入分析了新技术及其社会影响。该机构于1995年被关闭，如今，它曾发挥的功能被零散地由其他政府机构承担。[22]但这种漫无目的的方式远没有之前的效果好，无数学者和专家呼吁尽快成立新的技术评估办公室。[23]我们的立法者和公民迫切需要美国技术评估办公室所提供的指导和远见。

（4）在制定生物增强法律时采用预警原则。预警原则由德国哲学家汉斯·乔纳斯（Hans Jonas）于20世纪70年代首次提出，如今已被欧盟及其他各国或地区在起草监管法律时广泛采用。[24]这一原则有不同的定义，但最终可以归结为：如果风险可能是灾难性的，最好要保持谨慎，即使我们目前的知识尚不完善。[25]例如，就全球变暖来说，预警原则意味着人类今天有必要做出重大的努力（和牺牲），以避免遥远的未来可能发生的灾难性后果，即使我们不能百分百确定这种可怕的结果最终会是什么。[26]

正如我们在前几章中看到的，某些增强技术的影响将是相对良性的，比如能增强我对皮肤癌抵抗力的表观遗传修饰技术。而其他技术，如能解读大脑活动的 fMRI 设备，其影响可能是两面性的，既能带来巨大的效益，也可能造成痛苦的摧残。预警原则可以指导立法者和监管机构应对这种高风险的不确定性。

（5）加强技术管理方面的国际合作。我们生活在一个相互依赖性和共同的弱点日益增强的世界。然而，不幸的是，大部分国家的公民和领导人仍然将科技视为全球权力和资源竞争中一项主要的国家资产。只要这种态度继续存在，全球技术治理始终都将是人类谋划未来能力中的薄弱环节。坦白说，唯一的解决办法就是让越来越多的人清醒过来，认识到这件事的本质。国家实力和繁荣的时日——被视为独立于全球文明繁荣之外的东西——已经结束了。依然高举“美国第一！”或“××第一！”旗帜的公民可能觉得他们是在捍卫神圣的国家利益，但实际上他们是在伤害他们自己和他们所热爱的祖国。这种狭隘的民族主义将适得其反，逐渐被淘汰。[27]

从这个角度来看，成立全球技术评估办公室将是一项高明的举措。它将成为协调技术创新与监管以及应对生态、经济、医疗和安全等全球问题的一个工具。除非公民要求，否则政府很少会进行必要的改革，或成立必要的国际机构。因此，我们应坚决要求政府进行大规模的改革。

现实主义和理想主义的正确举措

就某种程度而言，我在前三章中提出的对策基本是理想主义的。全球“马歇尔计划”？全球逐步暂停彻底的自我改造？公民主动了解这些技术，使人失掉人性的可能，在采用这些技术时保持克制？对稍微研究过一点历史的人来说，这些对策都显得过于乐观。理论上，这些对策都是有根据的，但它们成为现实的可能性有多大呢？

这项反对意见是合理的，但也有一个合理的回应。我们非常重视的某些东西不可能完全实现，并不代表我们就应该放弃它们。朝有价值的目标努力是可能的（和重要的），即使我们知道我们不能完全实现这些目标。这里，我们再回到绿色运动的例子。如果 20 世纪 60 年代的生态积极分子，如雷切尔·卡森和 E. F. 舒马赫（E. F. Schumacher），对面前的阻力进行“现实的”评估，那么他们有理由绝望：整个全球经济都在朝着他们所批判的盲目增长。只有一小部分人赞同他们的观点，整个社会和文化几乎都把他们当成边缘的激进分子。“现实点。”人们对他们说。

但这并没有阻止他们。他们发表文章、出版图书，组织会议和集会，成立联盟，渐渐地让越来越多的人相信他们的观点。最终，几十年下来，他们改变了现代历史的发展轨迹，虽然是不完全地改变，但意义重大。从这个意义上来说，“理想主义”实际上是一种有效的现实主义——这一策略能使人们按照他们所看重的价值来促进缓慢的长期变化。

同样的原则也适用于我们坚持的有关增强事业的价值，无论是对于个人、家庭还是社会。例如，如果我们认为机会平等是件好事，那我们应该尽我们所能去捍卫它，防止出现生物等级制度。社会经济不平等是人类历史深刻和棘手的固有特点这个事实不应当阻止我们。我们的努力能为我们的子孙后代带来新的路径和可能，而他们能以我们无法想象的方式对这些可能进行完全的开发和利用。

注　释

①Maurice Goldhaber，quoted in *Nuclear Physics in Retrospect*，ed. Roger Stuewer（Minneapolis：University of Minnesota Press，1979），107.

②有关历史能动性的讨论，参见：William Sewell，*Logics of History*：*Social Theory and Social Transformation*（Chicago：University of Chicago Press，2005），especially chaps. 4 and 8；Christian Smith，*What Is a Person? Rethinking Humanity*，*Social Life*，*and the Moral Good from the Person Up*（Chicago：University of Chicago Press，2010），especially chaps. 4 – 6。

③我从我之前的著作中借鉴了很多东西：Michael Bess，*The Light-Green Society*：*Ecology and Technological Modernity in France*，1960 – 2000（Chicago：University of Chicago Press，2003）。更多有关这一题材的新资源，参见美国环境史学会官网，http：//aseh. net/teaching-reseaarch/environmental-history-bibliographies。

④Bess，*The Light-Green Society*，chaps. 7 – 10.

⑤同上，chap. 11。

⑥同上，chaps. 11，12，and conclusion。

⑦2001 年，美国总统乔治・W. 布什认为，对人类胚胎干细胞的研究在伦理上是不可接受的，因为它需要创造和杀死人类胚胎。尽管各类社会和政治团体认为这类研究在伦理上是正当的，对此提出了反对，但布什总统还是下达了行政令，严格限制美国再进行胚胎干细胞研究。结果，2001 年至 2009 年，美国科学家进行的胚胎干细胞研究大幅减缓，直到新当选的总统奥巴马撤销了前任总统的限令。最值得注意的是，布什总统其实根本不必直接签署对该研究的禁令——他只需撤去联邦政府的资助，就足以实现他的目的。诚然，总统的权力不是无限的，因为瑞典和英国等其他国家的科学家还能继续不受阻碍地进行人类胚胎干细胞研究。然而，布什的影响是巨大的——他成功减缓了他和他的同道所反对的一种研究。此外，他的行动最终刺激美国科学家开发出不使用人类胚胎来生成多能干细胞的技术。这个例子给我们的启示是：不论是人造卫星还是干细胞研究，强有力的政府行动不仅能加快或放缓特定的科学技术创新，也能有力地使创新沿着它本来不可能走的道路进行。Leo Furcht and William Hoffman，*The Stem Cell Dilemma*：*The Scientific Breakthroughs*，*Ethical Concerns*，*Political Tensions*，*and Hope Surrounding Stem Cell Research*，2nd ed.（New York：Arcade，2011），chap. 3。

⑧Ralph Nader，*Unsafe at Any Speed*（New York：Grossman，1965）；Patricia Marcello，*Ralph Nader*：*A Biography*（Santa Barbara，CA：Greenwood，2004）.

⑨他们承诺限制关于那些无法在实验室环境外繁殖和增殖的生物的

实验，采取了各种遏制措施，确保改造后的生物不会离开实验室。某些高度致病的生物不得进行实验。Donald Frederickson，“The First Twenty-Five Years After Asilomar,” *Perspectives in Biology and Medicine* 44，no. 2（Spring 2001）：170－182；Marcia Barinaga，“Asilomar Revisited：Lessons for Today,” *Science* 287，no. 5458（March 3，2000）：1584－1585；Donald Frederickson，“Asilomar and Recombinant DNA：The End of the Beginning,” in *Biomedical Politics*，ed. Kathi Hanna（Washington，DC：National Academy Press，1991），258－324；Paul Berg et al.，“Summary Statement of the Asilomar Conference on Recombinant DNA Molecules,” *Proceedings of the National Academy of Science* 72，no. 6（June 1975）：1981－1984。

⑩Frederickson，“The First Twenty-Five Years After Asilomar,” 170－182；Barinaga，“Asilomar Revisited：Lessons for Today.”

⑪Kerry Whiteside，*Precautionary Politics：Principle and Practice in Confronting Environmental Risk*（Cambridge，MA：MIT Press，2006）；Cass Sunstein，*Laws of Fear：Beyond the Precautionary Principle*（New York：Cambridge University Press，2005）；Thomas Coleman，*A Practical Guide to Risk Management*（Charlottesville，VA：CFA Institute，2011）；Julian Morris，*Rethinking Risk and the Precautionary Principle*（Oxford，UK：Butterworth/Heinemann，2000）.

⑫Robert Talisse，*Democracy and Moral Conflict*（New York：Cambridge University Press，2009）.

⑬Robert Hazen and James Trefil，*Science Matters：Achieving Scien-*

tific Literacy（New York：Anchor，2009）；Philip Kitcher，*Science in a Democracy Society*（New York：Prometheus，2011）；Jonathan Moreno，*The Body Politic*：*The Battle over Science in America*（New York：Bellevue，2011）；American Association for the Advancement of Science，*Benchmarks for Science Literacy*（New York：Oxford University Press，1994）.

⑭Moreno，*The Body Politic*.

⑮Al Gore，*The Future*：*Six Drivers of Global Change*（New York：Random House，2013）；Rudi Volti，*Society and Technological Change*，6th ed.（New York：Worth，2009），chap. 18.

⑯“禁售”这个词来自 Jaron Lanier，*You Are Not a Gadget*：*A Manifesto*（New York：Knopf，2010），7 - 16。这个词的意思与“技术动力”相似（但不相同），Thomas Hughes，*American Genesis*：*A Century of Invention and Technological Enthusiasm*（New York：Viking，1989）。同时参考：Merritt Roe Smith and Leo Marx，eds.，*Does Technology Drive History*? *The Dilemma of Technological Determinism*（Cambridge，MA：MIT Press，1994）；Gary Marchant，Braden Allenby，and Joseph Herkert，eds.，*The Growing Gap Between Emerging Technologies and Legal-Ethical Oversight*（New York：Springer，2011）。

⑰Dennis Cheek，*Thinking Constructively About Science*，*Technology*，*and Society Education*（Albany：SUNY Press，1992）；Sheila Jasanoff et al.，eds，*Handbook of Science and Technology Studies*（Thousand Oaks，CA：Sage，1995）；Deborah Johnson and Jameson Wetmore， eds.，*Technology and Society*：*Building Our Sociotechnical Future*（Cambridge，MA：MIT Press，2009）.

⑱按照这些方法，另一个建设性的因素是将“预期的伦理”纳入有关科学技术的立法中。人类基因组计划（1989—2003 年）和国家纳米技术计划（2003 年至今）是美国政府过去三十年里最重大的科学技术项目。这两个项目都有针对 ELSI 研究（系统地分析尖端科学领域对现在以及可预见的未来的伦理、法律和社会影响）的专款。（完整爆料：本书的研究便受到人类基因组计划 ELSI 专款的部分资助。）科学资金与其社会影响研究资金之间的托管联系非常有意义，应该尽量拓展到其他科技研究中。参见：Victor K. McElheny，*Drawing the Map of Life*：*Inside the Human Genome Project*（New York：Basic，2012）；John Sargent，*The National Nanotechnology Initiative*：*Overview*，*Reauthorization*，*and Appropriations Issues*（CreateSpace，2012）；Jerrod Kleike，ed.，*National Nanotechnology Initiative*：*Assessment and Recommendations*（New York：Nova Science，2010）。

人类基因组计划的 ELSI 部分参见项目官网，http：//www.ornl.gov/sci/techresources/Human_Genome /elsi/elsi.shtml。人类基因组计划的 ELSI 部分参见项目官网，http：//www.nano.gov/you/ethical-legal-issues。

⑲Moreno，*The Body Politic*；and Kitcher，*Science in a Democratic Society*.

⑳Moreno，*The Body Politics*，especially chaps. 6 and 7.

㉑Richard Sclove，“Reinventing Technology Assessment，” *Issues in*

Science and Technology 27，no. I（Fall 2010）；Volti，*Society and Technology Change*，345－46；Bruce Bimber and David Guston，“Politics By the Same Means：Government and Science in the United States，” in *Handbook of Science and Technology Studies*，chap. 24.

㉒Jathan Sadowski，“The Much-Needed and Sane Congressional Office That Gingrich Killed Off and We Need Back，” *Atlantic*，October 26，2012，　http：//www. theatlantic. com/technology/archive/2012/10/the-much-needed-and-sane-congressional-office-that-gingrich-killed-off-and-we-need-back/264160/＃.

㉓Sclove，“Reinventing Technology Assessment”；Volti，*Society and Technological Change*，345－46；Bimber and Guston，“Politics By The Same Means.”

㉔Hans Jonas，*The Imperative of Responsibility*：*In Search of an Ethics for the Technological Age*（Chicago：University of Chicago Press，1985）.

㉕这一预防原则由三个相互关联的部分组成：（1）如果某项技术或者程序有可能给社会带来重大风险，那么就不应该采用该技术，除非它的预期收益超过它的预期缺陷；（2）若风险程度没有一致的科学共识，则举证责任应由该技术的提倡者承担，由他们来证明其预期收益超过其预期缺陷；（3）该技术的预期风险越大，在采用该技术前证明其潜在净收益的科学共识门槛就应该越高。这一原则的三个不同方面是我自己提倡的，融合了风险-收益分析的一些普遍原则。参见：Bess，*The Light-Green Society*，228－229。

㉖即使今天绝大多数的气候学家一致认为这个现象确实存在，并且本质上来说部分是人为造成的，他们依然无法完全肯定这个现象的发展会有多迅速、它的影响会有多大。我们的科学模型还不够精密，无法完全预测这个现象。然而，预防原则的确能为我们提供实际的指导：由于全球变暖的预期危害本质上将是毁灭性的，我们应该采取果断举措来逆转这一现象的人为因素。虽然不能完全肯定，但我们已形成充分的科学共识，足以证明大幅减少温室气体排放的合理性。Spencer Weart，*The Discovery of Global Warming*：*Revised and Expanded Edition*（Cambridge，MA：Harvard University Press，2008）；Bill McKibben，*The Global Warming Reader*：*A Century of Writing About Climate Change*（New York：Penguin，2012）；Michael Mann and Lee Kump，*Dire Predictions*：*Understanding Global Warming-The Illustrated Guide to the Findings of the IPCC*（New York：DK Publishing，2008）。

㉗我对这些观点的进一步探讨参见：Michael Bess，*Choices under Fire*：*Moral Dimensions of World War II*（New York：Knopf，2006），chap. 12。

第十九章　加强谦卑：最后的想法

当每个城市都有这座城市的时候*，即使是最后一个不完美的城市，也有完美的时间，一小时，或者一瞬间。

——*伊塔洛·卡尔维诺*（Italo Calvino），*《出纳员之日》*（*La giornata d'uno scrutatore*，1963）[①]

阿尔伯特·爱因斯坦与利奥·西拉德

1939 年 7 月 16 日下午 3 点左右，利奥·西拉德（Leo Szilard）来到阿尔伯特·爱因斯坦在美国长岛的度假屋。[②]那天，他的司机是一个物理学家同行——尤金·维格纳（Eugene Wigner，1963 年诺贝

* 第一个“城市”是现实的，第二个“城市”是抽象的、形而上的，在它里面充满爱和温暖。这正是小说《出纳员之日》中最后所表达的主题：在城市最破落的某个角落，有一群人相互帮助、相互温暖，哪怕有这样一个角落，这样的城市就是完美的。——译者注

尔奖获得者）。爱因斯坦认识这两个人很久了——在 20 世纪 20 年代早期的柏林，西拉德曾是他的学生。西拉德没有拐弯抹角，他向自己曾经的老师分享了核物理方面的最新消息，尤其是纳粹德国科学家新近的发现。接着，他向爱因斯坦阐释了核链式反应的概念，这个概念是西拉德于 1933 年首次构想的，后来他一直保守着这个秘密，因为这个概念让他深感害怕。爱因斯坦非常吃惊，大喊道："我从来没想过！"[③]

几个小时后，西拉德和维格纳驱车赶回了曼哈顿，身上带着一封他们说服爱因斯坦签了名的信。这封信是写给罗斯福总统的，向他详细解释了德国人可能正在制造原子弹，"可能的是（尽管不确定），他们可能制造出极为强大的新型炸弹。这样一颗单个的炸弹，用船运载，并在港口爆炸，将可能会摧毁整个港口以及周围的环境"。[④]

这些事件之后，"曼哈顿计划"（Manhattan Project）最终诞生了，西拉德、维格纳与恩里科·费米（Enrico Fermi）一起在芝加哥并肩研究。爱因斯坦这个终身和平主义者拒绝参与这项计划。战后，他说，在西拉德的信上签字是他一生中最大的错误。[⑤]

1945 年后，西拉德也为自己所做的一切感到极度痛苦。他意识到，希特勒运用原子武器的可能成了他们采取极端对策的理由，但他对人类长期处理破坏力如此巨大的技术的能力深感悲观。他于 1964 年逝世，死前仍因自己为人类提供了一种自我毁灭的工具而饱受折磨。

总之，核技术生来就是一件武器。尽管科学家一开始就考虑将这项技术进行民用，但实际上它诞生的目的却是大规模杀戮。西拉德和爱因斯坦都很清楚这一点。他们为这样一个奇怪的历史巧合深感忧伤——如此强大的工具诞生在一个人类明显尚未准备好应对它的时代。

就这一点而言，增强技术则是截然不同的。它们主要诞生于医学、生物学和生物工程学领域——来自我们救死扶伤、提高人类生活质量的激情。尽管美国国防部高级研究计划局等军事机构对研发超人能力兴趣浓厚，但我们在本书中探讨的大部分药物、生物电子设备和基因干预手段都来自民间。即使是西拉德和爱因斯坦这样具有远见卓识的人也未预测到这件具有讽刺意味的事：广岛原子弹事件才过去70余年，我们的科技就已经取得了如此巨大的进展，即使是最良性的应用，也能轻易颠覆我们的文明。救人的工具和杀人的工具一样可能动摇人类的未来。

但是，核武器和生物增强技术的确有一个共同点：它们的发明是不能逆转的。就像原子的力量一样，增强技术将永远伴随我们。我们必须学会如何与它们和谐共存。

当你获得上帝般的力量（而你并非上帝），你就需要培养一种优秀的美德——谦卑。以下是未来一百年将对人类有益的两种谦卑。

社会变革中的谦卑

正因为我是一名历史学者，通常我很不愿意提及历史教训。历史上曾有太多相互矛盾的教训，可以作为一般指南来指导我们做选择。可能的是，如果从过去寻找实用的智慧，你可能精挑细选出正好服务于你的选择的事件来说明情况，而持不同观点的人无疑也会把漫长的历史梳理一遍，从中找出恰恰相反的案例。

不过，说到这里，我还是要讲一点这样的历史教训，更糟糕的是，我将对这些教训进行笼统的概括。改革比革命更有效。与快速、激烈的改变相比，缓慢、渐进的改变更能实现历史人物的目的。提出这种说法的时候，我完全清楚可以通过各种方法来证明这一说法[⑥]，但我从大量历史事件中得出这一结论全凭一种直觉——我应当认真对待它。我之所以在这里讲述这个事件，是因为它将极大地影响人类社会在未来一百年如何发展生物增强事业。

不妨看一下现代史上的两次重大革命——1789 年、1917 年。这种迅速、彻底的变革的确给社会带来了意义深远的影响，但两场革命最终都失去控制，未能实现革命发起者的目的。巴黎的政治和人民革命最终以断头台和拿破仑的铁腕政策结束。在斯大林的统治下，1917 年提出的马克思主义思想最终变成骇人听闻的奥威尔式噩梦。我并不是说这两个大的转折点没有产生直接或（尤其是）间接的积极影响，而是说，总的来说，这两次革命都没能实现革命发起者的目的，最终导致严重的后果。如果我们比较一下这两次大剧变和同一时期发生的三场改革运动，其对比将是惊人的。西方的女权运动始于 19 世纪初期，持续了两个世纪。该运动没有采用暴力手段，而是采取了坚韧的渐进式改革策略，通过几代人的努力，女性最终彻底提升了自己在社会秩序中的地位和权力。我并不是说已经实现了完全的平等，但如果对比一下 1815 年和今天的女性地位，你会发现惊人的差距。[⑦]工人阶级运动也采用了同样的策略——拒绝革命手段，采用渐进式改革，最终也取得了同样的成功。在同样的两个世纪里，他们在西方民主国家里的权利和力量稳步增长，工会、投票权、公共教育和直接的政治影响逐渐改变了他们的社会经济地位。同样，他们的胜利也不是绝对的、完全的，但与查尔斯·狄更斯（Charles Dickens）时代相比，进步再明显不过[8]。最后，美国黑人的地位提升也是改革成功的一个生动例子。从骇人听闻的重建时期到奥巴马就任总统，改革过程漫长而又艰难，但通过不断施加非暴力性的压力，逐渐实现一个又一个目标，该运动逐渐改变了非裔美国人的生活世界。很多目标尚待实现，但今天年轻黑人的选择远远多于他们的祖先[9]。总而言之，渐进式改革不仅仅是在道德上优越（由于其非暴力的特点），而且从长远来看更有效果，持久的改变逐渐深入社会，改变人们的心理、思维和制度。[10]

因此，谈到增强事业，人类社会最好要重视"改革"和"革命"的比较史。我们应该选择漫长的、缓慢的、温和的道路，而不是飞速、彻底的改变。技术创新可能的确在加速，但我们不能让它的影响超出人类社会、文化和道德的承受范围。如果我们容许增强技术发展得过快，最终的压力可能大规模动摇甚至撕裂我们的文明。

我要特别强调逐步改造的想法——用几十年（甚至几百年）的时间，逐渐从低级增强向更高层次和更彻底的改造过渡。尽管克制也会带来各种实际的问题和道德难题，但这条谨慎的路线比整个人类一股脑地进行无限的生物增强更有意义。今天，没有人知道这条自愿克制的转变之路需要多长时间：这需要未来几代人自己不断去估量和讨论。但基本的原则——脚步要够慢，好让社会秩序能适应——很符合历史教训和我们的常识。

技术期望中的谦卑

如果近些年你有机会坐在大学的大教室里听课，你或许会和我有同样紧张不安的体验。阶梯教室就像一个有斜坡的露天剧场，最前面的教授是一个打着手势的小不点。你面前是无数的后脑勺。每个学生都开着笔记本电脑，屏幕在半暗的教室里闪着光。教授来回走动，打着手势，解释着某个概念。

你注意到，正前方的一名学生正在查看她的电子邮件。快速扫一眼右边：旁边的学生正在上航空公司的网站，准备订机票。再扫一眼左边：这个学生正在玩电脑棋牌游戏。你皱皱眉头，注意力从老师身上离开。有多少孩子真的在听讲？你凝视着一排排闪着光的电脑屏幕。只有几台电脑开着文字处理程序：这些学生在记笔记。但你越东张西望，就越觉得失望。至少三分之二的屏幕显示的都是游戏、电子邮件、Facebook、YouTube……除课堂之外的任何东西。

在下面来回走动的教授是一位全国知名的学者，曾获得多项教学奖；这是一所选拔异常严格的大学，吸引着全球最优秀的学生；课程是教授精心设计的，十分有趣；话题也非常重要；教授的讲课方式生动有趣，偶尔采用照片和视频片段。但教室里的大部分学生都没有专心听讲，而我是其中唯一一个心想“怎么回事”的人。

我之所以讲这个故事，是因为它说明了当人们对技术的期望无法实现时会发生什么。就这一点而言，从事高等教育的我们尤其容易上当受骗。过去电脑工具出现的时候，我们渴望能赶上潮流：我们把讲课内容制成幻灯片，将网络论坛和手持交互式设备引入课堂，缠着学校管理者花钱设置最时髦的“智能课堂”。当学生们开始带笔记本电脑来上课时，我们想当然地以为这能帮助他们更详细地记笔记。

但我们常常没能问背后的关键问题：这些新式设备真的能提高师生互动的质量吗？学生的学习效果是否有所提高？[11] 唉，这些设备实际上可能破坏我们的教学目标——这种想法似乎是无法想象的。

在这里，我不只是提倡要对技术进行更具批判性的评估，有选择地去控制它，而且要冷静地去了解它能实现什么、不能实现什么。技术本身是手段，不是目的。当代社会——尤其是西方，以及其他国家——似乎已经忘了这个基本事实。在“新”和“多”这两个护身符的诱惑下，我们常常忽略了使用工具的目的。锤子本身让我们眼花缭乱，令我们忘记了它的用途是用来钉钉子。

技术能为你提供更强大的能力，但它不会告诉你拿这些能力干什么；技术可以增强你的感官能力，但只有你才能真正将这些新的体验融入生活的意义当中；技术可以加强你与他人的联系，但只有你真诚地投入感情，向周围的人敞开心怀，这些联系才变得有价值。这些道理众所周知——是的，老生常谈——但现代生活的快节奏可能让我们忽略了这些老生常谈背后的道理。很多当代文化鼓励我们关注身外之物和未来之物，相信只有得到这些东西，我们才能找到长久的幸福。然而，我们总会发现，这不过是不断远去的海市蜃楼。[12]

这就引出了人类的第二个傲慢之处：通过增强我们的性状和力量，我们能过上更好的生活。这个观念也是错误的。新的机器、技术和能力，只有当它们能服务于具有内在价值的核心品质时，这些东西才值得追求：友谊、好奇心、洞察力、宽容、幽默、相互理解、创造美的能力、同情互助、风雨同舟。技术本身并不能带来这些东西。要获得这些东西，我们也不需要技术。它们并不在未来，而在现在，伸手可得，就在我们每个人心中。

未来一百年，有了巨大的能力，人类将变得更强大、更智能、更耀眼。这正是人类社会渴望走的路。如果我们做出正确的选择，我们将能够避免前几章中那些不好的情况，为人类自己创造一个令人兴奋、着迷的未来。

但如果我们忽视了使人生变得有意义的品质，这些都将变成盲目、无用的扑打。这些品质并不在未来等我们，它们伴随我们走过了整个历史——不管是圣·弗朗西斯、昂山素季等名人，还是那些为他人而牺牲自我以及今天依然在我们周围做出牺牲的无数无名之辈，他们身上都体现着这些品质。每个人都知道这些人——这些默默无闻的付出者。无论是在未来还是在今天，最有力的行动仍然是一个微笑、一次表示同情的默默点头、一只轻轻放在他人手臂上的手。善意的行为仍然是最终极的增强。

注　释

①Italo Calvino，*La giornata d'uno scrutatore*（Oscar Mondadori，2002 [first ed. 1963]），77. 该段引文是我自己翻译的。

②有关本题材的书目中，最优秀的是 Richard Rhodes，*The Making*

of the Atomic Bomb（New York：Simon & Schuster，2012）。有关利奥·西拉德的书目参见：Michael Bess，*Realism*，*Utopia*，*and the Mushroom Cloud*：*Four Activist Intellectuals and their Strategies for Peace*，1945 - 1989（Chicago：University of Chicago Press，1993）；William Lanouette and Bela Silard，*Genius in the Shadows*：*A Biography of Leo Szilard*，*the Man Behind the Bomb*（Chicago：University of Chicago Press，1994）。

③Rhodes，*The Making of the Atomic Bomb*，305.

④信函原件参见 http：//hypertextbooks. com/eworld/einstein. shtml＃first。

⑤ Martin Sherwin，*A World Destroyed*（New York：Vintage，1977），27.

⑥改革提倡者和革命提倡者之间的激烈争论是现代社会运动史上反复出现的主题。此处改革提倡者的观点并非我的原创。这一争论最经典的例子发生在 19 世纪晚期和 20 世纪早期的欧洲“左派”中，涌现出了爱德华·伯恩斯坦（Eduard Bernstein）和让·饶勒斯（Jean Jaurès）等改革提倡者，以及弗拉基米尔·伊里奇·列宁（V. I. Lenin）和罗莎·卢森堡（Rosa Luxemburg）等人。参见：Leszek Kolakowski，*Main Currents of Marxism*，3 vols.，trans. P. S. Falla（New York：Norton，2008）。

⑦ Gail Collins，*America's Women*：400 *Years of Dolls*，*Druges*，*Helpmates*，*and Heroines*（New York：William Morrow，2007）；Bonnie Smith，*Changing Lives*：*Women in European History Since 1700*（New York：Heath，1988）；Patricia Grimshaw，Katie Holmes，and Marilyn

Lake, eds., *Women's Rights and Human Rights: International Historical Perspectives* (New York: Palgrave-Macmillan, 2001).

⑧E. P. Thompson, *The Making of the English Working Class* (New York: Vintage, 1966); Daniel Walkowitz and Donna Haverty-Stacke, eds., *Rethinking US Labor History: Essays on the Working-Class Experience*, 1756 - 2009 (New York: Bloomsbury, 2010); Kolakowski, *Main Currents of Marxism*; Charles Tilly and Lesley Wood, *Social Movements* 1768 - 2012, 3rd ed. (Boulder, CO: Paradigm, 2012).

⑨Henry Louis Gates, *Life Upon These Shores: Looking at African American History, 1513 - 2008* (New York: Knopf, 2011); Herb Boyd, *Autobiography of a People: Three Centuries of African American History Told by Those Who Lived It* (New York: Anchor, 2000); Jeffrey Stewart, *1001 Things Everyone Should Know About African American History* (New York: Three Rivers, 1998).

⑩有五本书探讨了历史能动性和效率的问题，分别是：William Sewell, *Logics of History: Social Theory and Social Transformation* (Chicago: University of Chicago Press, 2005); James Scott, *Seeing Like a State: How Certain Schemes to Improve the Human Condition Have Failed* (New Haven, CT: Yale University Press, 1998); Robert Putnam, *Making Democracy Work: Civic Traditions in Modern Italy* (Princeton, NJ: Princeton University Press, 1994); Peter Ackerman and Jack Duvall, *A Force More Powerful: A Century of Nonviolent Conflict* (New York: Palgrave-Macmillan, 2000); Kenneth Boulding, *Stable*

Peace（Austin：University of Texas Press，1978）。

⑪ Parker Palmer，*The Courage to Teach：Exploring the Inner Landscape of a Teacher's Life*（Hoboken，NJ：Wiley，2007）；Ken Bain，*What the Best College Teachers Do*（Cambridge，MA：Harvard University Press，2004）；The Boyer Commission on Educating Undergraduates in the Research University，*Reinventing Undergraduate Education：A Blueprint for America's Research Universities*（2006），www.umass.edu/research/system/files/boyer_fromRussell.pdf.

⑫Stephen Hall，*Wisdom：From Philosophy to Neuroscience*（New York：Vintage，2010）；Daniel Gilbert，*Stumbling on Happiness*（New York：Knopf，2007）；Jonathan Haidt，*The Happiness Hypothesis：Finding Modern Truth in Ancient Wisdom*（New York：Basic，2006）；Thomas Merton，*The Seven Storey Mountain*（New York：Harcourt，1948，1998）；Matthieu Ricard，*Happiness*（New York：Little，Brown，2003）.

影片集锦

注：如欲了解更新目录，请参看本书同步网站：www.ourgrand-childrenredesigned.org。

《2001》

《2010》

《人工智能》

《异形：复活》

《阿凡达》

《太空堡垒卡拉狄加》(电视剧)

《机器管家》

《银翼杀手》

《头脑风暴》

《茧》

《黑客任务》(电脑游戏)

《献给阿尔吉侬的花束》

《弗兰肯斯坦》(1994)

《星际迷航：下一代》

《大都会》

《少数派报告》

《月球》

《别让我走》

《猩球崛起》

《机械战警》

《蜘蛛侠》(2002)

《人兽杂交》

《星际迷航》(系列电视剧)

《星球大战》

《无敌金刚》(电视剧)

《源代码》

《千钧一发》

《她》

《我，机器人》

《钢铁侠》

《割草者》

《永无止境》

《黑客帝国》

《末世纪暴潮》

《未来战警》

《终结者》（系列电影）

《终端人》

《全面回忆》

《卓越的人类》（纪录片）

《机器人总动员》

参考书目

注：完整的参考书目参见本书同步网站：www. ourgrandchildrenre-designed. org。

本目录的主题标题为：

动物增强

生物电子增强与半机械人

大脑/精神/神经伦理学

美容、延长寿命及身体增强

增强与“后人类”：生物伦理学与社会意义

预测与未来学

遗传学与基因增强

人性、人类身份、人性尊严与残障学研究

公平与伦理

法律、政府政策与军事应用

纳米技术、虚拟现实与合成生物学

药物增强

机器人与人工智能

科幻小说

科学研究、科技史与技术决定论

动物增强

Anthes，Emily. *Frankenstein's Cat：Cuddling Up to Biotech's Brave New Beasts*. New York：Scientific American/Farrar，Straus，and Giroux，2013.

Beauchamp，Tom，and R. G. Frey，eds. *The Oxford Handbook of Animal Ethics*. New York：Oxford University Press，2011.

Bonnicksen，Andrea. *Chimeras，Hybrids，and Interspecies Research：Politics and Policymaking*. Washington，DC：Georgetown University Press，2009.

Haraway，Donna. *When Species Meet*. Minneapolis：University of Minnesota Press，2008.

Hauser，Marc. *Wild Minds：What Animals Really Think*. New York：Holt，2000.

Hess，Elizabeth. *Nim Chimpsky：The Chimp Who Would Be Human*. New York：Bantam，2008.

Regan，Tom. *The Case for Animal Rights*. Oakland：University of California Press，2004.

Rollin，Bernard. *The Frankenstein Syndrome：Ethical and Social Issues in the Genetic Engineering of Animals*. New York：Cambridge

University Press, 1995.

Sunstein, Cass, and Martha C. Nussbaum, eds. *Animal Rights: Current Debates and New Directions*. New York: Oxford University Press, 2004.

生物电子增强与半机械人

Belfiore, Michael. *The Department of Mad Scientists How DARPA Is Remaking Our World, from the Internet to Artificial Limbs*. New York: Harper, 2009.

Berger, Theodore, et al. *Brain-Computer Interfaces: An International Assessment of Research and Development Trends*. New York: Springer, 2008.

Chorost, Michael. *Rebuilt: How Becoming Part Computer Made Me More Human*. Boston: Houghton Mifflin, 2005.

Clark, Andy. *Natural-Born Cyborgs: Minds, Technologies, and the Future of Human Intelligence*. New York: Oxford University Press, 2003.

Haraway, Donna. "A Cyborg Manifesto: Science, Technology, and Socialist-Feminism in the Late-Twentieth Century." In *Simians, Cyborgs, and Women: The Reinvention of Nature*, 149 - 181. New York: Routledge, 1991.

Hughes, James. *Citizen Cyborg: Why Democratic Societies Must Respond to the Redesigned Human of the Future*. New York: Westview, 2004.

Katz，Bruce. *Neuroengineering the Future：Virtual Minds and the Creation of Immortality*. Sudbury，MA：Infinity Science Press，2008.

Nicolelis，Miguel. *Beyond Boundaries：The New Neuroscience of Connecting Brains With Machines - and How It Will Change Our Lives*. New York：Times Books，2011.

Rose，Steven. *The Future of the Brain：The Promise and Peril of Tomorrow's Neuroscience*. New York：Oxford University Press，2005.

Wolpaw，Jonathan，and Elizabeth Wolpaw，eds. *Brain-Computer Interfaces：Principles and Practice*. New York：Oxford University Press，2012.

大脑/精神/神经伦理学

Baumeister，Alan. "The Tulane Electrical Brain Stimulation Program：A Historical Case Study in Medical Ethics." *Journal of the History of the Neurosciences* 9，no. 3（2000）：262－278.

Bedau，Mark，and Paul Humphreys，eds. *Emergence：Contemporary Readings in Philosophy and Science*. Cambridge，MA：MIT Press，2008.

Berger，Theodore，and Dennis Glanzman. *Toward Replacement Parts for the Brain：Implantable Biomimetic Electrons as Neural Prostheses*. Cambridge，MA：MIT Press，2005.

Chalmers，David，ed. *Philosophy of Mind：Classical and Contemporary Readings*. New York：Oxford University Press，2002.

Churchland，Patricia. *Braintrust：What Neuroscience Tells Us about Mortality*. Princeton，NJ：Princeton University Press，2011.

Damasio，Antonio. *The Feeling of What Happens：Body and Emotion in the Making Consciousness*. New York：Harcourt，1999.

Dehaene，Stanislas. *Reading in the Brain*. New York：Penguin，2009.

Delgado，José. *Physical Control of the Mind：Toward a Psycho-civilized Society*. New York：Harper，1969.

Dennett，Daniel C. *Consciousness Explained*. Boston：Little，Brown，1991.

Edelman，Gerald M. *Second Nature：Brain Science and Human Knowledge*. New Haven，CT：Yale University Press，2006.

Gazzaniga，Michael. *Who's in Charge? Free Will and the Science of the Brain*. New York：Harper Collins，2011.

Giordano，James，and Bert Gordijn，eds. *Scientific and Philosophical Perspectives in Neuroethics*. New York：Cambridge University Press，2010.

Glannon，Walter，ed. *Defining Right and Wrong in Brain Science：Essential Readings in Neuroethics*. New York：Dana，2007.

Hawkins，Jeff. *On Intelligence*. New York：New York Times Books，2004.

Hofstadter，Douglas. *I Am a Strange Loop*. New York：Basic，2007.

Holland，John. *Emergence：From Chaos to Order*. New York：Basic，1998.

Humphrey，Nicholas. *Soul Dust*：*The Magic of Consciousness*. Princeton，NJ：Princeton University Press，2011.

Iles，Judy，ed. *Neuroethics*：*Defining the Issues in Theory*，*Practice*，*and Policy*. New York：Oxford University Press，2006.

Juarrero，Alicia. *Dynamics in Action*：*Intentional Behavior as a Complex System*. Cambridge，MA：MIT Press，1999.

Kandel，Eric R. *In Search of Memory*：*The Emergence of a New Science*. New York：Norton，2006.

Kane，Robert，ed. *The Oxford Handbook of Free Will*，2nd ed. New York：Oxford University Press，2011.

Koch，Christof. *The Quest for Consciousness*：*A Neurobiological Approach*. Greenwood Village，CO：Roberts，2004.

Lakoff，George，and Mark Johnson. *Philosophy in the Flesh*：*The Embodied Mind and its Challenge to Western Thought*. New York：Basic，1999.

LeDoux，Joseph. *Synaptic Self*：*How Our Brains Become Who We Are*. New York：Viking，2002.

Levy，Neil. *Neuroethics*：*challenge for the 21st Century*. New York：Cambridge University Press，2007.

Mezinger，Thomas. *The Ego Tunnel*：*The Science of the Mind and the Myth of the Self*. New York：Basic，2009.

Minsky，Marvin. *The Emotion Machine*：*Commonsense Thinking Artificial Intelligence*，*and the Future of the Human Mind*. New

York: Simon & Schuster, 2006.

Moreno, Jonathan. *Mind Wars: Brain Research and National Defense*. New York: Dana, 2006.

Searle, John. *The Mystery of Consciousness*. New York: New York Review of Books, 1997.

Seung, Sebastian. *Connectome: How the Brain's Wiring Makes Us Who We Are*. New York: Houghton Mifflin Harcourt, 2012.

Zak, Paul. *The Moral Molecule: The Source of Love and Prosperity*. New York: Dutton, 2012.

美容、延长寿命及身体增强

Arrison, Sonia. 100 *Plus: How the Coming Age of Longevity Will Change Everything, From Carrers and Relationships to Family and Faith*. New York: Basic, 2011.

De Grey, Aubrey. *Ending Aging: The Rejuvenation Breakthroughs that Could Reverse Human Aging in Our Lifetime*. New York: St. Martin's, 2007.

Hall, Stephen S. *Merchants of Immortality: Chasing the Dream of Human Life Extension*. New York: Houghton Mifflin, 2003.

Hoberman, Jahn. *Testosterone Dreams: Rejuvenation Aphrodisia, Doping*. Oakland: University of California Press, 2005.

Immorality Institute. *The Scientific Conquest of Death: Essays on infinite Lifespans*. Immortality Institute, 2004.

Jendrick，Nathan. *Dunks，Doubles，Doping：How Steroids Are Killing American Athletics*. Guiford，CT：Lyons，2006.

Magary，Drew. *The Postmortal*. New York：Penguin，2011.

Medina，John. *The Clock of Ages：Why We Age，How We Age，Winding Back the Clock*. New York：Cambridge University Press，1996.

Overall，Christine. *Aging，Death，and Human Longevity：A Philosophical Inquiry*. Oakland：University of California Press，2003.

Post，Steven，and Robert Binstock，eds. *The Fountain of Youth：Cultural，Scientific，and Ethical Perspectives on a Biomedical Goal*. New York：Oxford University Press，2004.

Stpp，David. *The Youth Pill：Scientists at the Brink of an Anti-Aging Revolution*. New York：Current Trade，2013.

Tamburrini，Claudio，and Torbjorn Tannsjo，eds. *Genetic Technology and Sport：Ethical Questions*. New York：Routledge，2005.

Zey，Micbael. *Ageless Nation：The Quest for Superlongevity and Physical Perfection*. Far Hills，NJ：New Horizon Press，2007.

增强与“后人类”：生物伦理学与社会意义

Agar，Nicholas. *Humanity's End：Why We Should Reject Radical Enhancement*. Cambridge，MA：MIT Press，2010.

Agar，Nicholas. *Liberal Eugenics：In Defence of Human Enhancement*. Malden，MA：Blackwell，2004.

Buchanan，Allen. *Better Than Haman：The Promise and Perils*

of Enhancing Ourselves. New York：Oxford University Press，2011.

Buchanan，Allen. *Beyond Humanity? The Ethics of Biomedical Enhancement*. New York：Oxford University Press，2011.

Fukuyama，Francis. *Our Posthuman Future*：*Consequence of the Biotechnology Revolution*. New York：Farrar，Straus，and Giroux，2002.

Habermas，Jürgen. *The Future of Human Nature*. Cambridge，UK：Polity，2003.

Harris，John. *Enhancing Evolution*：*The Ethical Case for Making Better People*. Princeton，NJ：Princeton University Press，2007.

Joy，Bill. "*Why the Future Doesn't Need Us.*" *Wired*，April 2000.

Kass，Leon. *Beyond Therapy*：*Biotechnology and the Pursuit of Happiness*. New York：Regan，2003.

Kurzweil，Ray. *The Singularity Is Near*：*When Humans Transcend Biology*. New York：Viking，2005.

Lanier，Jaron. *You Are Not a Gadget*：*A Manifesto*. New York：Knopf，2010.

McKibben，Bill. *Enough*：*Staying Human in an Engineered Age*. New York：Times Books，2003.

Naam，Rames. *More Than Human*：*Embracing the Promise of Biological Enhancement*. New York：Broadway，2005.

Parens，Erik，ed. *Enhancing Human Traits*：*Ethical and Social Implications*. Washington，DC：Georgetown University Press，1998.

Pence，Gregory. *How to Build a Better Human*：*An Ethical*

Blueprint. Lanham，MD：Rowman & Littlefield，2012.

Persson，Ingmar，and Julian Savulescu. *Unfit for the Future：The Need for Enhancement*. New York：Oxford University Press，2012.

Sandel，Michael. *The Case Against Perfection Ethics in the Age of Genetic Engineering*. Cambridge，MA：Harvard University Press，2007.

Savulescu，Julian，Ruud ter Meulen，and Guy Kahane，eds. *Enhancing Human Capacities*. Hoboken，NJ：Wiley-Blackwell，2011.

Savulescu，Julian，and Nick Bostrom，eds. *Human Enhancement*. New York：Oxford University Press，2009.

预测与未来学

Barr，Marleen，ed. *Envisioning the Future：Science Fiction and the Next Millennium*. Middletown，CT：Wesleyan University Press，2003.

Bell，Wendell. *Foundations of Futures Studies：Human Science for a New Era*. Volume 1. Piscataway，NJ：Transaction Publishers，1997.

Clarke，Arthur. *Profiles of the Future：An Inquiry into the Limits of the Possible*. London：Indigo，1999.

Dyson，Freeman. *Imagined Worlds*. Cambridge，MA：Harvard University Press，1997.

Gore，AL. *The Future：Six Drivers of Global Change*. New York：Random House，2013.

Lombardo，Thomas. *Contemporary Futurist Thought*. Bloomington，IN：Authorhouse，2006.

Seidensticker，Bob. *Futurehype：The Myths of Technology Change*. San Francisco：BerrettKoehler，2006.

遗传学与基因增强

Barnes，Barry，and John Dupré. *Genomes：And What to Make of Them*. Chicago：University of Chicago Press，2008.

Black，Edwin. *War Against the Weak：Eugenics and America's Campaign to Create a Master Race*. 2nd ed. Washington，DC：Dialog，2012.

Buchanan，Allen，Dan W. Brock，Norman Daniels，and Daniel Wikler. *From Chance to Choice：Genetics and Fustice*. New York：Cambridge University Press，2000

Burley，Justine，and John Harris，eds. *A Companion to Genethics*. Malden，MA：Blackwell，2002.

Carey，Nessa. *The Epigenetics Revolution：How Modern Biology Is Rewriting Our Understanding of Genetics，Disease，and Inheritance*. New York：Columbia University Press，2012.

DeGrazia，David，*Creation Ethics：Reproduction，Genetics，and Quality of Life*. New York：Oxford University Press，2012.

Fancis，Richard. *Epigenetics：How Environment Shape Our Genes*. New York：Norton，2011.

Green，Ronald M. *Babies by Design：The Ethics of Genetic Choice*. New Haven，CT：Yale University Press，2007.

Heyd，David. *Genethics：Moral Issues in the Creation of People*.

Oakland：University of California Press，1992.

Jablonka，Eva，and Marion Lamb. *Evolution in Four Dimensions*：*Genetic*，*Epigenetic*，*Behavioral*，*and Symbolic Variation in the History of Life*. Cambridge，MA：MIT Press，2005.

Kevles，Daniel. *In the Name of Eugenics*：*Genetics and the Uses of Human Heredity*. Cambridge，MA：Harvard University Press，2004.

McGee，Glenn. *The Perfect Baby*：*Parenthood in the New World of Cloning and Genetics*. Lanham，MD：Rowman & Littlefield，2000.

Mehlman，Maxwell. *Transhumanist Dreams and Dystopian Nightmares*：*The Promise and Peril of Genetic Engineering*. Baltimore：Johns Hopkins University Press，2012.

Parens，Erik，Audrey Chapman，and Nancy Press，eds. *Wrestling with Behavioral Genetics*：*Science*，*Ethics*，*and Public Conversation*. Baltimore：Johns Hopkins University Press，2006.

Ridley，Matt. *Nature via Nurture*：*Genes*，*Experience*，*and What Makes Us Human*. New York：Harper，2003.

Silver，Lee M. *Remaking Eden*：*How Genetic Engineering Will Transform the American Family*. New York：Harper，1998.

Stock，Gregory. *Redesigning Humans*：*Choosing Our Genes*，*Changing Our Future*. Boston：Mariner，2003.

人性、人类身份、人性尊严与残障学研究

Albrecht，Gary，et al. *Handbook of Disability Studies*. Thousand

Oaks，CA：Sage，2001.

Amhart，Larry. *Darwinian Natural Right：The Biological Ethics of Human Nature*. Albany：State University of New York Press，1998.

Berry，Wendell. *Life Is a Miracle：An Essay Against Modern Superstition*. Washington，DC：Counterpoint，2000.

Brown，Donald. *Human Universals*. New York：McGraw-Hill，1991.

DeGrazia，David. *Human Identity and Biocthics*. New York：Cambridge University Press，2005.

Douga，Mary. *Purity and Danger：An Analysis of Concepts of Pollution and Taboo*. New York：Routledge，1966.

Dupré，John. Human Nature and the Limits of Science. New York：Oxford University Press，2001.

Gazzanige，Michael S. *Human：The Science Behind What Makes Us Unique*. New York：Harper Collins，2008.

Glover，Jonathan. *What Sort of People Should There Be?* New York：Penguin，1984.

Gilbert，Daniel. *Stumbling on Happiness*. New York：Knopf，2007.

Haidt，Jonathan. *The Happiness Hypothesis：Finding Modern Truth in Ancient Wisdom*. New York：Basic，2006.

Kateb，George. *Human dignity*. Cambridge，MA：Harvard University Press，2011.

Nussbaum，Martha. *Creating Capabilities：The Human Development Approach*. Cambridge，MA：Harvard University Press，2011.

Peterson，Christopher，and Martin Seligman. *Character Strengths and Virtues：A Handbook and Classification*. New York：Oxford University Press，2004.

Pinker，Steven. *The Blank Slate：The Modern Denial of Human Nature*. New York：Viking，2002.

Smith，Christian. *What Is a Person? Rethinking Humanity，Social Life，and the Moral Good from the Person Up*. Chicago：University of Chicago Press，2010.

Sowell，Thomas. *A Conflict of Visions：Ideological Origins of Political Struggles*. New York：Basic，2007.

Stevenson，Leslie，and David Haberman. *Ten Theories of Human Nature*. 5th ed. New York：Oxford University Press，2009.

Wright，Robert. *The Moral Animal：Why We Are the Way We Are*. New York：Vintage，1994.

公平与伦理

Copp，David，ed. *The Oxford Handbook of Ethical Theory*. New York：Oxford University Press，2006.

Dworkin，Ronald. *Justice for Hedgehogs*. Cambridge，MA：Harvard University Press，2011.

Kitcher，Philip. *The Ethical Project*. Cambridge，MA：Harvard University Press，2011.

LaFollette，Hugh，ed. *The Blackwell Guide to Ethical Theory*.

Malden, MA: Blackwell, 2000.

Lemos, Noah. *Intrinsic Value: Concept and Warrant*. New York: Cambridge University Press, 2009.

Maclnyre, Alasdair. *Dependent Rational Animals: Why Human Beings Need the Virtues*. Chicago: Open Court, 1999.

Rawls, John, and Erin Kelly. *Justice as Fairness A Restatement*. 2nd ed. Cambridge, MA: Belknap, 2001.

Sandel, Michael. *Justice: What's the Right Thing to Do?* New York: Farrar, Straus, and Giroux, 2009.

Sandel, Michael. *What Money Can't Buy: The Moral Limits of Markets*. New York: Farrar, Straus, and Giroux, 2012.

Satz, Debra. *Why Some Thing Should Not Be for Sale: The Moral Limits of Markets*. New York: Oxford University Press, 2010.

Sen, Amartya. *The Idea of Justice*. Cambridge, MA: Belknap, 2009.

Singer, Peter. *Practical Ethics*. 3rd ed. Cambridge, UK: Cambridge University Press, 2011.

Sunstein, Cass. *Laws of Fears: Beyond the Precautionary Principle*. New York: Cambridge University Press, 2005.

法律、政府政策与军事应用

Boulding, Kenneth. *Stable Peace*. Austin: University of Texas Press, 1978.

Brin, David. *The Transparent Society: Will Technology Force Us *to Choose Between Privacy and Freedom?* New York：Basic，1998.

Coyle，Diane. *The Economics of Enough*：*How to Run the Economy as if the Future Matters*. Princeton，NJ：Princeton University Press，2011.

ETC Group. *Who Owns Nature? Corporate Power and the Final Frontier in the Commodification of Life*. Ottawa，Canada：ETC，November 2008.

Lonas Hans. *The Imperative of Responsibility*：*In Search of an Ethics for the Technological Age*. Chicago：University of Chicago Press，1985.

Jotterrand，Fabrice，ed. *Emerging Conceptual*，*Ethical*，*and Policy Issues in Bionanotechnology*. New York：Springer，2008.

Koblenz，Gregory. *Living Weapons*：*Biological Warfare and International Security*. Ithaca，NY：Cornell University Press，2011.

Krimsky，Sheldon，and Peter Shorett，eds. *Rights and Liberties in the Biotech Age*：*Why We Need a Genetic Bill of Rights*. Lanham，MD：Rowman & Littlefield，2005.

Levinson，Bradley，and Doyle Stevick. *Reimagining Civic Education*：*How Diverse Societies Form Democratic Citizens*. Lanham，MD：Rowman & Littlefield，2007.

Marchant，Gary，Braden Allenby，and Joseph Herkert，eds. *The Growing Gap Between Emerging Technologies and Legal-Ethical Oversight*. New York：Springer，2011.

Sklove, Richard. *Reinventing Technology Assessment: A 21st Century Model*. Washington, DC: Science and Technology Innovation Program, Woodrow Wilson International Center for Scholars, April 2010.

Tucker, Jonathan, and Richard Danzig. *Innovation, Dual Use, and Security: Managing the Risks of Emerging Biological and Chemical Technologies*. Cambridge, MA: MIT Press, 2012.

Witeside, Kerry. *Precautionary Politics: Principle and Practice in Confronting Environmental Risk*. Cambridge, MA: MIT Press, 2006.

纳米技术、虚拟现实与合成生物学

Allhof, Fritz, et al, eds. *Nanoethics: The Ethical and Social Implications of Nanotechnology*. Hoboken, NJ: Wiley, 2007.

Bainbridge, William Sims, and Mihail C. Roco, eds. *Managing Nano-Bio-Info-Cogno Innovations: Converging Technologies in Society*. New York: Springer, 2006.

Baldwin, Geoff, et al. *Synthetic Biology: A Primer*. London: Imperial College Press, 2012.

Bennett-Woods, Deb, ed. *Nanotechnology Ethics and Society*. Boca Raton, FL: CRC Press, 2008.

Bernbe, David. *Nano-Hype: The Truth Behind the Nanotechnology Buzz*. Amherst, NY: Prometheus, 2006.

Blascovich, Jim, and Jeremy Bailenson. *Infinite Reality: The Hidden Blueprint of Our Virtual Lives*. New York: Morrow, 2011.

Carr，Nicholas. *The Shallows：What the Internet Is Doing to Our Brains*. New York：Norton，2011.

Castronova，Edward. *Exodus to the Virtual World：How Online Fun Is Change Reality*. New York：Palgrave-Macmillan，2007.

Church，George，and Ed Regis. *Regenesis：How Synthetic Biology Will Reinvent Nature and Ourselves*. New York：Basic，2012.

Drexler，K. Erik. *Engineers of Creation：The Coming Era of Nanotechnology*. New York：Anchor，1986，1990.

ETC Group，*Extreme Genetic Engineering：An Introduction to Synthetic Biology*. Ottawa，Canada：ETC，January 2007.

McGonigal，Jane. *Reality Is Broken：Why Games Make Us Better and How They Can Change the Word*. New York：Penguin，2011.

Mulhall，Douglas. *Our Molecular Future：How Nanotechnology，Robotics，Genetics，and Artificial Intelligence will Transform Our World*. Amherst，NY：Prometheus，2002.

Roco，Mihail C.，and William Sims Bainbridge，eds. *Converging Technologies for Improving Human Performance：Nanotechnology，Biotechnology，Information Technology，and Cognitive Science*. Dordrecht，Holland：Kluwer，2003.

Schmidt，Markus，ed. *Synthetic Biology：Industrial and Environmental Applications*. Hoboken，NJ：Wiley-Blackwell，2012.

Turkle，Sherry. *Alone Together：Why We Expect More from Technology and Less from Each Other*. New York：Basic，2011.

Wohlsen，Marcus. *Biopunk：DIY Scientists Hack the Software of Life*. New York：Current，2011.

药物增强

Barber，Charles. *Comfortably Numb：How Psychiatry Is Medicating a Nation*. New York：Pantheon，2008.

Conrad，Peter. *The Medicalization of Society：On the Transformation of Human Conditions into Treatable Disorders*. Baltimore：Johns Hopkins University Press，2007.

Elliott，Carl. *Better Than Well：American Medicine Meets the American Dream*. New York：Norton，2003.

Gordijin，Bert，and Ruth Chadwick，eds. *Medical Enhancement and Posthumanity*. New York：Springer，2008.

Greely，Henry，et al. "Towards Responsible Use of Cognitive-Enhancing Drugs by the Healthy." *Nature* 456（2008）：702－5.

Kramer，Peter. *Listening to Prozac：A Psyhiatrist Explores Antidepressant Drugs and the Remaking of the Self*. New York：Penguin，1939.

机器人与人工智能

Arkin，Ronald. *Governing Lethal Behavior in Autonomous Robots*. Boca Raton，FL：CRC Press，2009.

Armstrong，George. *Smarter Than Us：The Rise of Machine Intelligence*. Berkeley，CA：MIRI，2014.

Bar-Cohen，Yoseph，and Cynthia Breazeal，eds. *Biologically Inspired Intelligent Robots*. SPIE Publications，2003.

Brrat，James. *Our Final Invention：Artificial Intelligence and the End of the Human Era*. New York：Thomas Dunne，2013.

Bostrom，Nick. *Superintelligence：Paths，Danger，Strategies*. New York：Oxford University Press，2014.

Breneal，Cynthia. *Deigning Sociable Robots*. Cambridge，MA：MIT Press，2002.

Brooks，Rodney A. *Flesh and Machines：How Robots Will Change Us*. New York：Pantheon，2002.

Brynjolfsson，Erik，and Andrew McAfee. *The Second Machine Age：Work，Progress，and Prosperity in a Time of Brilliant Technologies*. New York：Norton，2014.

Greenfield，Adam. *Everyware：The Dawning Age of Ubiquitous Computing*. Berkeley，CA：New Riders，2006.

Hall，J. Storrs. *Beyond AI：Creating the Conscience of the Machine*. Amherst，NY：Prometheus，2007.

Ley，David. *Love and Sex with Robots：The Evolution of Human-Robot Relationships*. New York：Harper，2007.

Mazlish，Bruce. *The Fourth Discontinuity：The Co-Evolution of Humans and Machines*. New Haven，CT：Yale University Press，1993.

Moravec，Hans. *Mind Children：The Future of Robot and Human Intelligence*. Cambridge，MA：Harvard University Press，1988.

Rychlak, Josph. *Artificial Intelligence and Human Reason: A Teleological Critique*. New York: Columbia University Press, 991.

Singer, Peter. *Wired for War: The Robotics Revolution and Conflict in the 21st Century*. New York: Penguin, 2009.

Wallach, Wendell, and Colin Allen. *Moral Machines: Teaching Robots Right from Wrong*. New York: Oxford University Press, 2009.

Wallach, Alan. *The Human Difference: Animals, Computers, and the Necessity of Social Science*. Oakland: University of California Press, 1999.

科幻小说

Anderson, M. T. *Feed*. Cambridge, MA: Candlewick Press, 2002.

Asimov, Isaac. *I, Robot*. New York: Bantam, 1991.

Atwood, Margaret. *Oryx and Crake*. New York: Doubleday, 2003.

Bly, Robert. *The Science in science Fiction: 83 SF Predictions That Became Scientific Reality*. Dallas: BenBella, 2005.

Capek, Kakel. *The Makropoulos Secret*. Boston: Luce, 1925.

Clarke, Arthur C. *2001: A Space Odyssey*. New York: Roc, 2000.

Clarke, Arthur C. *Childhood's End*. New York: Del Rey, 2001.

Crichton, Michael. *Prey*. New York: Avon, 2002.

Dick, Philip K. *Selected Stories of Philip K. Dick*. New York: Pantheon, 2002.

Gibson, William. *Neuromancer*. New York: Ace, 2000.

Halpern，James L. *The First Immortal*. New York：Del Rey，1998.

Hanley，Richard. *Is Data Human? The Metaphysics of Star Trek*. New York：Basic，1997.

Huxley，Aldous. *Brave New World*. New York：Harper，1932.

Ishiguro，Kazuo. *Never Let Me Go*. New York：Knopf，2005.

James，Edward，and Farah Mendlesohn，eds. *The Cambridge Companion to Science Fiction*. New York：Cambridge University Press，2003.

Keyes，Daniel. *Flowers for Algernon*. Boston：Mariner，2005 [first ed，1959].

Kress，Nancy. *Beggars in Spain*. New York：Avon，1993.

Orwell，George. *1984*. New York：Signet，1949.

Powers，Richard. *Galatea* 2. 2. New York：Harper，1995.

Powers，Richard. *Generosity：An Enhancenent*. New York：Farrar，Straus，and Giroux，2009.

Shelley，Mary. *Frankenstein*. New York：Norton，1995，1818.

Stephenson，Neal. *Snow Crash*. New York：Bantam，1992.

科学研究、科技史与技术决定论

Allenby，Braden，and Daniel Sarewitz. *The Techno-Human Condition*. Cambridge，MA：MIT Press，2011.

Bijker，Wiebe. *Of Bicycles，Bakelites，and Bulbs：Toward a Theory of Sociotechnical Change*. Cambridge，MA：MIT Press，1997.

Clayton，Philip，and Paul Davies. *The Re-Emergence of Emer-*

gence: *The Emergentist Hypothesis from Science to Religion*. New York: Oxford University Press, 2006.

Dupuy, Jean-Pierre. *On the Origins of Cognitive Science*: *The Mechanization of the Mind*, trans. M. B. DeBevoise. Cambridge, MA: MIT Press, 2009.

Gleick, James. *Faster*: *The Acceleration of Just About Everything*. New York: Vintage, 2000.

Haldane, J. B. S. "Daedalus, or, Science and the Future." Paper read to the Heretics, Cambridge, UK, February 4, 1923. http: //vseveri. cscs. lsa. umich. edu/～crshalizi/Daedalus. html.

Hughes, Thomas. *Human-Built World*: *How to Think About Technology and Culture*. Chicago: University of Chicago Press, 2004.

Jasanoff, Sheila, et al, eds. *Handbook of Science and Technology Studies*. Thousand Oaks, CA: Sage, 1995.

Johnson, Deborah, and Jameson Wetmore, eds. *Technology and Society*: *Building Our Sociotechnical Future*. Cambridge, MA: MIT Press, 2009.

Kell, Kevin. *What Technology Wants*. New York: Viking, 2010.

Kitcher, Philip. *Science in a Democratic Society*. Amherst, NY: Prometheus, 2011.

Latours, Bruno. *Nous n'avons jamais* été modernes [We Have Never Been Modern]. Cambridge, MA: Harvard University Press, 1939.

Laughlin, Robert. *A Different Universe*: *Reinventing Physics from the Bottom Down*. New York：Basic，2005.

Lessig，Lawrence. *Cade*：*Version* 2. 0. New York Basic，2006.

Lightman，Alan，Daniel Sarewitz，and Christine Desser，eds. *Living with the Genie*：*Essays on Technology and the Quest for Human Mastery*. Washington，DC：Island Press，2003.

Mitchell，Melanie. *The Boby Politic*：*The Battle over Science America*. New York：Bellevue，2011.

Moreno，Jonathan. *The Body Politic*：*The Battle over Science in America*. New York：Bellevue，2011.

Nye，David. *Technology Matters*：*Questions to Live With*. Cambridge，MA：MIT Press，2006.

Sewell William. *Logics of History Social Theory and Social Transformation*. Chicago：University of Chicago Press，2005.

Smith，Merritt，and Leo Marx，eds. *Does Technology Drive History? The Dilemma of Technological Determinism*. Cambridge，MA：MIT Press，1994.

Tenner，Edward. *Our Own Devices*：*How Technology Remakes Humaniy*. New York：Vintage，2003.

致　谢

过去11年中，在研究和写作本书时，我一直极为享受。我想，是时候回顾和回想一下，在本书不断的增删和修改中，有多少人曾对我有所帮助。

本书的研究和写作得益于以下帮助：约翰·西蒙·古根海姆纪念基金会（2008—2009），美国学术团体协会（2008—2009），美国国家人类基因组研究所伦理、法律与社会意义研究项目（项目编号：RO3HG003298-01A1，2005—2006），范德堡大学研究学者基金项目（2008—2009，2012—2013），范德堡大学伦理中心（2008），范德堡大学文理学院三次学术休假，以及针对范德堡大学校长、历史学讲席教授的资助。如果没有这些来自各方面的帮助，我可能无法完成如此漫长的项目，在此表示最衷心的感谢。

我从本项目中所获得的乐趣来自它带给我的种种对话。范德堡大学人类增强课堂上的学生、列奥纳多·达·芬奇、神经科学、机器人技术和人类本性都向我提出了很难回答的问题，迫使我更深入地思考。我做过报告的中学的学生也用他们的问题激发了我的想象力。曾与我共同探讨过无数版本的文章和图书章节的同事和朋友也慷慨地付出了时间和专业知识。衷心感谢所有人！

在影响本书的许多人之中，我尤其要感谢以下这些人（不用说，他们不为我得出的结论负责）：苏珊娜·巴罗斯（Susanna Barrows），安德烈·巴鲁钦（Andrea Baruchin），蒂姆·本特（Tim Bent），拉里·丘吉尔（Larry Churchill），马克·西奥克（Mark Cioc），埃伦·克莱顿（Ellen Clayton），杰伊·克莱顿（Jay Clayton），贝丝·康克林（Beth Conklin），约瑟夫·戴维斯（Joseph Davis），杰德·戴蒙德（Jed Diamond），马歇尔·埃金（Marshall Eakin），M. 多米尼克·埃格特（M. Dominic Eggert），詹姆斯·爱泼斯坦（James Epstein），莎拉·法默（Sarah Farmer），菲利普·福谢（Philippe Fauchet），杰拉尔德·菲加尔（Gerald Figal），加里·格斯尔（Gary Gerstle），乔纳森·吉利根（Jonathan Gilligan），琳达·麦克唐纳·格伦（Linda MacDonald Glenn），迈克尔·戈德法布（Michael Goldfarb），理查德·戈尔森（Richard Golsan），薇琪·格林（（Vicki Greene），加布里埃尔·赫克特（Gabrielle Hecht），大卫·霍洛韦（David Holloway），莎拉·艾戈（Sarah Igo），马丁·杰伊（Martin Jay），卡尔·约翰逊（Carl Johnson），法布里斯·乔特兰德（Fabrice Jotterrand），彼得·库里拉（Peter Kuryla），米歇尔·拉罗德（Michel Laronde），玛丽·路易斯（Mary Lewis），阿曼达·利夫西（Amanda Livsey），金柏莉·罗密斯（Kimberly Lomis），伊丽莎白·伦贝克（Elizabeth Lunbeck），W. 帕特里克·麦加里（W. Patrick McGary），奥利·莫尔维格（Ole Molvig），丹·莫里森（Dan Morrison），维维安·奥塔-

王（Vivian Ota-Wang），理查德·艾伦·彼得斯（Richard Alan Peters），丹妮尔·皮卡尔（Danielle Picard），艾利森·平格里（Allison Pingree），马修·拉姆齐（Matthew Ramsey），罗芙芸（Ruth Rogaski），迈克尔·罗斯（Michael Rose），安雅·彼得森·罗伊斯（Anya Peterson Royce），J. B. 鲁尔（J. B. Ruhl），马克·斯卡拉（Mark Scala），杰夫·沙尔（Jeff Schall），瓦内萨·施瓦兹（Vanessa Schwartz），查尔斯·斯科特（Charles Scott），约翰·斯卢普（John Sloop），阿利斯泰尔·斯庞塞尔（Alistair Sponsel），赫尔穆特·史密斯（Helmut Smith），迈克尔·坦格曼（Michael Tangermann），霍利·塔克（Holly Tucker），艾琳·塔奇曼（Arleen Tuchman），弗兰克·维希思罗（Frank Wcislo），迈克·维尔纳（Meike Werner），唐纳德·沃斯特（Donald Worster）。

尤其要感谢那些花时间阅读本书初稿并提出宝贵意见的朋友和同事：尼古拉斯·阿加（Nicholas Agar），艾伦·布坎南（Allen Buchanan），乔伊斯·卓别林（Joyce Chaplin），凯特·丹尼尔斯（Kate Daniels），R. 塞缪尔·帝斯（R. Samuel Deese），汤姆·迪列海（Tom Dillehay），乔尔·哈林顿（Joel Harrington），约瑟夫·辛顿（Joseph Hinton），约翰·拉克斯（John Lachs），杰夫·麦克唐纳（Geoff MacDonald），弗恩·马努兹克（Vern Matheuszik），基思·米德（Keith Meador），凯伦·米苏拉卡（Karen Misuraca），西蒙·沃里克-史密斯（Simon Warwick-Smith），大卫·伍德（David Wood）。他们的见识和意见让本书变得更好。

七名优秀的科研助理一路上也为我提供了不少帮助，他们不仅收集资料，也与我共同探讨核心观点，让我不断了解最新的科学和工程学发展动态。他们是：莱斯利·布鲁斯（Leslie Bruce），玛吉·科比特（Maggie Corbett），迈克尔·格雷沙科（Michael Greshko），海伦·李（Helen Li），诺亚·弗拉姆（Noah Fram），杰夫·贝里（Jeff Berry），科琳·帕克（Colleen Parker）。感谢他们为本书同步网站所做的卓越的工作。范德堡大学罗伯特·佩恩·沃伦人文中心举行的两届为期一年的教师研讨会也对我在本项目中的核心观点发挥了至关重要的作用。

在我此生的事业中，我一直有幸遇到有天赋的编辑。芝加哥大学出版社的道格拉斯·米切尔（Douglas Mitchell）和克诺夫出版集团的阿什贝尔·格林（Ashbel Green）教我成为更好的作者。本书的编辑、灯塔出版社的海琳·阿塔旺（Helene Atwan）也不例外，她的见识、疑问和建议极大地提升了本书的质量。同时，衷心感谢灯塔出版社的整个团队，感谢他们为出版本书所做的卓越的工作。我的文稿代理人米尔德里德·马尔穆尔（Mildred Marmur）也以她的耐心和鼓励支持我写作长达三十多年，她的专业意见、鼓励、幽默和出版专业知识是十分宝贵的。感谢我在加州大学伯克利分校研究生院的导师苏珊娜·巴罗斯、马丁·杰伊和迈克尔·纳格勒（Michael Nagler），以及我的冥想老师约瑟夫·戈德斯坦（Joseph Goldstein）、杰克·康菲尔德（Jack Kornfield）和斯蒂芬·莱文（Stephen Levine），几十年来，我对他们的感激之情日益加深。

感谢我的朋友和大家庭，感谢他们十年来忍受我对本领域的热衷，感谢他们的耐心和厚爱。感谢你们，西部的贝斯一家（Western

Besses)、丹尼尔斯一家（Daniels Clan）、意大利一家（Italian Clan）、特蕾西一家（Tracys）、艾利森一家（Allisons）和麦克拉姆一家（McCrums）。感谢你们，我的老朋友：戴夫·巴蒂（Dave Baty），霍利斯·克莱因（Hollis Cline），杰德·戴蒙德（Jed Diamond），弗吉尼亚·格里菲思·弗兰克（Virginia Griffith Frank），大卫·尔维茨（David Hurwith），瓦尔登·基尔希（Walden Kirsch），多兰·拉尔森（Doran Larson），罗伯托·马利诺（Roberto Malinow），布赖恩·特蕾西（Bryan Tracy）和露丝·威茨曼（Ruth Weizman）。

致里娜（Rina）、多诺万（Donovan）、金柏莉（Kuimberly）、娜塔莉（Natalie）和塞巴斯蒂安（Sebastian）：

一望无际的海洋

深邃的天空

在无人问津的地方

出现了一所房子。

Our Grandchildren Redesigned: Life in the Bioengineered Society of the Near Future by Michael Bess

ISBN: 9780807052174

This edition arranged with Mildred Marmur Associates Ltd. through Andrew Nurnberg Associates International Limited.

图书在版编目（CIP）数据

改造后代：遇见来自生物工程的生命/（美）迈克尔·贝斯（Michael Bess）著；钮跃增，贾姗译.—北京：中国人民大学出版社，2019.9

书名原文：Our Grandchildren Redesigned：Life in The Bioengineered Society of The Near Future

ISBN 978-7-300-27126-2

Ⅰ.①改… Ⅱ.①迈… ②钮… ③贾… Ⅲ.①生物工程-普及读物 Ⅳ.①Q81-49

中国版本图书馆 CIP 数据核字（2019）第 140946 号

改造后代：遇见来自生物工程的生命

［美］迈克尔·贝斯（Michael Bess） 著

钮跃增 贾 姗 译

GAIZAO HOUDAI

出版发行	中国人民大学出版社		
社　　址	北京中关村大街 31 号	**邮政编码**	100080
电　　话	010－62511242（总编室）		010－62511770（质管部）
	010－82501766（邮购部）		010－62514148（门市部）
	010－62515195（发行公司）		010－62515275（盗版举报）
网　　址	http://www.crup.com.cn		
经　　销	新华书店		
印　　刷	天津中印联印务有限公司		
规　　格	145 mm×210 mm　32 开本	**版　　次**	2019 年 9 月第 1 版
印　　张	13.25 插页 2	**印　　次**	2019 年 9 月第 1 次印刷
字　　数	280 000	**定　　价**	49.00 元